"全国旅游高等院校精品课程"系列教材
上海市高职高专一流专业建设系列教材

中式烹调技艺

CHINESE COOKING SKILLS

邵志明／主编

中国旅游出版社

项目统筹：谯　洁
责任编辑：刘志龙
责任印制：闫立中
封面设计：中文天地

图书在版编目（ＣＩＰ）数据

中式烹调技艺 / 邵志明主编. -- 北京 ：中国旅游
出版社，2021.6
　全国旅游高等院校精品课程
　ISBN 978-7-5032-6731-4

Ⅰ．①中… Ⅱ．①邵… Ⅲ．①中式菜肴－烹饪－高等
学校－教材 Ⅳ．①TS972.117

中国版本图书馆CIP数据核字(2021)第113517号

书　　名：中式烹调技艺

作　　者：邵志明主编
出版发行：中国旅游出版社
　　　　　（北京静安东里6号　邮编：100028）
　　　　　http://www.cttp.net.cn　E-mail:cttp@mct.gov.cn
　　　　　营销中心电话：010-57377108，010-57377109
　　　　　读者服务部电话：010-57377151
排　　版：北京旅教文化传播有限公司
经　　销：全国各地新华书店
印　　刷：三河市灵山芝兰印刷有限公司
版　　次：2021 年 6 月第 1 版　2021 年 6 月第 1 次印刷
开　　本：787 毫米 ×1092 毫米　1/16
印　　张：20.5
字　　数：288 千
定　　价：42.00 元
ＩＳＢＮ　978-7-5032-6731-4

编委会

主　编

邵志明（上海旅游高等专科学校 / 上海师范大学旅游学院烹饪工艺与营养专业部
主任、讲师，国家级中式烹饪高级技师、中式面点高级技师，中国烹饪
名师、、中国烹饪协会职业技能竞赛注册裁判员）

参编人员

高海薇（上海旅游高等专科学校 / 上海师范大学旅游学院教授）

朱水根（上海旅游高等专科学校 / 上海师范大学旅游学院副教授，中国烹饪大师）

张碧海（上海旅游高等专科学校 / 上海师范大学旅游学院副教授，中国烹饪大师）

钱以斌（上海味餐饮厨房创始人、总经理，国家级中式烹饪高级技师、中国烹饪
大师、世厨联国际级评委、中国商业技师协会餐饮分会秘书长）

彭　军（上海餐饮烹饪行业协会副秘书长、中国烹饪大师、国家级中式烹饪高级
技师、上海市技能大师工作室领衔人）

邱伟杰（上海兴国宾馆中餐行政总厨、国家级中式烹饪高级技师、中国烹饪大师）

楼　琪（上海香然会行政总厨、国家级中式烹饪高级技师、中国烹饪大师）

何　斌（上海有滋有味餐饮公司总经理、国家级中式烹饪高级技师、中国烹饪
大师）

胡于保（上海九储堂餐饮公司美食创意总监、国家级中式烹饪高级技师、职业餐
饮经理人）

周良存（上海凯达职业学校中餐教研主任、上海市首席技师、中国烹饪大师）

陈　珺（上海信息管理学校中餐烹饪与膳食营养专业部主任、上海市工匠）

总　序

　　为全面落实全国教育大会精神和立德树人根本任务，根据《国家职业教育改革实施方案》总体部署和《上海深化产教融合推进一流专科高等职业教育建设试点方案》(沪教委高〔2019〕11号)精神，我校积极落实和推进高等职业教育一流专科专业建设工作，烹饪工艺与营养、酒店管理、西餐工艺、旅游英语、旅游管理和会展策划与管理六个专业获得上海市高职高专一流专业培育立项。在一流专业建设中我校拟建设一批省级、国家级精品课程，出版一系列专业教材，为专业建设、人才培养和课程改革提供示范和借鉴。

　　教材建设是旅游人才教育的基础，是"三教"改革的核心任务之一，是对接行业和行业标准转化的重要媒介。随着我国旅游教育层次和结构趋于完整化、多元化，旅游专业人才的培养目标更加明确。因此教材建设应对接现代技术发展趋势和岗位能力要求，构建契合产业需求的职业能力框架，将行业最新的技术技能标准转化为专业课程标准，打造一批高阶性、应用性、创新性高职"金课"。拓展优质教育教学资源，健全教材专业审核机制，形成课程比例结构合理、质量优良、形式丰富的课程教材体系。

　　以一流专业建设为契机，我校积极探索校企共同研制科学规范、符合行业需求的人才培养方案和课程标准，将新技术、新工艺、新规范等产业先进元素纳入教学标准和教学内容，探索模块化教学模式，深化教材与教法改革，在此基础上，学校酒店与烹饪学院组织了经验丰富的资深教师团队，编纂了本套系列教材。本套教材主要包括：酒店经营管理实务、酒店安全管理、酒店接待、酒店业概述、葡萄酒产区知识、酒店专业英语、茶饮基础知识、酒店会计基础、调酒技艺、咖啡技艺与咖啡馆运营、酒店督导技巧、食品营养学、烹调基础技术、厨房管理、筵席设计与宴会组织、中式烹调技艺、餐厅空间设计、酒店服务管理、酒店客房服务与管理、酒店工程与智能控制。既有专业基础课程教材，又有专业核心课程教材。专业基础课程教材重在夯实学生专业基础理论以及理解专业理论在实践中的应用场景，专业核心课程教材从内容上紧密对接行业工作实际；从呈现形式上力求新颖，可阅读性强，图文并茂；教材选取的案例、习题及补充阅读材料均来自行业实践，充分体现了科学性与前瞻性的结合；从教材体例编排上按照工作过程或工作模块进行组织，充分体现了与实际工作内容的对接。

本套教材的出版作为上海旅游高等专科学校一流专业建设的阶段性成果，必将为专业发展及人才培养成效再添动力。同时，本套教材也为国内同类院校相关专业提供了丰富的选择，对于行业培训而言，专业核心课程教材的内容也可作为员工培训的素材供选择。

上海旅游高等专科学校

一流专业建设系列教材编委会

2020 年 11 月 于上海

前 言

中国烹饪作为国之精粹一直以来享誉世界的历史舞台，中式烹调技艺作为烹饪文化传承的技术内涵和表现方式广受人们关注，也是中国文化和广大劳动人民智慧的展现和传承。中式烹调技艺的本质展现和延续发展，更多通过行业的发展和职业教育的衔接获得内生动力。上海旅游高等专科学校早在 1985 年就开设烹饪与餐饮管理系，烹饪工艺与营养专业先后获批教育部高职高专示范专业（2000 年）、全国示范性职业院校重点建设专业（2010 年）、教育部首批现代学徒制的试点专业（2015 年）、首批上海市高职高专一流建设专业（2019 年）等具有示范引领的改革成果。依托烹饪职业教育多元化发展和内涵驱动，着力建设以烹调技艺传承与创新的区域示范性烹饪发展新高地。

"中式烹调技艺"教材以产教融合模式为指导思想，结合当下职业教育改革和发展潮流趋向，以模块化布局统整知识体系、项目化落实分布教学内容、任务式推进实践巩固技能、拓展型延伸知识认知等形式规划设计。改变了以往实训类教材单一文字菜谱式介绍的布局体系或传统化教师示范、学生模仿的教学方式，以及部分实训教材图片步骤主导的画册型体例。为了兼具理论科学性与实践指导性的统一，更好地建设"中式烹调技艺"课程，我们组织校企"双师型"教师共同编写了本书，具体特点如下：

（1）融合案例引导下教学内容牵引的自主探索思想。本书增加了案例引导和案例分析作为每一模块的引入，注重教学模块自主探索的意识培养。同时，在每一模块起始设置有本章导读、能力培养拓展知识等内容概要，统领模块化教学的概要和提纲挈领。从学生自主学习和终身学习的视角下，进行基于问题的学习，基于现状的分析，展开对模块项目的逐步探索以及深入研究与实践。培养以情境化下教学问题探索的思维模式以及实践教学目标性的指向要义。

（2）延续了烹调技艺流程的经典分类结构模式。中式烹调技艺按照从原料的初加工、刀工技术精加工、冷菜技术、热菜技术、装盘等传统制作程序为模块化分类体例，经典延续烹调技术制作过程。全书根据厨房生产的流程顺序和性质分为15个模块结构框架，每个模块以若干层次式、递进式的项目为内容，展开理论认知和实践指导等。重视学科专业科学分析，突出技能训练内容，使烹调技术职业教育与职业实践相结合。

（3）设置了知识拓展与实践任务点巩固的延伸形式。行业新技术、新元素、新工艺等代表了本专业和产业的有机衔接，与时俱进的知识内容衍生以及深层次理论透视等，从课程项目学习方面进行了内容的深度探析，力争贴近烹调行业发展的现实，做到科学、全面、实用。知识拓展模块展现了对这一思想的延伸探究和提供学生不断深挖专业内容的开放性思考。与此同时，每一项目下实践任务点的设置让学生进行学习内容的巩固实践和体验性认知的感悟，增加对学习内容的掌握和实践经验的积累。

（4）编写人员兼具丰富理论和实践经验的师资保障。本书由上海旅游高等专科学校／上海师范大学旅游学院烹饪工艺与营养专业部主任邵志明老师主编统稿，专业部高海薇教授、朱水根副教授、张碧海副教授等作为理论部分编写指导，以及上海味餐饮厨房总经理钱以斌先生、上海兴国宾馆行政总厨邱伟杰先生等作为行业领域实践内容审核，同时由上海信息管理学校陈珺、上海长宁职业技术学校苏晓平等老师作为中高贯通培养视角参与编写工作。编写人员中的教师都是从事一线高等职业教育教学工作多年的"双师型"教师，行业人员都是国家级中餐烹饪高级技师，兼有"中国烹饪大师""中国烹调名师""上海工匠"等的荣誉称号。丰富理论和实践经验人员融合的编委会给予本书以科学性与应用性的诠释与支持保障。

本书全册分为14个模块39个项目：模块一从中餐烹调技艺的基础概述为内容理论基础引导；模块二至模块五，从鲜活原料初加工、干货原料的涨发、刀工勺工、菜肴组配等展开对烹调技艺前期的基本把握；模块六至模块十，从火候运用、原料初步熟处理、调味技艺、制汤技艺、上浆挂糊勾芡等方面介绍烹调技术的精准品质控制；模块十一至模块十二从冷菜技艺、热菜技艺方面详细介绍菜肴加工的分类及其制作技术，试图从技法综合运用下菜品成型给予应用性实践指导；模块十三至模块十四从菜肴盛装、菜肴盘饰等方面从菜肴美化角度进行餐饮美食艺术表现。

整书编排顺序遵循烹饪理论基础逻辑以及餐饮类企业菜肴实践制作程序，是对当前中式烹调技艺的一次系统梳理和诠释。

本书作者在编写过程中参阅了近年来烹饪教育专家、学者的著作文献，行业发展的新动态等信息，得到了中餐融合菜创始人钱以斌大师上海餐饮烹饪协会 彭军副秘书长、上海总厨联盟楼琪副会长等提供资料，同时，得到了中国旅游出版社的大力支持，在此对帮助本书出版的所有人士表示衷心的感谢。由于编者水平有限，书中诸多不足之处在所难免，敬请广大读者批评指正。

编　者

于上海海思路 500 号海湾校区

2021 年 2 月 20 日

前言

目 录
CONTENTS

模块一

中餐烹调技艺
基础概述

● 模块导读

　　饮食属于人类维持生命的基本生理需求，从古至今，一以贯之并不断发展。中餐烹调技艺基于中国烹饪与饮食文化的悠久历史而传承和演进，展现中华民族劳动智慧的结晶。本模块结合中国烹饪和饮食文化对中式烹调技艺的相关理论及其发展做基础概述，以从文化理论视角展现烹调之于技术的博大精深。

● 能力培养

1. 辨析烹饪和烹调的概念区别及各自的内涵要义。
2. 了解中国饮食风味流派形成原因及八大菜系的地域分布。
3. 洞析菜肴制作过程中的质量控制要素和基本要求。

● 知识拓展

1. 历史故事:"脍炙人口"易伤身。
2. 世界三大菜系的特征绘制。
3. 烹调工具对菜肴质量的影响。
4. 厨房菜肴质量控制的方法。

● 案例导入

中华烹食文化的历史演进

中华烹饪源远流长,"烹饪"一词始见于《周易·鼎》"以木撰火,亨饪也"。亨,作烹,意为加热;饪,制熟,合为烹饪。唐代出现了"料理"一词,宋代有了"烹调"一词,其后,料理弃用,为日本、朝鲜所取,烹饪、烹调为中国并用。烹饪的诞生,以用火熟食为标志,是人类进化史上区别于低级动物进入高等动物的里程碑。周口店"北京人"遗址所发掘出的4个较大灰烬层证明了"北京人"已经懂得了用火熟食,创造了加热制熟等方法,这也是迄今为止全世界已知的人类最早用火熟食的事例。烹食文化自此诞生,并不断延续发展,渐进迭代。

中国人讲究并善于烹饪,早在商周时期中国的膳食文化已有雏形,以太公望最为代表。春秋战国时期,中国饮食文化中南北菜肴风味就表现出差异。在魏晋时期，以"西蜀好辛香""北方重咸鲜""荆吴喜甜酸"，形成我国饮食流派三足鼎立的局面。直到两宋，我国餐饮仍分为"北食""南食""川饭"三大流派，这即是中华烹饪及风味流派最早的划分。元、明、清三代，中国菜及中国菜肴的风味与烹调流派已基本形成。

清代，徐珂所辑的《清稗类钞》中记载："肴馔之各有特色者，如京师、山东、四川、广东、福建、江宁、苏州、扬州、镇江、淮安。"后来概括为鲁、川、粤、苏四大菜系。

民国开始，中国各地的饮食文化有了相当大的发展。川式菜系分为川菜和湘菜，广式菜系分为粤菜、闽菜，苏式菜系分为苏菜、浙菜和徽菜。逐渐形成中国的"八大菜系"。

中华人民共和国成立后，尤其是改革开放以后，随着经济的发展和对历史文化的传承发展，烹食文化更是体现出地方特色的一个缩影，展现出风土人情和特色意蕴。

纵观烹食文化演进历程，与这个地区的自然地理、气候条件、资源特产、饮食习惯等不可分割，也是人类进步、社会发展中劳动和智慧的凝结和积淀，必将广为流传、发展演进。

（资料来源：https://mall.cnki.net/magazine/Article/HSXB199901017.htm）

● 案例分析

1. 中华烹食文化何时诞生？
2. 中餐饮食的流派何时形成？

项目一　中餐菜肴的特点及流派认知

中国菜肴由于地区不同，体现出明显的差异性，如四川风味菜的麻辣、山东风味菜的咸鲜、广东风味菜的清鲜等，各用各的原料，各有各的方法，各有各的口味特点。各不相同、迥然有异的特色，长时间流传形成地区差异，称为风味。我们往往会把一些使用相近烹调方法、口味特点近似的，并所属一定区域内的烹调师结合在一起，形成一股烹饪潮流，他们在地区内烹调菜肴的风味表现出鲜明的一致性。这种烹调个性相似、风格相近的集合体长期保留并代代相传，我们称之为风味流派。

一、中式菜肴的特点

（一）选料讲究

中式烹调在原料的选择上非常精细、讲究，质量上逢季烹鲜，力求鲜活；规格上，不同的菜肴按照不同的要求选用不同的原料，有些菜肴甚至只能选择原料的某一部位或某一地区所产的特定品种的原料。如制作"糖醋里脊"必须选用里脊肉作为菜肴的主料，"北京烤鸭"必须选用北京填鸭，"清蒸鱼"必须用鲜活的鱼，川菜中的"麻婆豆腐""家常海参"必须用四川名特产品郫县豆瓣作为菜肴制作的调料等。

（二）刀工精湛

刀工是烹调的基本功之一，是菜肴制作的一个重要环节，其决定着菜肴的定型和造型。中式菜肴在加工原料时讲究大小、粗细、厚薄一致，以保证原料受热均匀、成熟度一样。我国历代厨师经过长期实践总结，创造了片（又称批）、切、锲、剁等刀工技法，能根据烹饪原料的特点和制作菜肴的要求，把原料加工成丝、片、条、块、段、粒、末、蓉等，即使同一形状，也应根据菜肴的不同要求，加工成各种形态。如同样是片，又可切成象眼形、柳叶形、菱形和月牙形等。为达到菜肴美化要求，常把原料加工成麦穗花块、荔枝花块、蓑衣花形、兰草花形等各种形状，并能巧妙地利用原料的质地，将原料雕镂成各种花、鸟、鱼、虫等不同形态，这样不仅便于烹制和调味，又使菜肴外形美观。

（三）配料巧妙

中式菜肴注重原料的形状、质地、色泽、口味、营养的合理搭配。不仅注重主料的选择，也注重配料（又称辅料）的搭配。主、配料讲究形状、色彩、质地、营养等方面的搭配。同时，我国厨师还特别擅长用多种原料拼制平面、立体的花色拼盘（造型艺术拼盘、象形拼盘），这不仅使菜肴具有食用价值，还具有艺术欣赏价值。

（四）技法多样

中式菜肴的烹调方法丰富多彩、精细微妙，有几十种常用的热菜烹调方法，如炸、熘、爆、炒、烹、蒸、焖、炖、煎、烤、烧等，还有十多种常用的冷菜烹调方法，如拌、炝、腌、熏、冻、风、腊、煮、卤、醉等。而且每一种烹调方法又可分为若干种形式，如炸包括干炸、软炸、酥炸、卷包炸等。运用不同的烹调方法，就能制作出口味不同、形态各异、色彩丰富的菜肴。

（五）菜品繁多

我国幅员辽阔，各地区的地理环境、自然气候、物产以及人民的生活习惯不尽相同，因此各地区、各民族的菜肴风格都各具特色。长期以来，当地人民利用丰富多彩的特产，创造出了多种多样的具有地方风味特点的和与之相适应的烹调方法，从而形成了各种地方菜。目前我国不同风味流派有 20 多种，各式风味名菜有 5000 余种，花色品种更在万种以上，是世界上任何国家都不能比拟的。

（六）味型丰富

中式菜肴的味型之多是世界上首屈一指的，除咸、甜、酸、辣、苦、鲜、香、麻等基本口味外，还根据季节的变化和食者的口味的不同，运用多种方法进行调味。中国各地方菜肴都有自己独特而可口的调味味型，如为人们所喜爱的咸鲜味、咸甜味、辣咸味、酸甜味、香辣味以及鱼香味、怪味等。厨师在制作菜肴的各个阶段，巧妙地使用各种调料和施调方法，便能制出味道各具特色的菜肴来。

（七）注重火候

在烹调菜肴时，火力的大小和加热时间的长短是决定菜肴质量的关键。中式菜肴在烹制过程中使用的火力相当讲究：有旺火速成的菜肴，有用微火长时间煨煮的菜肴，也有旺火与微火兼用的菜肴。根据原料性质、菜肴特色不同而使用不同火候，从而使菜肴达到鲜、嫩、酥、脆等效果。

（八）讲究盛器

中式菜肴不仅讲究色、香、味、形、质、养，而且对盛装的器皿也特别讲究，注重美食美器，对于造型各异的菜肴，装在什么样式的器皿里都有严格的要求。中餐盛器品种多样、外形美观、质地精致、色彩鲜艳。精美的器皿，衬托着色、香、味、形、质俱佳的菜肴，犹如红花绿叶、相得益彰。这种食与器的完美统一，充分体现了我国独特的饮食文化特色。

（九）中西交融

中式菜肴在继承发展本民族优秀传统的同时，在原料的选择、调料的使用、方法的运用、工艺的革新等方面也在不断大量借鉴西餐的科学方法。如广东菜，在用料、口味、工艺等方面都进行了大胆的革新，在保持民族特色的基础上向国际化发展。随着中国的入世不断开放，中国菜肴必将走向世界，在中西交融的过程中向标准化、科学化方向发展。

二、中国菜肴的风味流派

中国幅员辽阔，地理环境、气候等因素造就了不同的饮食习俗，演变发展成为独特的风味流派，从四大菜系到八大菜系，再到后来衍生的十大菜系或十二大菜系等无不在宣示自己特有的饮食文化风味属性。不仅如此，我国少数民族在长期历史发展中，也形成了各自的饮食文化模式，曾出现了不少著名的菜肴风味特色，主要有清真菜、蒙古族菜、满族菜、朝鲜族菜等。

（一）地方风味菜

鲁、川、苏、粤四大菜系形成历史较早，后来，浙、闽、湘、徽等地方菜也逐渐出名，就形成了被人们常说的鲁、川、粤、闽、苏、浙、湘、徽的中国"八大菜系"。一个菜系的形成和它的悠久历史与独到的烹调特色是分不开的。有人把"八大菜系"用拟人化的手法描绘为：苏、浙菜好比清秀素丽的江南美女，鲁、皖菜犹如古拙朴实的北方健汉，粤、闽菜宛如风流典雅的公子，川、湘菜就像内涵丰富充实、才艺满身的名士。不同菜系的烹调技艺各具风韵，其菜肴之特色也各有千秋。

1. 山东风味（鲁菜）——最有影响力的菜系

鲁菜即山东菜系，由齐鲁、胶辽、孔府三种风味组成，是宫廷最大菜系，以孔府风味为龙头。宋以后鲁菜就成为"北食"的代表。明、清两代，鲁菜已成宫廷御膳主体，对京、津、东北各地的影响较大。山东菜于明代盛于京城，特别是清初期至中叶，有很多山东人在京城做官，山东菜系更是大量涌现，清末民初北京响当当的"八大楼"（萃华楼、东兴楼、安福楼等）、"八大堂"（惠丰堂、庆和堂、聚贤堂等）、"八大居"（同和居、砂锅居等），经营的基本上是山东菜。现今鲁菜是由济南和胶东两地的地方菜演化而成的。山东菜系对其他菜系的产生有重要的影响，因此鲁菜为八大菜系之首。

鲁菜以清香、鲜嫩、味纯而著名，讲究清汤和奶汤的调制，清汤色清而鲜，奶汤色白而醇。济南菜擅长爆、烧、炸、炒，其著名品种有"糖醋黄河鲤鱼""九转大肠""汤爆双脆"等。胶东菜以烹制各种海鲜而驰名，口味以鲜为主，偏重清淡，其著名品种有"干蒸加吉鱼""油爆海螺"等。中华人民共和国成立后，创新名菜的品种有"扒原壳鲍鱼""奶汤核桃肉""白汁瓠鱼"等。

2.四川风味（川菜）——最有"味"的菜

川菜在秦末汉初就粗具规模，唐宋时发展迅速，明清已富有名气，现今川菜馆遍布世界，有"食在中国，味在四川"的美誉。正宗川菜以四川成都、重庆两地菜肴为代表。早在 2010 年，成都就被联合国教科文组织授予成都"美食之都"称号，是中国内地最早被授予的城市。

川菜重视选料，讲究规格，分色配菜主次分明，鲜艳协调。其特点是酸、甜、麻、辣香、油重、味浓，注重调味，离不开三椒（辣椒、胡椒、花椒）和鲜姜，以辣、酸、麻脍炙人口，为其他地方菜所少有，形成川菜的独特风味，享有"一菜一味，百菜百味"的美誉。烹调方法擅长烤、烧、干煸、蒸。川菜善于综合用味，收汁较浓，在咸、甜、麻、辣、酸五味基础上，加上各种调料，相互配合，形成各种复合味，如家常味、咸鲜味、鱼香味、荔枝味、怪味等 23 种。代表菜肴的品种有"水煮牛肉""鱼香肉丝"等。

3.广东风味（粤菜）——没有什么不能吃的菜系

西汉时就有粤菜的记载，南宋时受御厨随往羊城的影响，明清发展迅速，20 世纪随对外通商，汲取西餐的某些特长，粤菜也推向世界。广东菜由广州、潮州、东江（客家菜）三个地方菜组成，其中以广州为代表。由于水陆交通方便，商业发达，广东有机会广泛地汲取了川、鲁、苏、浙等地方菜的烹调技术精华，自成一格。粤菜博取百家之长，用料广博，选料珍奇，善于在模仿中创新，调味遍及"酸甜苦辣咸鲜"，菜肴有"香酥脆肥浓"之别，"五滋六味"俱全。

粤菜的原料较广，花色繁多，形态新颖，善于变化，讲究鲜、嫩、爽、滑，一般夏秋力求清淡，冬春偏重浓醇。调味有所谓五滋（香、松、臭、肥、浓）、六味（酸、甜、苦、咸、辣、鲜）之别。其烹调擅长煎、炸、烩、炖、煸等，菜肴色彩浓重，滑而不腻。尤以烹制蛇、狸、猫、狗、猴、鼠等而负盛名，著名的菜肴品种有"荔枝虾球""兰度鸭脯""糖醋咕噜肉"等。

4.江苏风味（苏菜）——开国第一菜

苏菜也称淮扬菜，是江苏菜的代表，起始于南北朝时期，唐宋以后，与浙菜竞秀，成为"南食"两大台柱之一。苏菜（淮扬菜）讲究选料，制作精良，注重火功，色调淡雅，造型清新，口味咸甜适中，颇受南北不同人士的欢迎，在 1949 年开国大典的国宴上，毛泽东主席就亲点了淮扬菜为"开国第一菜"，从那时起淮扬菜就有了"开国第一菜"的美誉。

江苏菜是由苏州、扬州、南京、镇江四大菜为代表而构成的。其特色是浓中带淡，鲜香酥烂，原汁原汤浓而不腻，口味平和，咸中带甜。其烹调技艺以擅长炖、焖、烧、煨、炒而著称。烹调时用料严谨，注重配色，讲究造型，四季有别。苏州菜口味偏甜，配色和谐；扬州菜清淡适口，主料突出，刀工精细，醇厚入味；南京、镇江菜口味和醇，玲珑细巧，尤以鸭制的菜肴负有盛名。著名的菜肴品种有"爆目鱼花""翠珠鱼花""砂锅豆腐""蟹粉狮子头"等。

5. 浙江风味（浙菜）——淡妆浓抹总相宜

自古江浙一带不仅景色宜人，才子佳人聚集，而且颇多美食。回溯历史，京师人南下开店，用北方的烹调方法将南方丰富的原料做得美味可口，因此"南料北调"便成为浙菜系的一大特色。过去南方人口味并不偏甜，北方人南下后，影响南方人口味，菜中也放糖了。

浙菜以杭州、宁波、绍兴、温州等地的菜肴为代表发展而成的。其中的杭州菜烹调方法以爆、炒、烩、炸为主，咸中带甜，鲜爽脆；宁波菜以蒸、红烧、炖海鲜见长，讲求鲜嫩软化滑，咸鲜合一；绍兴则擅长烹饪河鲜、家禽、入口香酥绵糯，富有乡村风味。浙菜整体特色是清、香、脆、嫩、爽、鲜。浙江盛产鱼虾，又是著名的风景旅游胜地，湖山清秀，山光水色，淡雅宜人，故其菜如景，不少名菜，来自民间，制作精细，变化较多。汴京名菜"糖醋黄河鲤鱼"到临安后，以鱼为原料，烹成浙江名菜"西湖醋鱼"。此外，"生爆鳝片""龙井虾仁"这些经典名菜人们也耳熟能详。烹调技法擅长炒、炸、烩、熘、蒸、烧。久负盛名的菜肴有"西湖醋鱼""奉化芋头""东坡肉""三丝拌蛏"等。

6. 湖南菜（湘菜）——不辣不革命

湘菜历史悠久，早在汉朝已经形成菜系，烹调技术达到相当高的水平。在长沙市郊马王堆出土的西汉墓中，不仅发现了鱼、猪、牛等遗骨，还有酱、醋以及腌制的果菜遗物。唐宋以后，由于长沙曾是封建王朝政治、经济、文化的重要城市，因此湘菜发展很快，形成了一套以炖、焖、煨、烧、熘、煎、熏、腊等烹调技术。

湘菜是以湘江流域、洞庭湖区和湘西山区的菜肴为代表发展而成的。如果将湘菜做一对比，湘江流域以长沙、湘潭为中心的菜肴是湘菜的主要代表，它制作精细，用料广泛，品种繁多，以油多、色浓、讲究实惠为特色；在品位上注重香酥、酸辣、软嫩，而湘西菜擅长酸辣，具有浓郁的山乡风味。值得一提的是，湘菜中的酸辣是区别于四川麻辣，贵州香辣、云南鲜辣和陕西咸辣与辣味组合在一起形成了一种独特的风味。整体特色是用料广泛，油重色浓，多以辣椒、熏腊为原料，口味注重香鲜、酸辣、软嫩。烹调方法擅长腊、熏、煨、蒸、炖、炸、炒。其著名菜肴品种有“腊味合蒸”“东安子鸡”“冰糖湘莲”等。

7. 福建菜（闽菜）——佛闻弃禅跳墙来，佛跳墙的来历

闽菜起源于福建省闽侯县，最早起源于福建福州闽县，后来发展成福州、闽南、闽西三种流派。福州菜清香、淡爽，偏于甜酸。尤其讲究调汤，汤鲜味美，汤菜品种多，有“百汤百味”之誉；还有善用红糟作配料制作的各式风味特色菜。闽南菜以讲究佐料，善用甜辣著称。而闽南菜偏咸辣，有浓厚的山区风味特色。另外，福建还有许许多多风味小吃，颇受欢迎。如福建的“太平燕”“鱼丸”，厦门的“南普陀素菜”“面线糊”，漳州的“猫崽粥”“五香卷”，泉州的“油焗红蟳脆丸”，南平的“文公菜”“建瓯板鸭”和莆田的“醉螃蟹”“妈祖宴菜”等。这些风味小吃多姿多彩，影响无穷。

闽菜整体特色以色调美观，滋味清鲜而著称。烹调方法擅长炒、熘、煎、煨，尤以“糟”最具特色。由于福建地处东南沿海，盛产多种海鲜，如海鳗、蛏子、鱿鱼、黄鱼、海参等，因此，多以海鲜为原料烹制各式菜肴，别具风味。著名菜肴品种有“醉蚌肉”“花卷鱿鱼”“菊花鲈鱼”“生炒海蚌”“香露全鸡”“太极明虾”等。

8. 安徽菜（徽菜）——寻找失去的美味

徽菜的扬名与徽商的兴盛相生相伴，徽商荣时徽菜荣，徽商退时徽菜退。曾几何时，徽菜随着徽商的足迹遍布大江南北，密集于各繁华城市，风靡一时。徽菜自有其独到的特色，有其他菜系不可比拟的优势。比如，徽菜主要是以少污染的山区物产为主，如黄山的植物就有 100 多种，其中不少是可以食用的。据说仅竹笋就有 17 种。因此徽菜一直以烹饪山珍野味而著称。盛产“文房四宝”的安徽有着深厚的文化根基，诸如“臭鳜鱼”“李鸿章杂烩”“朱元璋豆腐”“胡适一品锅”等留驻历史的名菜。

以沿江、沿淮、徽州三地区的地方菜为代表构成的。其特色是选料朴实，讲究火功，重油重色，味道醇厚，保持原汁原味。徽菜以烹制山野海味而闻名，早在南宋时，“沙地马蹄鳖，雪中牛尾狐”就是那时的著名菜肴了。其烹调方法擅长烧、

焖、炖。著名的菜肴品种有"葡萄鱼""八公山豆腐""李鸿章杂烩""雀巢凤尾虾"等。

（二）民族风味菜

1.蒙古族风味菜

蒙古族菜用料特点：以羊、牛肉类及奶类为主要原料，辅以面、茶、酒等制作红食（肉制品）、白食（奶制品）。

烹调方法：以烤、煮、烧最具特色。

味型特色：以咸鲜为主，辅以胡辣、奶香、烟香、糖醋等。

代表品种：风味品种丰富，代表菜有"烤全羊""烤羊腿"等。

2.维吾尔族菜

维吾尔族菜用料特点：取料精细，牛羊为主，不食猪肉。

烹调方法以烤、煮、炸为主。

口味特点：以咸鲜为主，常用辛辣的孜然调味，颇具特色。

代表品种：常以瓜果佐食，代表菜有"烤全羊""手抓羊肉""羊杂碎""手抓饭""烤羊肉串""烤疙瘩羊肉""羊肉丸子"等。

3.朝鲜族菜

朝鲜族菜的用料特点是：就地取材，比较广泛。

烹调方法：烹调中常用炖、煎、炒、拌等烹调方法。腌泡小菜、烹制狗肉等方法独特，讲求精细美观。

口味特点：调味以咸为主，佐以辣、麻、香、酸。

代表品种：菜肴大都具有滋补医疗作用，代表菜有"生渍黄瓜""生拌牛肉丝""生烤鱼片""辣子狗肉""烤牛排""辣白菜""神仙炉"等。

（三）宗教风味菜

1.中国素菜

起源于我国先秦时期、以粮豆蔬果为主体的膳食传统。汉魏时起，这一膳食传统逐步与佛、道的教义教规结合，由寺观向民间发展，才形成素菜。素菜由清素的寺观素菜、宫廷素菜和花素的民间素菜、市肆素菜构成。

其特点是：禁用动物性烹饪原料和辛香类菜蔬，刀工精细、善于仿形、技法全面，口味有一定的地域倾向性；素净鲜香、清淡爽口，食疗功效明显，被视为养生佳品。代表菜有"炒蟹粉""素火腿""罗汉斋"等。

2. 中国清真菜

起源于唐代，发展于宋元时代，定型于明清时代，近代已形成完整的体系。它与伊斯兰教各国的菜品有很多相似之处，但又具备中国烹饪的共有属性，故称之为中国清真菜。中国清真菜由西路（含银川、乌鲁木齐、兰州、西安）、北路（含北京、天津、济南、沈阳）、南路（含南京、武汉、重庆、广州）三个分支构成。

其特点是：选料恪守伊斯兰教规，禁血生，即在宰家禽时要放尽余血，否则不食；禁外荤，即不吃猪肉；水产品中忌用无鳞或无鳃的鱼、带壳的软体动物及蟹等；在选用羊肉时，用绵羊肉，不用山羊肉。在选料上南路习用鸡鸭蔬果，西路和北路习用牛羊粮豆；擅长煎炸、爆熘、煨煮和烧烤，以本味为主，清鲜脆嫩与肥浓香醇并重，讲究味型和配色。代表菜有"葱爆羊肉""清水爆肚""黄焖牛肉"等。

（四）家族风味菜

1. 孔府菜

起源于宋代，延续至今已有 900 余年历史，是孔子嫡系后裔家常菜品和宴会菜品的统称。其特点是：选料名贵、调理精细、技术全面、菜品高雅；盛器华美、席面壮观，有十分浓郁的文化色彩，并且注重寓乐于食、寓教于食；其烹调工艺基本上属于山东风味菜系，但又有鲜明的官府生活气息；严格遵守儒家"食不厌精、脍不厌细"的膳食指导思想，强调品位、愉情和摄生。代表菜有"孔府一品锅""诗礼银杏""合家平安""八仙过海闹罗汉""琥珀莲子""神仙鸭子""玉带虾仁""鸾凤同巢""带子上朝""御笔猴头"等。

2. 谭家菜

起源于清末，为同治年间翰林谭宗浚之家所独创。其特点是：选料严、下料重，多用烧、焖、烩、蒸、扒、煎、烤等烹调方法，火候很足；擅长调理海鲜，尤以燕窝、鱼翅为最；甜咸适口、南北均宜、质感软烂、易于消化；家庭风味浓郁、宴席档次甚高。代表菜肴有"黄焖鱼翅""蚝油鱼肚""罗汉大虾""裙边三鲜""草菇蒸鸡""砂锅鱼唇""红烧鲍鱼""葵花鸭子""人参雪蛤"等。

知识拓展

世界三大菜系特点绘制

世界菜系的分类，主流说法是分为三大菜系，分别是：中国菜系又称东方菜系，包括中国、朝鲜、日本、东南亚一些国家等，是世界人口最多的一个菜系；法国菜系又称西方菜系，包括欧洲、美洲、大洋洲等国家，是占地面积最大的菜系；土耳其菜系又称清真菜系，包括中亚、西亚、南亚以及非洲等伊斯兰国家。

1. 中国菜系

（1）中国菜

中国菜有鲁、川、粤、闽、苏、浙、湘、徽等菜系，是世界上品类最多的菜系。因为地大物博，所以每个地区都能有其特色菜。色、香、味、意、形俱全，影响力深远。

（2）日本菜

日本菜又称为"日本料理"，它特有的烹调方式和格调，在不少国家和地区有传播，其影响仅次于中餐和西餐。

（3）韩国菜

韩国菜是以泡菜作为食材的单一方式料理，出名的就是韩国泡菜和韩国烤肉，而且韩国的食材匮乏，其变化不大。

（4）东南亚菜系

东南亚各国如越南、新加坡、泰国、印度尼西亚、马来西亚等，由于华人分布比较广。受到中国菜的影响加上地域风情因素，主要以酸辣为主，自成一派。

2. 法国菜系

（1）法国菜

法国菜口感细腻、酱料美味、餐具摆设华美，体现艺术性。其文化源远流长，创新求精益，米其林（Michelin）以及高特米优（Gaultmillau）等均源于法国。

（2）欧洲菜

法国的烹饪技法加上欧洲其他国家本民族特色而自成一派，意大利菜、希腊菜、西班牙菜及德国菜影响了整个欧洲的饮食习惯。

（3）美洲菜

美洲菜是欧洲和印第安人的饮食文化融合而形成的一种菜系，既有法国菜系的香甜精致，又有印第安菜的浓郁大气。

（4）大洋洲菜

主要还是以澳大利亚、新西兰及夏威夷群岛为主，这些欧洲人的后裔，很好地把法国菜系的烹饪技法和本地的土著烹饪技法相融合。

3. 土耳其菜系

（1）土耳其菜

土耳其菜就是土耳其的地方菜，其特点在于突出原料（主要是肉类和奶制品）的自然风味，讲究原汁原味并以黄油、橄榄油、盐、洋葱、大蒜、香料和醋加以突出。

（2）中亚菜

中亚菜主要还是流行于中亚五国，如哈萨克斯坦拌面、烤羊肉串等，乌兹别克斯坦有油馕、烤肉串等，吉尔吉斯斯坦熏鱼和烤鱼、各式各样奶豆腐等。

（3）中东菜系

中东菜系主要以阿拉伯菜和伊朗菜为主，阿拉伯菜肴主食以牛羊肉为主，其烹调手法多样。伊朗菜鲜香醇厚、清新爽口，使用到一些名贵的香料药材如藏红花等。

（4）南亚菜系

南亚餐饮的最大特色是在各种香料的应用，虽然它基本种类不超过20种，但它们的搭配比例与使用方法都可以非常个性化。

实践任务点

请查阅相关资料，分析问题。随着时代的发展和社会进步，八大菜系的演变记载了饮食文化历史发展，中餐风味流派得到进一步传承与发展，时至今日，菜系有十大、十二大之说，请分别描述一下，这是基于什么历史时期而发展起来的（见表1-1）。

表1-1　菜系种类及特点分析

菜系划分	主要类型内容	分类依据
十大菜系		
十二大菜系		

项目二　菜肴的质量要求与要素把控

中国菜制作讲究口味独特、造型精良，各大菜系、地方特色菜肴等无不展现菜肴特色内涵。菜肴品质质量的要求是菜肴得以发展的基本要素。食用与美化的艺术结合传承和发扬了中国菜肴特有的历史文化。把握菜肴制作过程中质量要求、厘清菜肴展现的属性要素，对于进一步展现食用性与艺术性的完美结合具有重要作用。

一、菜肴质量要求

菜肴与其他食品一样，必须以食用安全、营养合理、感官良好为其质量评审标准。

（1）食用安全是菜品作为食品的基本前提

要保证菜品食用安全，就必须保证菜点的所有原料无毒无害、清洁卫生，力求烹调加工方法得当，避免加工环境污染食品，使菜品对人体无毒无害。

（2）营养合理是菜品作为食品的必要条件

对于单份菜品，注意荤素搭配，减少烹调加工中营养素的损失。对于整套菜点，不仅要注意供给数量充足的热量和营养素，而且要注意各种营养素在种类、数量、比例等方面的合理配置，以使原料中各种营养素得到充分利用。

（3）感官良好是人们对菜品质量的更高层次的要求

要使菜品能很好地激起食欲，给人以美的享受，必须做到色泽和谐、香气宜人、滋味纯正、形态美观、质地适口、盛器得当，并且各种感官特性应配合协调。

二、菜肴的属性要素

构成菜肴属性的条件是切配技术和烹调技术。一般菜肴的制作。都要经过原料整理、分档选料、切制成形、配料、熟处理、加热烹制、调味、盛装八个过程。前四个过程中是切配技术的范围，对构成菜肴的属性虽然也很重要，如原料整理细腻，分档选料恰当，切制形状适当和大小均匀，主料和辅料搭配合理等，但它仅是构成菜肴的各种属性的先决条件。切配技术只能使菜肴原料发生"形"的变化，更重要的是后四个过程使原料发生"质"的变化，最后构成菜肴的完美属性。

菜肴的属性一般表现在三方面，即"色、香、味"，也有称为"色、香、味、皿"的，更全面地说，菜肴的属性应该是"质、色、香、味、形、皿"六方面。

"质"包括菜肴的营养价值，利于消化的熟、嫩、脆、烂的火候程度，合乎杀菌消毒的卫生要求等；

"色"包括主料与辅料色泽的配合、料与汁色泽的配合，以及装饰料色泽的配合；

"香"包括能嗅到的合乎标准的肉香、鱼香、菜香、果香等香气；

"味"是菜肴特有的能尝到的咸、甜、酸等滋味；

"形"包括菜肴中的主料、辅料成熟的形状，以及菜肴盛装在容器中的形象；

"皿"包括器皿的形状和大小与菜肴的质量相称，器皿的质地和色彩与菜肴和质色相称，整桌菜肴与多种器皿之间的形状、大小、质地色彩配置相称等。

——知识拓展——

烹调工具对菜肴质量的影响

俗话说得好，"宝剑配英雄"，武器就是英雄的制胜法宝。那么，对于烹调师傅来说，烹调工具就是他们的利器。工欲善其事，必先利其器。优秀的厨艺固然重要，拥有合适的烹饪工具不可或缺。当前，烹饪锅具主要分为两类：一类是铁锅、铁勺，另一类是铝锅、铝勺。

铁锅、铁勺。通常来说，铁锅会将锅身坐落于灶台里，只留下外面小小的锅檐。铁勺在灶眼儿上，会吸收许多热量，往往较烫手。在烹饪时间较长的菜肴时，铁锅可以将热量充分地吸收，并且热量均匀，整体的余温也会大力促进菜肴的加工，在用火方面十分自如，另外也可以将菜肴烹制得松软可口，吃进味道。

铝锅、铝勺。通常来说，铝锅只是利用锅底来吸收热量，身体基本上会"暴露"在外面。铝勺的情况基本与铁勺相同。在菜肴的烹制时，铝锅由于它是锅底受热，只能在一定程度上让菜肴变熟，但是上面部分还是主要靠翻炒和余温进行处理，勉强出锅不仅时间较长，而且因为受热不均匀，入味也不均匀，易造成味道缺失。

实践任务点

请按照菜肴质量要素分析两道中国传统菜肴，把握内涵以及学会进行美食的鉴赏。同时，将观察的内容记录、填写入表1-2。

表1-2 菜肴质量要素分析呈现

菜肴	质	色	香	味	形	皿
1.冷菜						
2.热菜						

注：评价标准按照本章菜肴的属性要素为指标参考。

模块二
鲜活原料初加工技艺

● 模块导读

烹调原料的种类繁多，而其中绝大多数不能直接用来烹调，必须经过初步加工的处理，使原料能按照不同的种类、不同的性质、不同的部位、不同的用途以及不同菜肴成品的要求进行差异化的初步加工，然后才可以进行切配、烹调。如果原料的初加工不符合规格、标准和要求，不但会直接影响菜肴烹调的出品质量和型格美学，而且会造成原料的浪费，甚至影响到企业的成本控制和经济效益。本模块将依据不同原料如新鲜蔬菜、家禽畜肉、水产品等的性质特点进行初加工技术描述及其训练，以促进对于烹调食材前期基础性的准备。

● 能力培养

1. 掌握新鲜蔬菜的初加工技术。

2. 掌握家禽家畜的初步加工技术。

3. 掌握水产品的初步加工技术。

● 知识拓展

1. 国际砧板规定。

2. 竹笋剥壳后保鲜方法。

3. 生猪屠宰加工准备及过程。

4. 松香煺毛不合规，对人体有害。

5. 墨鱼和鱿鱼辨析。

● 案例导入

莫道扬中河豚美 人生难得几回醉

古人对河豚之毒，早有记载，《山海经·北山》载："敦水出焉，东流注于雁门之水，其中多鮨之鱼，食之杀人。"沈括的《梦溪补笔谈·卷三》说："吴人嗜河豚鱼，有遇毒者往往杀人，可为深戒。"河豚有毒，但因其味美，不少人还是会铤而走险，故而有拼死食河豚的说法，过去每当江南各地河豚上市时，每每会听到有人为贪口腹之欲丧命的消息。最近这些年，人工养殖河豚已获成功，其毒素不再像以往般强烈，只要处置得当，河豚的确是一道不可多得的美味。

河豚刺身

日本人近乎痴迷地喜欢吃河豚，并且最喜欢吃刺身，仅东京一地就有上千家制作河豚的餐馆，由于管理规范，初加工细致，绝少听到因此出事的新闻，想必河豚刺身的加工处理精细是前提。

河豚料理

清明正是河豚的交尾季节。雌雄河豚里，以雄河豚更好。因为此时的河豚经过一个冬天的休养生息，膘肥体壮，特别味美。河豚以野生更好，毒性自然也更烈。近年来，长江禁捕，能够吃到的只能是人工养殖的，人工养殖的河豚内含毒素当然也少些，价格也可以接受。

河豚美味自古有之，但含有毒素，务必对其进行细致初加工处理，以防止食用危险。河豚的卵巢和肝脏有剧毒，其次为肾脏、血液、眼睛、鳃和皮肤，精巢和肉多为弱毒或无毒。因此，制作河豚菜肴时，一定要严格细心地除去河豚的内脏、眼睛，剔去鱼鳃，剥去鱼皮，去净筋血，用清水反复洗净。

近年来，很多淮扬馆子也开始售卖河豚，舟车劳顿，只为吃一条鱼，但吃之过程，严格加工处理尤为重要。

（资料来源：《北京晚报》https://baijiahao.baidu.com/s?id=1604171216501840748&wfr=spider&for=pc）

● 案例分析

1. 河豚美味，但含有毒素，毒素一般储存在哪个部位？
2. 如果要食用河豚，需要对其进行怎么样的处理？

项目一　新鲜蔬菜的初加工技术

蔬菜在烹调中应用广泛，它既能做主料，又能做辅料。许多菜肴，没有蔬菜类原料的配合，很难达到色、香、味、形俱佳的效果。同时，也可以做一般的菜肴，还可应用在高档筵席的菜肴品种上。蔬菜含有多种的维生素、纤维素和无机盐，是人们在日常膳食中不可缺少的烹饪原料。

一、蔬菜加工的基本要求

（一）按蔬菜类别、规格整理加工

按照蔬菜各种原料的不同食用部分，采取不同的加工方法，去掉不能食用部位，如叶菜类必须要去掉菜的老根、老叶、黄叶等，根茎类则要削去或剥去表皮，果菜类须刮去外皮，挖掉果心，鲜豆类要摘除豆类上的筋络或豆壳，花果类需要去掉外叶、撕去筋络等。

（二）洗涤整理确保干净卫生

蔬菜类原料的洗涤整理，是一项很重要的加工程序，如洗涤整理不干净，菜中反会含有泥沙、草根、虫和虫卵，甚至还会含有有毒的农药，严重影响食品卫生的安全以及对人体的健康造成不良的后果，所以，蔬菜的洗涤必须要严格按照"一浸、二洗、三漂"的原则进行处理。如在蔬菜洗涤时发现虫以及虫卵时，可在清水中加 2% 的食盐浸洗，就可使菜上的虫卵浮在水面。

（三）洗涤整理后的合理放置

洗涤整理后的蔬菜原料要放在能沥水且符合食品卫生要求的盛器内，并按类别化整齐地放在清洁的物料存放架上，在夏秋季需隔夜的蔬菜还应放在15℃左右的保湿冷库内存放，以免混放或乱放而造成不必要的浪费。

二、蔬菜加工的分类处理

（一）叶菜类的初步处理

1. 选择整理

市场上供应的蔬菜，虽然都整齐新鲜，但购进后，由于供、购过程，受到挤压和摩擦，所以初加工时，一定要先认真选择整理，如有杂物（细草、虫卵）、烂叶等一定除净；有些蔬菜还要去掉老叶、老茎、老根等。

2. 洗涤处理

叶类菜经选择后，要进行洗涤。根据不同的情况，要采用不同的方法。洗涤主要有清水洗、冲、浸、漂、刷等。一般常用的有：

（1）冷水洗涤：主要用于较新鲜整齐的叶菜类。洗涤时，先用冷水浸泡一会儿；使附在原料表面或叶中的泥土、污物回软，再进行洗涤。

（2）盐水洗涤：主要用于容易附有虫卵的叶菜类原料。将叶菜类用含2%~3%食盐水溶解浸泡片刻（5~10分钟），使虫的吸盘收缩，浮于水面，便于清除。

（3）高锰酸钾溶液洗涤：主要用于生食菜肴的原料，如生菜、青瓜等，洗涤时，先放入0.03%高锰酸钾水溶液中溶解，再将原料洗净后泡5分钟左右；这样，可以起到杀死细菌的作用。

（二）根、茎菜类的初步处理

有些根、茎类的蔬菜带有老根、老茎或粗纤维的外皮，在初步整理时应该除去；如马铃薯、芋头要刮去外皮；竹笋、茭白要去掉硬根、老皮；西芹要刮削去粗纤维的外皮等。这些原料经刮削处理后，还要洗涤，一般用清水洗净即可。但这些原料有些含有多少不等的鞣质（单宁）、铁质（如木薯、马铃薯、茄子等），去皮后容易因氧化作用而变色，出现红色或紫色的现象。所以，这类原料去皮后应立即洗涤，一时不用，可用清水浸泡，以防止变色。

（三）花、果类菜的初步处理

花、果类菜的原料在选择时也很多，初步处理时主要是掐去老纤维，削去污斑，挖除蛀洞等。

三、蔬菜的加工方法实例详解

由于自然界可供食用的蔬菜种类较多，所以在加工方法上必须因料而异，在加工方法上大体有以下三种：

（一）摘除整理

蔬菜购进后，首先要进行必要的整理，按照菜肴以及不同用途的规格进行裁剪，在常用蔬菜的规格上有以下标准：

1. 菜心

（1）菜远：是用剪刀剪去菜花和菜叶尾端（老梗），取中间最嫩的一段。规格长约 6 厘米。

（2）郊菜：基本上与菜远的剪法相同，取中间部分，规格长约 12 厘米。

（3）直剪菜：一条菜从头至尾，长度与菜远剪法相同，一齐混用（此剪法只作为一般油菜及小菜用），在剪完菜远、郊菜所剩下来的下栏可作菜码食用。

2. 芥蓝

（1）蓝远：蓝远的裁剪法与菜心相同。如姜汁芥蓝则需把菜叶去掉，用刀削掉老皮，然后斜刀切成约 0.5 厘米的斜角。

（2）蓝花：先去掉菜叶，用刀把叶部凹凸位削平，再切成长约 4 厘米的段，再用刀在蓝段两头分别界四刀呈"十"字，然后放在盆中加入清水浸泡即可开花。

（3）蓝榄：先用刀切成长约 3 厘米的段，再用刀两头削尖即成榄仁，蓝花与蓝榄均可用在高档筵席上作配料。

3.生菜

生菜胆的裁剪法与郊菜相同，如高档的生菜胆则用剪刀把菜叶剪掉。

4.绍菜

绍菜有两种不同的改法

（1）扒用：先把原棵菜切去头部分，分成菜瓣，再把每瓣的菜叶改去，撕去叶根，改成榄核形，长约12厘米。

（2）炒用：做法与扒用一样，但改的长度约7厘米，剩下的菜胆开两边或四边，细个的还可作原个扒用。

5.菠菜

菠菜有两种不同的用法

（1）去掉根部，然后切成约12厘米长的段，可作为菠菜胆。

（2）把菠菜叶磨烂榨汁，成为菠汁。

（二）削剔处理

对瓜果类的蔬菜必须进行削剔处理，首先应去掉根削掉皮，如冬瓜、丝瓜等，但有些原料如嫩黄瓜、嫩白瓜、番茄等，需用点缀配色时，应保留其外皮。

（三）洗涤方法

蔬菜原料经过摘除整理和削剔处理后要进行清洗，否则不能符合食品卫生要求。洗涤的方法要根据不同的原料、不同使用部位以及原料的整洁卫生程度确定洗涤方法，在洗涤过程中，要严格按照"一浸、二洗、三漂"的蔬菜洗涤原则进行清洗，严防蔬菜农药中毒以及符合食品卫生要求。

—— **知识拓展** ——

竹笋剥壳后如何保鲜（保持纤维鲜嫩）48小时

竹笋除含有丰富的植物蛋白外，还含有胡萝卜素、维生素 B_1、维生素 B_2、维生素 C 和钙、铁、镁等营养成分。而且竹笋的蛋白质比较优越，人体必需的赖氨酸、色氨酸、苏氨酸、苯丙氨酸以及在蛋白质代谢过程中占有重要地位的谷氨酸和有维持蛋白质作用的胱氨酸，都有一定的含量，为优良的保健蔬菜。除此之外，竹笋还是低脂肪、低糖、高纤维食物，能促进肠道蠕动，帮助消化，减少体内多余脂肪。

竹笋食用前应先用开水焯过，以去除笋中的草酸。近笋尖部的地方宜顺切，下部宜横切，这样烹制时不但易熟烂，而且更易入味。

新鲜的竹笋剥壳后，如何保存起新鲜度呢？竹笋剥壳后，先用软点的纸包裹一层，然后再用保鲜膜裹严实，再放在避光阴凉处即可。或用保鲜膜裹严实后再放冰箱里保存，这样做比单纯直接把生竹笋放冰箱里要好。

在冰箱里保存生竹笋，冰箱的冷藏室虽然低温，竹笋的新陈代谢减弱，但冷藏室空气十分干冷，长期存放会导致竹笋迅速失水纤维老化。因此在冰箱里保存未经杀死细胞的竹笋，最好用保鲜袋把竹笋密封起来，防止竹笋过度失水。

实践任务点

按照蔬菜类原料初加工操作

原料工具准备：

原料：各类蔬菜500克左右

工具：盘或者盆、清水、高锰酸钾等消毒液

操作过程

（1）按需要的数量备齐各种蔬菜，准备用具及盛器。

（2）按做菜要求对蔬菜进行拣择或去皮，或取其嫩叶、芯。

（3）将经过择、削处理的蔬菜原料分别放到水池中洗涤三四遍。第一遍洗净泥土等杂物，第二遍用餐洗剂溶液或高锰酸钾溶液对蔬菜进行浸泡，浸泡的时间一般为5~10分钟，第三、第四遍把用消毒液浸泡过的蔬菜放在流动的净水池内漂洗干净，蔬菜上不允许有残留的餐洗剂或其他消毒残液。

（4）将经过清洗的蔬菜捞出，放在专用的带有漏眼的塑料筐内，控净水分，分送到各厨房内的专用货架上或送冷藏库暂存待用。

（5）清洁场地，清运垃圾，清理用具，妥善保管。

项目二　家畜原料的初加工技术

家畜肉类初步加工的范围较广，在中式菜肴中的家畜原料应用最多的是猪、牛、羊三属种的肉类。畜肉原料的加工按照一定程序进行操作，主要有宰杀放血（或摔死）、褪毛（或剥皮）、开膛、内脏整理、洗涤等几个环节，在加工过程中按照畜类的生物肌体特点进行一定的加工，并注意根据目的选择相应成熟期的肉。现在，畜类宰杀处理由屠宰场专业负责，一般由批发部门购进的家畜肉类原料，都是已经肢解的部分，不需要进行宰杀。本书家畜原料的初加工主要对内脏及四肢初步加工进行技术讲解和分析。

一、家畜内脏及四肢初步加工的基本要求

家畜内脏，通常是指肝、心、腰子、肚子、肠、肺等组织器官；家畜四肢，通常是指头、尾、蹄等，包括舌、脑组织。因家畜内脏及四肢在中国烹饪中是一类重要的烹饪原料，由于这些原料黏液较多，而其往往带污秽较多，污染严重，必须在初步加工中严格予以清除，以保证原料的卫生干净，满足烹调原料的质量要求。一般初步加工要求符合以下基本要求。

（一）加工方法合理，清洁卫生措施得力

家畜内脏及四肢的品种不同，性质各异，加工方法也不一样。因肺内有许多支气管与肺总气管相通，而支气管中常藏有污物，故宜采用灌水冲洗法；脑组织质地软嫩，不宜重力洗涤，故宜采用清水漂洗法；蹄爪因多带有未除尽的毛、皮，甚至带有黏附较紧的污物，故多采用刮、剥洗涤法，以有效除去毛皮污物。总之，不论

采用何种加工方法，都要以能保护原料的固有口感特征，并将原料彻底地加工洁净为准则，确保人食用后无不良影响。

（二）应遵循加工后不改变原料质地、保存营养的原则

家畜内脏及四肢处加工的根本原则是除净异味杂质，改善原料风味，但也应注意，每一种原料都有其固有的质地，它们往往带给食客熟悉的已定格的味和质。因此在进行初加工时，以不改变原料的质地特征为宜。家畜内脏往往含有大量的维生素和无机盐，加工过程中很容易被破坏或流失，应采取有效的措施，保存营养素，提高食用价值。

（三）严格质量鉴定，重视净料保管

因家畜内脏和四肢含有大量水分，并带有大量黏液，极易沾上微生物，很容易导致腐败变质，因此初加工前应严格做好质量鉴定，严把卫生质量关。净料保管措施要得当，防止污染、腐败。提倡加工成净料后立即投入烹调使用，减少污染机会。

（四）洗涤干净

家畜内脏、四肢在经特殊处理去除黏液、油脂、毛壳等污秽后，还须用清水反复洗涤干净，成为洁净的烹调原料。

二、家畜内脏及四肢初步加工的方法

家畜类下水料粗加工，猪、牛、羊的内脏、脚爪、尾及舌等各部分的洗涤工作很重要，因为这些原料大都肮脏、多脂，且有腥味，若不充分加以洗涤则无法食用。主要洗涤方法有翻洗法、擦洗法、刮洗法、漂洗法等。有些原料未必只用一种方法洗涤，如肠、胃等部分，需要并用几种方法来洗涤。

（一）翻洗法

翻洗法是将原料翻过来洗，主要用于肠、胃等内脏的洗涤。因肠胃内部残食及

分泌液较多，且充满油脂，非翻过来洗不可。洗大肠，使用套肠翻洗法，即将大肠口较大的一端翻过，用手撑开，注入清水。肠因受水的压力，逐渐翻面，最后内外完全翻面，此时用手撕去附在肠壁上的污物。

（二）盐醋搓洗法

主要用于搓洗油腻和黏液较重的原料，如肠、肚等。在里外翻洗前应先加适量的盐和醋反复揉搓，然后洗涤。这样可以去其外层黏液和恶味。

（三）刮剥洗法

这是一种除去外皮污垢和硬毛的洗法。如洗猪爪，一般要刮去爪间及表面的污垢和余毛（除余毛最好连根拔起）。洗猪舌、牛舌，一般先用开水泡至舌苔发白，即可刮剥去白苔，然后就可洗涤。头、爪上的余毛，也可先用烧红的铁器烙去，再刮洗干净。

（四）清水漂洗法

主要用于家畜类的脑、筋、脊髓等。这些原料很嫩，其中的血衣、血筋，可用牙签剔去，再轻轻漂洗干净。

（五）灌水冲洗法

主要用于猪肺。可将大小气管、食管剪开冲洗干净，再经开水一余除去血污白皮后洗净。还有一种方法是将气管或食管套在水管上，灌水冲洗数遍，直至血污冲净，肺叶呈白色为止。

（六）焯水烫泡法

如肠、肚、舌、爪等经上述加工，再经烫泡可进一步去除污物和异味，有些原料在加工处理时，仅靠一种加工方法可能达不到理想要求，往往需要几种方法结合使用才能加工妥当。同时，家畜内脏及四肢初加工的方法还有很多，往往要根据实际条件及个人习惯和技术条件灵活处理，这就需要在工作时间中摸索，以寻求更合理、更有效的加工方法。

三、家畜内脏及四肢初步加工实例

（一）心、腰子、肝的初步加工

腰子，即家畜的肾，加工方法与心肝几乎相同，只要用清水冲洗干净便可用于烹调。但腰子在加工时应注意撕去纤维膜（俗称外皮），剖开后批去髓质部（俗称腰臊），才能用于制作菜肴。

（二）肠、肚子的初加工

肚子，即家畜的胃，与肠子的加工方法相同，一般先剥去外面的油脂，再翻转，洗除里面的污物，加入面粉和醋反复揉搓，用清水洗干净，再将肚、肠翻转，加入面粉和醋反复揉搓，用清水复洗干净。

（三）肺的初加工

肺的加工方法比简单，一般只需将肺总管套在自来水龙头上用水冲，反复灌至肺叶变白即可。

（四）猪头的初加工

先用刮刀刮去余毛，用尖刀剔去耳朵中的污垢，从中间劈开，去除喉管部甲状腺，用清水冲洗干净。取出脑子，用清水漂洗，并用牙签挑去血筋后使用。

（五）尾、蹄爪的初加工

先用夹子拔去余毛，再用刀将污垢反复刮尽，蹄爪要剥皮去蹄壳，用清水洗净便可。

四、初步加工的标准和程序

（一）标准

初加工技术的运用应根据烹调不同的要求，选择用肉部分；除去污秽、杂毛和筋腱；加工后的半成品冷藏时间不宜超过 24 小时等标准化处理。

（二）程序

首先根据烹调需要量，备齐加工的肉类原料和用具；然后根据厨房对肉类的规格要求，将所用的猪、牛、羊等肉类原料进行不同的洗涤及切割；再将加工好的肉类原料用保鲜膜封好，分别放置在厨房加工间冷藏库中规定的位置或冰箱，留待取用；最后清洁场地，清运垃圾，清理用具，妥善保管；关闭水、电开关，关锁门柜。

── 知识拓展 ──

生猪屠宰加工准备及过程

健康猪进待宰圈→停食饮水静养 12~24 小时→宰前冲淋→限位晕→套脚提升→刺杀→沥血（沥血时间：5 分钟）→毛猪屠体的清洗→烫毛→刨毛→修刮→胴体提升→开膛取内脏及胴体检验→割头蹄→劈半→冲淋复检→过磅入库，具体如图 2-1 所示。

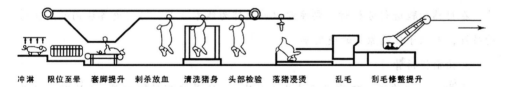

冲淋　限位至晕　套脚提升　刺杀放血　清洗猪身　头部检验　落猪浸烫　乱毛　刮毛修整提升

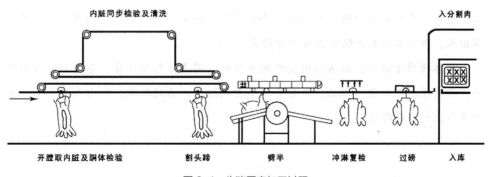

开膛取内脏及胴体检验　　割头蹄　　劈半　　冲淋复检　　过磅　　入库

图 2-1　生猪屠宰加工过程

『全国旅游高等院校精品课程』系列教材·中式烹调技艺

── **实践任务点** ──────────────────────────

猪腿（前后腿）拆骨与的实践操作

猪腿，是指猪的后腿。前腿，称为"夹心肉"。学习腿肉拆骨，便于加深对家畜主要肉质原料的结构认知。

1. 猪后腿拆骨

对猪后腿进行拆骨，是先斩断背尾脊骨和扁担骨衔接处，用工具别出背尾脊骨；再别净扁担骨上的肉，令其显露出与直筒骨相衔接的关节，拿刀尖割断关节周围的筋、腱组织，以便直筒骨、扁担骨分离，再取出扁担骨。随后，用工具剖开直筒骨上的肉，令其暴露出来，再别去直筒骨即成。

2. 猪后腿分档

（1）上层肉。所谓上层肉，是磨裆肉、臀尖肉、弹子肉三块肉。这三块肉的质地细嫩，可用于切片、切丝、切丁等。

（2）下层肉。所谓下层肉，是上层肉去掉后剩下的肉。由坐臀肉、黄瓜肉、三叉肉三块肉组成。坐臀肉的肉质较老，黄瓜肉的肉质也很老，三叉肉较嫩，这三种肉均可用于切片、切丁等。

在对猪后腿进行分档时，要注意以筋膜作为线索下刀，可避免各块肉的组织遭受破坏，有利于提高原料的使用率。

3. 猪前腿拆骨

夹心，即猪前腿。猪前腿的骨头有2块，1块是扇形的饭铲骨，1块犹如拳头称为拳骨。在对猪前腿进行拆骨时，要在前腿的内侧用刀从上到下割开，以便骨头露出来，再用工具割开饭铲骨与拳骨的关节。

具体操作手法是：刀头伸进割断的关节处，用力撬起饭铲骨，令其部分与肉脱离，再用手把饭铲骨板取出，并分开与拳骨衔接于一体的肌肉，取出拳骨和一块连带关节上的小骨即成。

项目三　禽类原料的初加工技术

禽肉类原料是指人类为满足对肉、蛋等的需求，经过人工长期饲养而驯化的鸟类。由于这些家禽都有羽毛和内脏，故必须按规定程序严格加工，确保净料质量。烹调用的禽类原料分为家禽、野禽两大类，它们的初步加工方法和要求基本相同，只要能够熟练和掌握鸡、鸭、鹅的初步加工方法，也就能够对其他禽类进行加工，所以掌握好对鸡、鸭、鹅的初加工方法是对整个禽类初步加工技术的关键。

一、鸡、鸭、鹅的初步加工

鸡、鸭、鹅的初步加工，一般包括宰杀、放血、烫水、脱毛、开腹取内脏（部分不开腹）及内脏洗涤等工序。

（一）割颈放血

禽类初步加工的第一步骤就是要割颈放血，要在宰杀时把禽类的气管血管割断，然后把禽血放干净，如果气、血管没有完全割断就不可能放净，而造成肉色发红直接影响成品质量。

（二）热水煺毛

禽类经宰杀后，要进行热水煺毛的程序，而禽类的毛是否煺好煺尽是衡量禽类初步加工质量好坏的重要一环，所以，既要煺尽禽毛，又要保证禽皮完整，才能符合切配、烹调的要求。要做到这一点，调校和掌握烫毛的水温是关键。首先，要根

模块二　鲜活原料初加工技艺

据天气季节的变化和禽类的老嫩来确定所需的水温和烫毛的时间。

烫鸡的水温一般是夏天68℃~70℃，冬天是70℃~75℃，煺毛的方法是先煺粗毛及爪上粗皮、嘴、壳，然后再煺其他部位的毛，同时用力不能过大，要恰到好处，否则易煺破皮而影响质量。

鸭、鹅毛比较难煺，把嫩鸭、嫩鹅宰杀放血后，放入水温在65℃~70℃的水中，并保持温度，先煺翅毛，后煺其他部位的毛。而老鸭、老鹅则要放在水温80℃的水中用木棍搅动，待烫透后取出煺毛。煺毛时应先煺胸部和颈部的毛，然后再煺其他部位的毛，宰杀后的鸽子热水水温与鸡、鸭、鹅各有所异，白鸽用的水温为60℃，而灰鸽的水温应是55℃，杀鹌鹑不用放血，只用水浸死或摔死，用55℃水温的热水煺毛。

在禽类初加工用热水烫毛的程序中，首先要熟悉禽类的品种，按照禽类不同的类别、性质以及老嫩、天气季节的变化和差异来确定烫毛水的温度和烫毛的时间，就能使禽类煺毛的质量符合烹调的要求。

（三）剖口正确

禽类在宰杀时要正确掌握颈部血管、气管的要害部位，下刀要准确，宰杀时刀口要小，避免因刀口过大或因用力过大而切断头部，影响禽类宰杀的质量。在对禽类开膛时更要做到下刀准确，符合菜品及烹调的要求。对禽类的开膛需要根据烹调的要求进行，可以采取以下三种开膛方法：

1. 腹开

在操作时，先将禽类的颈与椎脊之间开一刀，取出禽囊和喉管，然后将腹朝上，再在肛门与肚皮之间开一条约两寸长的刀口，用手拨开，伸入腹内，以手指挖掉内脏与粘连膜，再轻轻拉出内脏，并挖去胸部禽肺，洗净腹内血污，最后用手把禽头向上拿起，以去清腹内积水。

2. 腋开

先按腹开的方法取出禽肺、食管和喉管，然后用刀在翅膀下开约一寸半的刀口，用中指和食指伸进腹内，取出内脏，再用清水洗净腹中血污，最后用手把头部向上拿起，以去清腹内积水。

3. 脊开

脊开是在禽类的脊处剖开，取出内脏，用清水洗净腹中血污，最后用手把头部向上拿起，以去清腹内积水。

以上禽类的三种开膛方法，根据烹调和菜肴品种的要求，无论采用哪一种方法，都要注意不能挖破家禽类的苦胆、肝，如挖破苦胆将会造成肉味苦而不能食用，挖破肝就不可能充分利用肝来制作高档菜肴。

（四）洗涤干净，物尽其用

宰杀后禽类的血污、肛门、嘴、爪皮以及皮泥等物都要去掉，然后洗涤干净，否则影响造型的美观和菜肴品种制作的质量，并要根据菜肴和烹调的要求，将禽类的上腺以及脖头淋巴去掉，以保证卫生要求。

禽类尤其是家禽的各部分都有不同的用途，其肝、心、肠等都可以用来制作菜肴，其脚、翼分别可制作卤、烤、拆扒等，其肫皮可供药用，禽毛可制作羽毛制品。所以，对禽类初步加工时的各部分要根据不同的用途加以整理，不可随意抛弃，要做到物尽其用。

二、其他禽类的初步加工

山鸡、水鸭的初步加工方法，与鸡、鸭类似。若是死禽，又是用于切丝、切片的，可将皮与毛一起剥去，再开腹取内脏。

鸽子、鹌鹑、麻雀等，宰杀方法一般采用摔死。拔毛方法有两种，一是干拔，即鸟禽死后趁其身体温热，将毛拔去，也可连皮剥去；一是用热水烫，60℃左右为宜。拔毛之后再根据烹制菜肴要求，开腹或开背取出内脏洗净。

— 知识拓展 —

松香煺毛不合规，对人体有害

2015年4月央视报道，湖南省长沙市杨家山禽畜批发市场，摊贩用工业松香给鸭子煺毛，一分钟搞定。该市场因此被当地食品安全及工商部门查处，停业整顿。执法人员表示，松香鸭含有重金属等有毒化合物，易致癌。

据了解，松香未被列入国家 GB 2760—1996《食品添加剂使用卫生标准》加工助剂名单中，禁止用于煺家禽毛。松香，指以松树松脂为原料，通过不同的加工方式得到的非挥发性天然树脂。松香是重要的化工原料，广泛应用于肥皂、造纸、油漆、橡胶等行业。本身对人体毒性不大，但煺毛用的松香反复加温使用过程中产生的过氧化物、铅等重金属和有毒化合物，会污染禽畜肉，食用后将严重损害人体的肝脏和肾脏，对人体毒性很大。而松香在高温情况下，还会发生氨解反应，产生大量氨气，造成空气严重污染，人体长时间吸入或短时间大量吸入也将导致中毒甚至危及生命。

━ 实践任务点 ━━━━━━━━━━━━━━━━━━━━━━━━━━━

起全鸡、全鸭、全鸽以及部分禽类整型脱骨是粤菜高档菜肴制作的一道重要工序和环节，粤菜中的凤谷燕、八宝霸皇鸭、湖莲宝鸽等菜肴，都要通过这道工序来达到制作的效果。请按照以下的制作过程，实践训练起全鸡（全鸭、全鸽以及部分禽类整型脱骨）。

原料与器具

原料：全鸡一只

器具：砧板、厨刀、抹布、盆或盘子等

操作过程

（1）将鸡用热水去毛洗净（不要开肚），在颈部直拉一刀，然后在近头部横刀切断，在左右两翼（先左后右）拉开翼关节骨，在节骨末端，圆拉一刀，使骨肉分离，然后顺上肢将肉脱下，再在胸部骨两边拉一刀现出胸骨，切离背部根膜，顺脱至大腿上关节骨，将左右腿端向上，左手食、拇指拿着两腿用刀轻轻脱下，直至脊骨尾端切断，脱出原只鸡壳。

（2）继续在大腿骨横刮一刀，使其现骨，再顺大腿骨逐一拉一刀使肉分离，在小腿关节横拉一刀，起出大腿骨，再在小腿骨末端圆拉一刀，顺着小腿骨将肉脱下，至膝削横刀切断，左右腿去法相同，起全鸭、全鸽以及部分禽类整型脱骨的方法相同。

『全国旅游高等院校精品课程』系列教材·中式烹调技艺

项目四　水产原料的初加工技术

水产品是海洋和淡水渔业生产的水产动植物产品及其加工产品的总称。包括捕捞和养殖生产的鱼、虾、蟹、贝、藻类等鲜活品；经过冷冻、腌制、干制、熏制、熟制、罐装和综合利用的加工产品，品种不同，加工方法也有所不同。

一、鱼类原料的初加工

（一）体表及内脏的清理加工

1. 褪鳞加工

特殊鱼的鱼鳞，如新鲜的鲥鱼，鳞片中含有较多脂肪，烹调时可以改善鱼肉的嫩度和滋味，应保留。

2. 去鳃加工

鱼鳃是微生物最多的地方。鱼类有两个鳃，每鳃各有5个鳃裂，其中4个鳃裂上各有2个鳃片，第五个鳃裂上无鳃片，但连接着咽齿，去鳃时一同去掉。

3. 开膛加工

开膛去内脏的方法有以下几种：

（1）腹出法：从腹部剖开，将内脏取出，常用于"红烧鱼、松鼠鱼"等。

（2）脊出法：从鱼背处下刀，沿脊骨剖开取出内脏，常用于"荷包鲫鱼"。

（3）鳃出法：用两根筷子从嘴部插入，通过两鳃进入腹腔将内脏搅出（切断肛肠），制作"叉烧鳜鱼、八宝鳜鱼"等。

4. 内脏清理

鱼鳔富含蛋白质，特别是鮰鱼鳔、黄鱼鳔更是上品，加工时应剖开洗净。鱼腹腔壁内附着一层黑色薄膜腥味重，应刮洗干净。

5. 无鳞鱼的黏液去除加工

常用的去除黏液的方法，有浸烫法和盐醋搓揉法两种。

（1）浸烫法：将表面带有黏液的鱼，如鮰鱼、泥鳅、鲇鱼、鳝鱼、鳗鱼等，用热水冲烫。根据鱼的品种不同应灵活掌握水温。

一般鳗鱼的水温在 50℃ ~100℃ ；黄鳝、泥鳅的水温在 60℃ ~80℃。在水中加入葱、姜、盐、醋、酒等调料，可使鳝鱼体内和体表黏液中的三甲胺被中和，大大减轻土腥气味，并使鳝鱼表皮发光。

（2）盐醋搓揉法：将宰杀去骨的鳗肉或鳝肉放入盆中，加入盐、醋后反复搓揉，待黏液起沫后用清水冲洗干净。多用于"生炒鳗片、炒蝴蝶片"等。

（二）鱼的分割与剔骨加工

1. 鱼的骨骼结构

由头骨、脊椎骨、肋骨、鳍组成。

2. 鱼的肌肉结构

鱼的肌肉主要是横纹肌，即骨骼肌，可分为白肌和红肌。红肌分布与经常运动的相关部位，如胸鳍肌、尾鳍和表层肌等。特点是收缩缓慢，持久性强、耐疲劳，如鲤鱼的红肌发达。白肌则相反，收缩性强，游动范围小，灵活，如白鱼、黑鱼等。

3. 鱼的分割部位及应用

鱼头：以胸鳍为界限割下，其骨多肉少、肉质细嫩，皮层含丰富的胶原蛋白，适合红烧、煮汤等。

躯干：去掉头、尾即为躯干，中段可分为脊背和肚档两部分。脊背的特点是骨粗肉多，肉的质地适中，鱼菜的变化主要来自脊背肉，适合的方法广泛。肚档是鱼中段靠近腹部的部位，肉厚皮薄，脂肪丰富，肉质肥美，适合烧、蒸等。

鱼尾：俗称"划水"，以尾鳍为界限割下。皮厚筋多，肉质肥美，尾鳍富含胶原蛋白，适合红烧，也可与鱼头一起做菜。

4. 躯干的去骨加工

从背部下刀将鱼剖成两片，带脊椎骨的叫硬片，反之为软片。方法简单。

5. 鳝鱼的去骨加工

（1）鳝鱼生出骨法：用刀将鳝鱼从喉部向尾部剖开腹部，去内脏，洗净抹干，再用刀尖沿脊骨剖开一长口，使背部皮不破，然后用刀铲去椎骨即成鳝鱼肉。鱼肉可制作"炒蝴蝶片""生爆鳝背""炖鳝酥"等。

（2）鳝鱼熟出骨法：先用锅将清水烧沸，加入盐、醋、葱、姜、黄酒，然后倒入活鳝鱼，迅速加盖，烫15分钟，捞出用清水洗净。放在墩面从腹部下刀划开，背部完整的叫"单背划"，背部划成两条的叫"双背划"。

（三）整鱼出骨

整鱼出骨：指将鱼体中的主要骨骼去除，而保持完整外形的一种出骨技法。如"八宝刀鱼""三鲜脱骨鱼"等。

出骨的刀具：从形状上看，出骨刀呈一字形，刀身长22厘米、宽2厘米、厚0.1厘米，刀身三面有刀刃，其中一面有1/2长刀刃，靠柄无刀刃的这一段刀身可以放食指，做横批腹刺时手指抵刀发力之用。

适合整鱼出骨的原料：鳜鱼、黄鱼、黄姑鱼、石斑鱼、鲤鱼、鲈鱼、刀鱼等。每条鱼在600~700克。刀鱼在250克。反出骨的整料，一般选用活鱼较好。

出骨的方法：可分为鳃内出骨和鳃下出骨两种。

1. 鳃内出骨

此法能保持鱼体表皮的完整无损，适合制作高档菜肴。但选料时不宜过大，过大刺硬难取，适用于黄鱼、鳜鱼等骨骼小而散刺少的鱼类，重量以700克为宜。主要步骤是剪刀从脐门进入剪断脊骨；掀起鱼鳃骨盖，用厨刀斩断脊骨；出骨刀从鳃内沿脊骨向前铲批，直到脐门后平批向腹部使胸骨和脊骨分离；将鱼翻身，用以上方法剔除另一面骨；从鳃内捏住脊骨，将脊骨和胸骨连内脏抽出，洗净即可。

2. 鳃下出骨

此法又分为鳃下两面开口出骨法和鳃下一面开口出骨法两种。

（1）鳃下两面开口出骨法：适用于黄姑鱼、石斑鱼等。

①鱼鳃下1厘米处，横切一刀切断脊骨、胸骨，刀口长度以能将胸骨取出为准。

②将鱼翻身、在脐门处脊骨处横切一刀，刀口的长度与骨刀的宽度相等。

③刀分别从两个刀口进入使肉骨分离即可，鱼骨从鳃部取出即可。

④将鱼内脏洗净备用。

（2）鳃下一面开口出骨法：适用于刀鱼、白鱼、鲤鱼、鲈鱼等。

①用剪刀从脐门出伸入逐渐张开剪刀直至剪断脊骨。

②在鱼鳃下1厘米处，横切一刀，切断脊骨、刀口长度同胸脊骨同宽。

③从刀口出进刀使骨肉分离。

二、其他水产品的加工

（一）虾的初步加工

加工：剪去额剑、触角、步足、沙肠等。龙虾将虾卵保留，烘干后可制成虾籽，是鲜美的调味料。

出肉：用挤和剥的方法。

（二）蟹的加工

加工：清水中静养，吐出泥沙，然后用软毛刷刷净表面的泥沙，最后挑起腹脐，挤出粪便，用清水洗净即可，加热前用线绳将蟹足捆扎，防止蟹足脱落。

出肉：螃蟹骨缝较多，生出肉达不到目的，必须采用熟出法。具体步骤是：

蒸熟→去腿肉→去螯肉→去身肉→去蟹黄。

（三）贝壳类的加工

1.鲍鱼加工

宰杀：将餐刀刀刃贴在鲍鱼的壳内，轻轻地来回拉动，使其壳肉分离，除去内脏，保证鲍鱼的形状。

浸泡：鲍鱼肉的外面有一层黑膜，故先将鲍鱼放入加有小苏打的清水中浸泡约6小时，再进行刷洗。水与小苏打的比例一般为60∶1。

刷洗：用毛刷将黑膜轻轻刷掉，放清水中浸泡12小时去碱味。

定型：鲍鱼放入冷水中逐渐加热，防止放入沸水中，否则表皮开裂影响质量。

煲制：定型后的鲍鱼肉应放到特制高汤中，以文火煲8~10小时，捞出，封好放入冰箱，鲍鱼汤可作调味用。

2.蜗牛的加工

静养：绝食静养，其间用清水，洗去壳外污物，促使蜗牛排出体内的废物。

食盐缩头：按食盐和蜗牛的重量1：100的比例，将盐均匀地撒在蜗牛身上，慢慢搅拌，把蜗牛放在篓中摇晃即可。这时，蜗牛软体遇到盐的刺激，就会将头足缩进壳里，再把食盐用筛子筛下来。

焯水：用锅将净水烧开（蜗牛和水的重量比为1：3），将用冷水冲净后的缩头蜗牛迅速推入沸水锅内，一般10~15分钟。

挑肉：为了保存蜗牛壳的完整，可用针、钩轻轻提引出蜗牛肉，用剪刀剪去，取头足及脂肪；舍弃外壳与内脏。

3.田螺加工

静养：将鲜活田螺放入一容器中，加入清水（水中可滴入少许香油）静置半天，使田螺自然吐净体内杂质，然后用清水冲洗干净，再用剪刀剪掉田螺的尾、尖部，并再次用清水冲洗干净。

煮沸：将洗净的田螺放入开水中，煮开后捞出备用（煮时可加入葱、姜、料酒等调味品，用以去除田螺的异味）。

除上述贝壳类原料外，还有如河蚌、蛏子、蛤蜊等基本工艺相对而言都需要经过静养、吐沙等工序，肉质小而嫩的则可以直接进行烹制，肉质老而大的则需要取肉后进行再次烫漂洗净处理，以符合卫生食用要求。

— 知识拓展 —

墨鱼和鱿鱼辨析

墨鱼又叫乌贼。它是一种贝类，只不过它的贝壳已经退化，变成了白色的内骨骼。乌贼的头上有一对发达的眼睛，嘴巴四周长着10条腿，其中2条特别长，末端有许多能够吸住物体的突起，叫作吸盘。有些乌贼的长脚上还长着爪子，它们既是捕捉食物的工具，也是同"敌人"搏斗的武器。乌贼行动敏捷，最快每小时能游150千米，有的还会冲出海面，滑翔几十米，有海上"活火箭"的称号。

鱿鱼也不是鱼，它和乌贼是"亲戚"。鱿鱼一般体形细长，末端呈长菱形，肉

模块二 鲜活原料初加工技艺

质鳍分列于胴体的两侧，倒过来观察时，很像一只"标枪头"；干品为扁平块状，稍显细长。

乌贼外形稍显扁宽，在其他特征上与鱿鱼也有区别，且干品为椭圆形。将手指用力按一下鱼胴体中部，手感会有不同：如果较软，就是鱿鱼，因为鱿鱼仅有一条叶状的透明薄膜贯穿于体内；如果有坚硬感，就是乌贼，因为乌贼有一条船形的硬乌贼骨。

实践任务点

鲈鱼鳃除法

鲈鱼作为人们日常生活中主要的水产品类原料之一，相对比较多见，使用广泛。用鳃除法对鲈鱼进行出骨，按照以下程序实施操作，掌握鱼类原料的初加工技术。

原料：鲜鲈鱼 1 条

器具：盆、盘、厨刀、砧板、抹布

操作过程

1. 用棍子敲击鱼头致死，去鳞、鳃洗净放到案台上。

2. 去除鱼喉咙骨，用剪子剪断喉鳃连接点，用筷子搅动取出此处的骨头。

3. 竹筷从嘴里伸入顺鱼背，触到鱼脊骨时，用力插入鱼脊骨周围的肉中，以使鱼脊骨从肉中脱离，然后继续朝尾的方向插入，将鱼脊骨周围的肉同骨分离。

4. 竹筷移回到鱼头与鱼脊骨连接部位，夹住此处骨头，用力把它折断。

5. 合并筷子从鱼脊骨和鱼肉中间插入，顺鱼脊骨直伸到鱼尾部，用筷子按住尾部的脊骨轻轻往下压，压断尾部的骨头。

6. 待鱼脊骨已全部同肉分离时，用筷子伸入鱼腹，轻轻搅动，把鱼脊骨、内脏等分次从鱼嘴中夹出。

7. 把鱼肋骨和鱼肉分开，再用筷子从鱼嘴或鱼鳃伸入，将肋骨夹出。

8. 用手指从鱼鳃中伸进去触摸检查，待都取净后，洗净即可。

模块三
干货原料涨发技艺

● 模块导读

　　干货原料简称干货或干料，是指对新鲜的动植物性烹饪原料采用晒干、风干、烘干、腌制等工序，使其脱水，从而干制成易于保存、运输的烹饪原料。干货原料涨发就是利用干货原料的物理性质，采用各种方法，使干货原料重新吸收水分，最大限度地恢复其原有的鲜嫩、松软、爽脆的状态，同时，除去原料的异味和杂质，使之合乎食用要求的过程。本模块将对干货原料的涨发原理和方法以及基本类型进行阐述，以获得烹调过程中操作技术的能力。

● 能力培养

1. 了解干货原料涨发的定义和原理。

2. 知道干货原料涨发的分类方法。

3. 掌握各种干货原料涨发的技术。

● 知识拓展

1. 干海参的分类。

2. 鲍鱼怎么分几头鲍?

● 案例导入

油漆工改行做食品 泡发鱿鱼用甲醛

江苏公共·新闻频道《法治在线》报道:一个油漆工,听说食品加工行业很赚钱,就放弃老本行,半路出家搞起了鱿鱼加工。因为鱿鱼加工技术不过关,油漆工竟动起了歪脑筋。结果,钱没赚到,还把自己送进了高墙。

40 岁的赵某是淮安市淮安区人。一直靠做油漆工为生。一个偶然的机会,他听说做食品加工很来钱。

2018 年 6 月 26 日下午,赵某在家中加工鱿鱼时,发现自己做出的产品质量不好。赵某说,当时用水泡发鱿鱼的时候,发坏了;后来想到了用甲醛泡发鱿鱼,不会坏,还特别有韧性。

次日凌晨,赵某将用甲醛泡发过的 7 斤多鱿鱼,以每斤 13 元的价格,批发给了淮安市淮阴区某蔬菜批发市场的商户任某。

当天上午,任某在售出 3 斤多的泡发鱿鱼后,剩余产品被淮安市食品药品检验所查获。经检验,该批次鱿鱼的甲醛含量达到 749 毫克/千克。7 月 6 日上午，赵某被淮安市淮阴区人民检察院，以生产销售有毒有害食品罪提起公诉。

淮安市淮阴区人民检察院检察员周红梅：被告人赵某林在生产销售的食品中，掺入有毒有害的非食品原料。其行为触犯了《中华人民共和国刑法》第144条的规定，犯罪事实清楚，证据确实充分，应当以生产销售有毒有害食品罪追究其刑事责任。

食品安全，关乎百姓切身利益。为了自己的小利，而忽视百姓安全的违法行为，最终必将会受到法律的严惩。

（资料来源：https://baijiahao.baidu.com/s?id=1627340138713945715&wfr=spider&for=pc）

● 案例分析

1. 鱿鱼用甲醛泡发呈现的状态是什么样的？

2. 请你查阅相关资料，说明以上案例触犯的法律细则是什么。

项目一 干货原料涨发的原理认知

一、干货原料涨发应用的范围

干货原料应用广泛，鲜活的高档原料如鱼翅、燕窝、海参、鱼肚、鱼皮、干贝等，通常先制成干货原料，烹调前再进行涨发，以保证其品味、质地与鲜活时相近。还有许多原料像莲子、玉兰片、黄花菜、香菇、木耳等，干制涨发后则具有特有的风味。

1.作菜肴主料使用，具有特殊风味

干货原料中的山珍海味在烹调中大多作为主料使用。它们在宴席的大菜或主要菜肴中，具有独特的风味特点，形成了许多脍炙人口的名菜，如"红烧大群翅""蒜子鱼皮""鸭包鱼翅"等。

2.作菜肴的配料使用，具有特殊风格

干货原料涨发后由于其松软、脆嫩、味美等特点，因此在与其他原料组成配合时可形成特殊风格，如"干贝珍珠笋""猴头蘑扒菜心""香菇炖鸡"等。

3.作菜肴的馅料使用，具有特殊味道

涨发后的许多干货原料，如干贝、鱼肚、海参、海米等，可用来作为菜肴的馅料使用，具有特殊味道。

二、干货原料涨发的要求

干货原料涨发是一个较复杂的过程，尤其是高档的山珍海味，如鱼翅、燕窝等干货原料，涨发的质量决定着成菜的品位和档次。因此对干货原料涨发有以下要求：

干货原料涨发要使原料恢复其原有的鲜嫩、松软、脆爽的状态；要除去原料的腥膻等异味和杂质；要使原料便于切配，从而形成各种形态；涨发方法得当，使原料达到最大出成率，要以菜肴质量标准为依据，在色泽、质感、形态上应达到菜肴质量要求。

三、干货原料涨发的技术原理

（一）水渗透涨发工艺原理

将干料放入水中，能吸水膨胀，质地由坚韧变得柔软、细嫩或脆嫩黏糯，为什么水会进入干料体内呢？

1. 毛细管的吸附作用

许多原料干制时，形成多孔状，浸泡会沿着原来的孔道进入干料体内，这些孔道主要由生物组织的细胞间隙构成，呈毛细管状，具有吸附水并保持水的能力。

2. 渗透作用

由于干料内部水分少，细胞中可溶性固形物的浓度很大，渗透压高，而外界水的渗透压低，这样就导致水分通过细胞膜向细胞内扩散，外表表现为吸水涨大。

3. 亲水物质的吸附作用

干料中含有大量的亲水基团，它们能与水以氢键的形式结合，蛋白质的吸附作用通常为蛋白质的水化作用。由于毛细管的吸附作用及渗透作用，使干料体上的水由表及里，被快速吸收，凡类似水的液体及可溶的小分子物质都可以进入干料体内。

（二）热膨胀涨发工艺原理

采用各种手段和方法，使原料的组织膨胀松化形成孔洞结构，然后使其复水，而成为利于烹饪加工的半成品，那么为什么干料会膨胀形成孔洞组织结构呢？这要从原料中水分子存在的形式谈起，水在原料中以自由水和束缚水的形式存在于原料中，干制原料主要是失去了自由水，束缚水与原料组织通过氢键结合成一体，不易失去，但将干料置于一定的环境中，温度升高到一定程度时，积累的能量大于氢键键能，就可破坏氢键，使束缚水脱离组织结构，变成游离态的水（自由水），在高温条件下急剧汽化膨胀，使干料组织形成蜂窝状孔洞结构，为进一步复水创造了条件，这就是热水膨胀涨发工艺的原理。一般在200℃左右即可破坏氢键如食用油脂、结晶盐粒、沙子、干热空气等，这就是我们说的油发、盐发、沙发、热膨胀松法。

知识拓展

干海参的分类

干海参是海参经过加工后的制成品，根据加工工艺的不同，合格的干海参一般指淡干海参和盐干海参。

1. 淡干海参

淡干海参是含盐量在5%~10%的干海参，是目前海参的主打产品，品质好、水发量也高。淡干海参的传统加工流程：处理海参等原料—水煮鲜参—日晒—蒸至干燥。淡干海参表皮和小足海参的吸盘清晰良好，外表呈黑色或者灰色。

淡干海参的优点：加工次数最少，营养流失少，存储运输比较方便，保质期较长，加工简单且成本低。

2. 盐干海参

盐干海参的通常外表附着一层盐粒或盐沫，所以外表呈白色，看不到清晰的表皮和小足。传统的盐干海参加工流程为：处理海参等原料—水煮鲜参—盐渍海参—烘烤参—晒干—创缸—自然晒干。

盐干海参优点：工序简单，加工成本低，保质期长，存储和运输比较方便。

挑选海参的注意事项：海参一定要干燥，购买干海参时一定要挑选干瘪的，要结合干海参的水发率来进行综合比较价格。一般而言，1斤好的干海参可以发制出10斤的水发海参，而1斤劣质干海参水发后不超过5斤，甚至破碎不堪根本无法食用。

实践任务点

涨发刺参实训

刺参是我国食用海参中质量最好的一种。为海味"八珍"之一。因其药性温补，足敌人参，故名海参。体长20~40厘米，体柔软，呈圆筒形，色黑褐、黄褐或灰白。背面隆起，有4~6个大小不等排列不规则的圆锥形肉刺。中国辽宁大连、山东沿海多产，多制成干品，需要涨发之后才能够烹饪食用，而海参的涨发多采用水发中的热水发（煮发和焖发），具体步骤如下：

海参用清水浸泡12小时以上；换清水上小火煮30分钟以上；待水冷却或漂洗，开膛取内脏；漂洗干净后，换清水，小火煮15分钟后关火焖制；待水冷却后同样以上操作反复4~6次，直至发好。

海参泡发好坏直接影响食用价值和食用口感，需要注意以下几点：

煮的时候要用纯净水，要小火凉水下锅；水开后煮30~60分钟，煮好的标准是用筷子的细端能轻松扎透体壁；泡发海参时，切莫沾染油脂、碱、盐，否则降低出品率，甚至溶化，腐烂变质；发好的海参不能再冷冻，否则影响其质量，故一次不宜发得太多；海参泡发时间，小而薄者时间短些，固而厚者时间应长些，适度挑拣。

项目二　不同涨发类型的技术方法

干货原料在涨发过程中必须借助于一定的介质，其介质有碱液、油、沙、盐等，根据其介质的不同，将涨发分为如下类型：

一、水发

以水为介质，直接将干料复水的过程称为水发。水发是应用最广的一种干货原料涨发的方法，适用于大部分植物性、真菌类及动物性干货原料，即使经过盐发、油发、碱发等的原料，最后也要经过水发的辅助过程。水发是通过水的浸泡以及用小火加热，水煮、焖、泡等，使干货原料达到吸水、去除异味并尽可能恢复到原有状态的方法。水发分为冷水发、温水发和热水发三种。

（一）冷水发

把干货原料放入冷水中，使其吸水回软并尽可能恢复到原有状态的涨发方法称为冷水发。主要适用于一些植物性干制原料。如银耳、木耳、口蘑、黄花菜、粉丝等。

冷水发的特点是操作简单易行，并能基本保持干货原料原有的鲜味和香味。一般冷水发有浸发和漂发两种方法。

浸发就是把干货原料用冷水浸没，使其慢慢吸水涨发。浸发的时间要根据原料的大小、老嫩和松软坚硬的程度而定。硬而大的原料，浸发的时间要长一点（有的还须换水再浸）；嫩的、小的原料浸发时间可短一点。

漂发就是把干货原料放入冷水中，用工具或手不断挤捏或使其浮动，一方面达到涨发目的，另一方面除去原料中的杂质、异味、泥沙等。还有一些干货原料如海参等，在涨发时，先用冷水浸泡至发软再用其他方法涨发。腥臊味重的原料经过沸水涨发后仍不能除尽异味；经过碱发、盐发和油发的原料，也要再用冷水浸泡或漂洗以除尽异味和其他成分。

（二）温水发

温水发是将干货原料放在60℃左右温水中浸泡，使其吸水膨胀并尽可能恢复到原有状态的涨发方法，适用于冬季用冷水发的干制原料。如口蘑、香菇的涨发等。

（三）热水发

把干货原料放在水中，经过煮、焖、泡或蒸制等使其达到回软的涨发方法称为热水发。热水发主要利用热传导，促使干货原料体内分子加速运动，吸收水分。主要用于组织致密、蛋白质丰富、体形大的干制原料。根据干制原料的不同，热水发分为煮发、焖发、蒸发和泡发4种加热方法。热水发的干制原料应先用冷水浸泡，再用热水加温涨发。

1.热水发的分类

热水发可分为煮发、焖发、蒸发、泡发四种。

（1）煮发

煮发是将干货原料放于冷水中，加热煮沸或煮沸后离火，稍后再煮沸，使干货原料体积逐渐膨胀、质地变软的涨发方法。此法多用于质地坚硬、厚大且带有较重腥膻气味的干货原料，如海参等。用煮发时应注意以下几点：煮发前干货原料要用冷水浸透；浸透后干货原料要放入冷水中加热；煮沸后要用微火煮焖。

（2）焖发

焖发是煮发的延伸过程或辅助工序，与煮发相辅相成。焖发是将干货原料加水煮沸，而后换小火保温焖制，使沸水持久地加速运动，促使水分渗透扩散，使干货原料尽可能恢复到原有状态的涨发方法。有些动物性干货原料，如鱼翅、蹄筋、海参等，若长时间在沸水中煮，就会出现外烂里硬的现象。所以采用煮后再焖、焖煮结合的方法，可以使干货原料内外一起发透。焖发一般须加锅盖。

（3）蒸发

蒸发就是将干料放入盛器内上笼屉蒸透，使干货原料尽可能恢复到原有状态的涨发方法。蒸发一般适用于整理好的体小、用量少的干货原料，如蛤士蟆油、干贝、鱼骨、鲍鱼等，能保持干货原料的完整性。当涨发到一定程度时，再改用蒸发，能使其不散不碎。蒸发时往往应添加水或鸡汤、黄酒等去腥增鲜的配料，以增进干货原料的鲜美滋味。

（4）泡发

泡发是将干货原料放入沸水中浸泡而不再继续加热，使其慢慢涨大的涨发方法。此法多用于形体较小、质地较嫩的干货原料，如发菜、粉皮等。

2.热水发的形式

热水发具体有一次涨发和多次反复涨发两种形式。

（1）一次涨发：是只经过一次沸水就可以达到涨发要求的涨发方法。如发菜、粉丝、霉干菜、银鱼干等，只要加上适量沸水泡上一段时间即可发透。又如干贝、蛤士蟆油、鲍鱼等，上笼蒸发前先用冷水浸数小时即可达到酥软的要求。蒸鲍鱼时可加鸡肉、鸡骨等同蒸，以增添鲜味。干贝、贻红（淡菜）等加葱段、姜片、料酒同蒸，可去腥而增加香味；而蒸蛤士蟆油则只需加清水即可。

（2）多次反复涨发：是指要经过多次沸水涨发才能达到要求的涨发方法。其主要适用于质地特别坚硬、老厚、带筋、夹砂或腥臊气味较重的干货原料，如海参、驼蹄、鱼翅等，需要经过几次泡、煮、焖、蒸等沸水涨发过程（在沸水涨发前后还要经过冷水浸漂）。

干货原料经过沸水涨发后即可制成菜肴。因此，沸水发对菜肴质量关系甚大。涨发不透，制成的菜肴必然僵硬难以下咽；反之，如果涨发过度，制成的菜品成形较差。所以，必须根据干货原料品种、大小、老嫩等不同情况，运用恰当的沸水发方法并掌握好火候，才能达到涨发要求。

二、碱发

碱发就是将干货原料放入预先配制好的碱液中，使干货原料涨发回软的方法。碱发适用于质地坚硬、表面致密的海产动物性原料，如干鱿鱼、墨鱼等。一般须经过水洗浸软、碱水浸泡、冷水漂洗三个工序。具体操作中有碱水发和碱面发（纯碱粉）两种方法。主要适用于一些动物性原料，如蹄筋、鱿鱼等。

（一）碱水发

1. 碱水发工序

先将干货原料用冷水洗净，作用是去除原料表面杂质，进行必要的整理。水浸后使原料初步回软，然后将水洗后的干货原料放入配制好的碱液中浸泡，作用是使原料充分吸水、回软。最后将碱液浸泡后吸水回软的干货原料用冷水漂洗，作用是除去碱味和促使原料进一步涨发。

2. 碱液配制

涨发用碱液一般分熟碱液和生碱液两种。

（1）生碱水

水 10 千克、纯碱 500 克，搅拌均匀后即成为 5% 的生碱液。把干料放置碱水中，待涨起，再放入 90℃的热水烫泡，再用清水去除碱质。用生碱液涨发的原料有滑腻的感觉，如鱿鱼。

（2）熟碱水

熟碱液是用纯碱 500 克、生石灰 200 克、沸水 4500 克放在一起搅拌均匀，然后再加冷水 4500 克搅匀，静置澄清后去掉残渣而制成熟碱液。其特点是碱液水清，涨发后的原料不黏滑，如鱿鱼、墨鱼的涨发。

（3）火碱水

冷水 10 千克，火碱（氢氧化钠）35 克，拌匀即成。适用于坚硬的干料，如鱿鱼、墨鱼、海参。

（二）碱面发

碱面发就是用冷水或温水先将干货原料浸泡回软，然后剞上花刀切成小块，再蘸满碱面（大块碱可先制成粉末状）放置一段时间，涨发时再用沸水冲烫，烫制成形后用冷水漂洗净碱分。此方法的优点是蘸有碱面的原料可存放较长时间，涨发方便、随用随发。

（三）碱发的技术要领

由于碱有较强的腐蚀性和脱脂的特性，所以用碱发可以缩短涨发时间。但碱发也能使干货原料的部分营养成分受到损失，因此要特别注意掌握好碱水浓度和涨发时间，才能达到良好效果。

同时碱发时注意以下技术要领：根据烹调要求和原料性质确定哪种碱发；控制碱水温度；严格掌握时间；碱水涨发前，一定要用清水浸泡软。

三、油发

（一）单纯油发

油发就是将干货原料放入温油锅内，使化学结合水汽化，形成物料组织的孔洞结构，体积增大（膨化），再复水的过程，使干制原料膨胀松脆达到涨发要求的方法。适合油发的主要是含胶原蛋白较多的动物性干货原料，如蹄筋、鱼肚、猪肉皮等。油发后的干货原料还要经过碱液去油、水浸、漂洗等过程。

油发方法主要是油发前，先要检查干货原料是否干燥，如已变潮应先烘干，否则不易发透。一般宜将干货原料放入冷油或温油锅中逐渐加热，火力不宜过旺，否则会使干货原料外焦而里不透。特别是在油浸时，若发现干货原料有小气泡鼓起，应降低火力或将油锅离开炉口，用温油浸发一段时间，使其充分"焐透"再加大火力，逐渐提高油温，直至将干货原料涨发至内外膨胀松脆。油发后涨发原料较油腻，使用前先用热碱水浸洗，再用冷水漂洗净碱液，然后浸泡于冷水中备用。油发后的成品品质膨松绵软。

油发的操作流程是：用温水洗净干货原料，晾干—在冷油或温油中放料—用温油浸透干货原料—用热油涨发干货原料—用温水或碱水浸泡回软—用冷水漂洗—备用。主要流程概括为以下三个阶段，见表3-1。

表3-1　油发三个阶段及其特征

油发分三个阶段	油温及涨发过程	呈现状态
第一阶段：低温油焐制阶段	将干料浸没冷油中，加热到油温达到100℃~115℃的焐制过程	经过第一阶段的干料、体积缩小有半透明感
第二阶段：高温油膨化阶段	将低温焐制后的干料，投入180℃~200℃的高温油中，使之膨化的过程	此阶段体积急剧增大，色泽呈黄色，孔洞分布均匀
第三阶段：复水阶段	将膨化的干料，放入冷水中进行复水（冬天温水中），使物料的孔洞充满水分	处于回软状

（二）水油混合发

此法又称半油半水发，即用油发到一半程度（刚要涨发透）后改用水发，然后达到涨发要求的方法。如蹄筋的涨发，先将蹄筋放入温油锅中炸至蹄筋周围有小气泡生成且体积缩小时捞出，放在热碱水中浸泡1~2小时后洗净，见体积膨胀且中间无硬心时取出，改用冷水浸泡即成。水油混合发的成品品质脆嫩。

水油混合发的操作流程是：洗净干货原料，晾干表面水分—将干货原料放入油锅（冷油或温油）—用热油浸炸—干货原料收缩—捞出干货原料—用淡碱水浸泡干货原料—用冷水浸泡—备用。

四、盐发

盐发就是将干货原料埋入已加热的盐中继续加热，使化学结合水汽化，形成物料组织的孔洞结构，体积增大，再复水的过程，使干货原料膨胀松脆成为半成品的方法。盐发的作用和原理与油发基本相同，适用于鱼肚、肉皮、蹄筋等胶质含量丰富的动物性干货原料。一般油发的干货原料也可以采用盐发达到涨发目的，只是传热介质不同。盐发一般须经过晾干、盐炒、浸泡洗三个工序。

盐发分三个阶段：（1）低温盐焙制阶段。将干料投入100℃左右的盐中，翻炒焙制。（2）高温盐的膨化阶段。物料在锅中直接用高温加热，迅速翻炒，使之膨化。此时，干料急剧增大，色泽呈黄色，孔洞分布均匀。（3）复水阶段。将膨化的干制原料放入冷水中复水，使之充满水分，处于回软状。

五、其他涨发方法

有的地区采用硼砂（$Na_2B_4O_7 \cdot 10H_2O$）涨发。硼砂属强碱弱酸盐，其性质和纯碱溶液大体相近，只是碱性略小些，涨发方法类似碱发。硼砂与烧碱（$NaOH$）、水等兑成一定比例的混合液，不仅碱性强，而且碱性强度较持久，是涨发鱿鱼、墨鱼等的较好的涨发液。

火发是将带有毛、鳞、角、硬皮的干货原料用火熏烤，待表皮烤至可以去掉时，再与其他方法结合进行涨发的方法。火发并不是用火直接涨发，而是某些比较特殊的干货原料，在涨发时必须经过一个用火烧烤的过程。如海参的岩参、乌参等，外皮坚硬，直接水发不易达到涨发效果，先用火将其外皮烤焦，并把烧焦外皮刮去，然后再反复用沸水泡发。具体可分为烤、刮、浸、煮发等工序。

── **知识拓展** ──────────

鲍鱼怎么分几头鲍

鲍鱼鲜品可食部分蛋白质24%、脂肪0.44%；干品含蛋白质40%、糖元33.7%、脂肪0.9%以及多种维生素和微量元素，是一种对人体非常有利的高蛋白、低脂肪食物。头数是鉴别鲍鱼等级的一个重要标准，鲍鱼的大小，以每司马斤的头数多少来计算。如平常说的5头鲍，即每司马斤有5只鲍鱼。

鲍鱼几头即指鲍鱼的大小，以每司马斤的头数多少来计算。如果是一司马斤两只，就叫双头鲍，三只就叫三头鲍，以此类推，一司马斤有几只鲍鱼，就叫几头鲍。需要说明的是，一司马斤等于604.79克。

常说的10头鲍，即每司马斤有10只鲍鱼，头数越少，鲍鱼越大，价格也越贵，双头鲍鱼就是一司马斤只有两只鲍鱼，所谓"千金难买双头鲍"。

好鲍鱼的标准：颜色，呈米黄色或浅棕色，质地新鲜有光泽。外形，椭圆形，身体完整，个头均匀，干度足。肉质，新鲜，鼓壮饱满。选料，要选出好的鲍鱼，其比例大概是10∶1。在灯光下，看鲍鱼是否有溏心，形状要完整。

— 实践任务点 ——————————

油发干鱼肚

鱼肚又叫鱼胶、花胶、鱼鳔。干鱼胶是由新鲜鱼鳔制作而成。干鱼肚必须泡发使用，一般比较厚实的鱼肚都用油发，注意四个关键是：洗净晒干、温油浸泡、热油炸制、（做菜时）水泡漂油。按照以下要求，实践操作油发干鱼肚。

原料与器具

原料：黄花鱼肚约100克8根（1斤约40根）

器具：盆，竹签、温度计、清油

操作过程：

（1）用温水浸泡至软，将鱼胶剪开、清洗干净，用竹签穿起、太阳晒干。

（2）将油温升到约110℃时（最好用水油计测量）放入晒干的鱼肚，将其浸泡，同时进一步去掉其水分，后关火焖1~2小时，将其装入另外的盆中浸泡12小时左右。

（3）在180℃~200℃的油温中即五六成热没有冒油烟时，投入鱼肚炸制，改小火，要注意翻动，使其受热均匀，未炸到的用筷子按住炸透。

（4）炸好的标准是一折就断，断面呈海绵状。

（5）做菜前要进行泡发；取已炸好的鱼肚适量，放入盆中，上面用东西如盘子压住，加入热水泡软。

（6）可加入以水量1%的食用碱，将鱼肚搅洗，除去油脂，再用清水洗去碱味和油脂，切成需要的形状3厘米×6厘米大小的块。

（7）将切块鱼胶焯开水1分钟，去油去腥，捞起备用。

模块四
刀工和勺工技艺

● 模块导读

　　古语曰："工欲善其事，必先利其器。"刀工，在中国烹饪中的地位不言而喻。数千年来，我国烹饪的发展过程中，各种流派的刀工技术也各具特色。勺工是中式烹调特有的一项技术，是中式烹调用火和施艺的独特功夫，把火（热能）、器、料、水、法五个烹饪要素有机结合在一起，实施烹饪并达到烹饪目的的综合性技艺。本模块将刀工、勺工内容进行分类描述并进行技术要领训练，以促进精湛的烹调技术的把握。

● 能力培养

1. 掌握刀工的技法和运用技术。
2. 掌握勺工技巧及其动作要领。

● 知识拓展

1. 五星级酒店刀工标准。
2. 为什么炒菜要热锅冷油？

● 案例导入

国家级烹饪大师亲授刀工，百年老字号培养技艺传承人

日前，有近 200 年历史的同和居饭店举办了技艺传承班培训，由享受国务院特殊津贴的国家级烹饪大师于晓波亲授刀工基本功——打腰花，培养技艺传承人。

"打腰花之前首先要把腰子处理好，腰骚要全部去掉，不能留一点""刀和案板呈成 40° 角""每个斜刀都要打到腰花的 3/5 处"……于晓波大师一边示范一边将各个操作的要点娓娓道来，且每一个操作既有方法更有量的要求，明白易懂。技艺传承班的厨师们，眼睛都不敢眨一下，屏住呼吸全神贯注倾听、学习。

示范完毕后于晓波大师选出腰花打得最好的几位，给予指正，并对所有传承人的作品进行点评，有针对性地提出需要练习的方向。

同和居饭店经理张紫薇介绍说同和居饭店举办技艺传承班，不仅仅是对在岗厨师技术的打磨，更重要的是，可以保证同和居菜品品质的稳定性和可持续性，不论哪位厨师炒出的腰花，送到消费者面前时，都是同一种味道；同时也

能保证餐饮老字号的传统饮食文化技艺可以代代相传，使老字号技艺后继有人。

据了解，从 2017 年起，北京华天饮食集团就已开创"集体收徒、集体拜师"的技艺传承模式，同和居饭店作为华天老字号传承人培养创新试点，以经典风味菜品为主实施技艺传承，老字号技艺脉脉相传、薪火不断。

（资料来源：http：//bj.wenming.cn/xc/xcqyw/201805/t20180510_4681765.shtml）

● 案例分析

1. 刀工技术打腰花操作流程有哪些？

2. 如何能进行烹调刀工技术的传承与发展？

项目一　刀工技术及其分类

中国烹饪刀工，自古以来作为烹饪的精湛的基本功展现在世人面前。独特的刀工刀法技艺将原材料切割成不同形态，给予烹调以入味需求与工艺美化等特色意蕴。中国风味各异的各式菜肴，不仅体现了各种精湛的烹调技术，同时也需要有各种精细的刀工刀法与之配合，使之完美呈现。

模块四　刀工和勺工技艺

一、刀工概念及基本规范

（一）刀工概念

所谓刀工，是根据烹调和食用的需求，运用各种刀法及其相关用具，将原料切成符合菜式烹饪要求的各种形状的技艺，简而言之，刀工是烹调和食用的需要，是将烹调原来加工成一定形状的操作过程。

原来经过初步加工或涨发后，很多原来还不能直接烹饪，因为这些原来有的过大、过厚、过长或过宽，有些原料也是厚薄不均长短不齐的。这就需要按烹调需要，将原料经过刀工处理，加工成长短一致、粗细均匀的烹饪原料，符合烹调和食用的需求。

（二）刀工的基本操作姿势

刀工姿势是从事刀工操作时的"功架"，是厨师的一项重要基本功。内容包括：站案姿势、握刀手势、携刀、放刀。一招一式，均有着严格的要求。

1. 站案姿势

站案姿势主要指的是站立姿势。操作时，两脚自然地分立站稳，上身略向前倾，前胸稍挺，不能弯腰曲背，两手自然打开与身体成 45° 的夹角，目光注视两手操作部位，身体与砧板保持一定距离（见图 4-1）。正确的站案姿势具体来讲有以下几点：

（1）身体保持自然正直，头要端正，胸部自然稍含，双眼正视两手操作部位。

（2）腹部与菜墩保持约 10 厘米（一拳头）的间距。

（3）双肩关节自然放松，不耸肩，不卸肩。菜墩放置的高度以身高的一半为宜。

（4）站案脚法有两种：第一，双脚自然分立，成外八字形，两脚尖分开，与肩同宽。第二，双脚成稍息姿态，即丁字步，左脚略向左前，右脚在右方稍后的位置。这两种脚法，无论选择哪种，都要始终保持身体重心垂直于地面，以重力分布均匀，站稳为度。

（5）两手自然打开，与身体成 45° 角。

图 4-1 厨房切配站案姿势

2.握刀手势

（1）右手握刀。在刀工操作中，握刀手势与原料的质地和所用的刀法有关。使用的刀法不同，握刀的手势也有所不同。一般都以右手握刀，握刀部位要适中，大多以右手大拇指与食指捏着刀身，其余三指用力紧紧握住刀柄，握刀时手腕要灵活而有力。刀工操作中主要依靠腕力。握刀要求是稳、准、狠，应牢而不死，硬而不僵，软而不虚。练到一定功夫，轻松自然，灵活自如。

（2）左手，按稳物料。以切为例，左手的手势是：五指稍微合拢，自然弯曲。在刀工操作中，手掌和五手指各有其用途，既分工又合作，相互作用，相互配合（见图4-2）。

①手掌，操作时手掌起支撑作用，切菜时手掌掌根不要抬起，必须紧贴墩面，或压在原料上，使重心集中在手掌上，才能使各个手指发挥灵活自如的作用。否则，当失去手掌的支撑时，下压力及重心必然迁移至五个手指上，使各个手指的活动受到限制，发挥不了五个指头应有的作用，刀距也不好掌握，很容易出现忽宽忽窄、刀距不匀的现象。

②中指，操作时中指指背第一节朝手心方向略向里弯曲，轻按原料，下压力要小，并紧贴刀膛，主要作用是控制"刀距"，调节刀距尺度。从事刀工工作，手是计量、掌握原料切割的尺子。通过这把"尺子"的正确运用，才能准确地完成所需要的原料形状。

③食指、无名指、小拇指，操作时这几个手指自然弯曲，轻轻按稳原料，防止原料左右滑动。其中食指和无名指向掌心方向略弯，垂直朝下用力，下压力集中在手指尖部，小拇指协助按稳物料。

④大拇指，操作时大拇指可起支撑作用（只有当手掌脱离墩面时，大拇指才能

发挥支撑点的作用），避免重心力集中在中指上，造成指法移动不灵活和刀距失控。

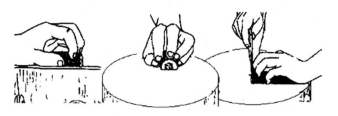

图4-2　扶料姿势

（3）左右手的配合训练。根据物料性能的不同特点，左手稳住物料时的用力也有大小，不能一律对待。左手稳住物料移动的距离和移动的快慢须配合右手落刀的快慢，两手应紧密而有节奏地配合。切物料时左手呈弯曲状，手掌后端要与原料略平行，利用中指的第一关节抵住刀身，使刀有目的地切下，抬刀切料时，刀刃不能高于指关节，否则容易将手指切伤。右手下刀要准，不宜偏里偏外，在直刀切时，保持刀身垂直。

（4）指法及其运用。刀工练习中最常用的是直刀法中的切，指法有连续式、间歇式、平铺式等。

①连续式。连续式多用于切黄瓜、土豆等脆性原料。起势为左手五指合拢，手指弯曲呈弓形向左后方连续移动，中指第一关节紧贴刀膛，刀距大小由移动的跨度而定。这种指法速度较快，中途停顿少。

②间歇式。间歇式适用范围较广，方法为左手形状同上，中指紧贴刀膛，右手每切一刀，中指、食指、无名指、小拇指四指合拢向手心缓移，右手每切4~6刀，左手手掌微微抬起，带动五手指一起移动。如此反复进行，称为间歇式指法。

③平铺式。在平刀法或斜刀法中的片中常用。指法是：大拇指起支撑作用，或用掌根支撑，其余四指自然伸直张开，轻按在原料上。右手持刀片原料时，四指还可感觉并让右手控制片的厚薄，右手一刀片到底后左手四指轻轻地把片好的原料扒过来。

3.携刀姿势

携刀时，右手紧握刀柄，紧贴腹部右侧，如图4-3所示。切忌刀刃向外，手舞足蹈，以免伤人。

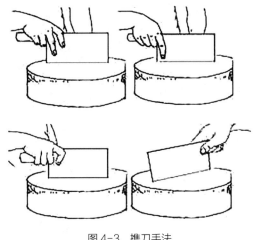

图4-3　携刀手法

4.放刀位置

一般而言，刀应放在墩面中间位置，刀身平放，刀柄朝右手，刀背向操作者；抹布放在砧墩左下方；盘碟放在右下方；垃圾盘放在前方；砧板上放的原料一定要井然有序，已切和未切的原料要分开摆放，不可杂乱无章（见图4-4）。

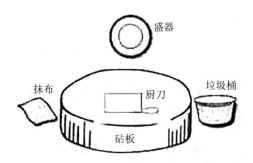

厨刀、砧板、抹布、盛器、垃圾桶等

图4-4　合理放置刀工器具

操作完毕后，刀刃朝外，放置墩面中央。前不出刀尖，后不露刀柄，刀背、刀柄都不应露出墩面。几种不良的放刀习惯应当避免，如刀刃垂直朝下剁进砧板，或斜着将刀根剁插进砧板等。这些不良动作既伤刀，又伤砧板（见图4-5）。

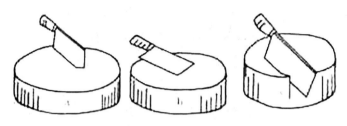

图 4-5　错误摆放刀具的位置

三、刀法分类

中国烹饪的刀工技术，汲取了人类几千年来创造和积累的实践经验，并加以不断创新和发展，最终形成了现在的刀法体系。

刀工方法发展至今，根据刀刃与原料的接触角度不同，可分为四大类，即直刀法、平刀法、斜刀法、剞刀法。通过不同刀法可将原料加工成格式形状。经刀工处理后的原料，因原料的大小统一了，所以原料的成熟度也基本一致，有利于成菜的质感，同时也便于加热成熟，更加入味。各种刀工技术还可以创造出更多新颖的菜品，有利于菜肴的创新。

（一）直刀法

直刀法是刀法中比较复杂的，也是最重要的一类刀法。依据用力程度可分为切、剁、砍三类（见表4-1）。

表4-1　直刀法种类及其运用

刀法种类		运刀方法	加工对象
切法	直切	用力垂直向下，切断原料，不移动原料者叫直切，连续快速切断原料叫跳切	加工脆嫩性植物原料，如萝卜、土豆
	推切	运用推力切料的方法，刀刃向下、向前运行，推切要求一推到底，刀刀分清	加工薄嫩原料，如里脊、鱼肉
	拉切	运用拉力切料，刀刃向后运行，要求一推到底，刀刀分清、用力稍大	加工韧性原料，如肉类
	锯切	是数次推拉切的结合，要求以柔软的韧劲入料，加强摩擦强度，减弱直接压力，切至2/3时再直切下去	加工酥烂、松散易碎的原料，如面包、熟火腿
	铡切	左手按住刀背前部，刀刃垂直起落或刀刃前后交替起落或刀刃前部不动，中后部起落铡切	加工薄壳、颗粒原料，如螃蟹、花椒、花生

刀法种类		运刀方法	加工对象
切法	滚料切	左手滚动原料，切出的块叫滚料块	加工球形或柱形原料，如萝卜、土豆
	翻刀切	运用推力或拉力切料，切断原料后，顺势将刀在砧板上塌一下，使粘在刀面上的原料落在砧板上	加工片、丝、粒等形状的肉类原料
剁法（劈，砍）	砧剁	左手按料，用右手小臂的力量将刀扬起，垂直剁下，应一刀断料，防止产生碎骨	加工带骨和厚皮的原料，如排骨、鱼段
	直砍	将刀高举，猛击原料，左手应远离原料，注意安全	带骨的硬性原料，如鱼头、排骨
	排剁	两手各持一把刀，由右至左反复有规律的连续剁	加工肉泥、菜泥
	跟刀剁	将刀刃镶嵌在原料中，刀与原料同时起落，将原料批开	加工圆而滑的原料，如鱼头
	拍刀剁	刀刃放在原料上，用左手掌根猛排刀背，截断原料	加工带骨鸡、鸭等
排法	刀跟排	用刀根部刃口，在原料表面排剁，使原料骨折、筋断，深度不宜超过 1/2	加工腱膜较多的块肉和用于扒、炖的禽类原料
	刀背排（捶）	用刀背对原料排敲，使肉松嫩，有利于肉泥的黏结	用于牛排加工

1. 切

一般适用于无骨的原料。其一般操作方法是：左手按稳原料，右手持刀，对准原料向下用力使原料断开。由于原料性能及操作者的行为习惯不同，又可分为直刀切（又称跳切）、推刀切、拉刀切、推拉刀切、锯刀切、滚料切（行业称滚刀切）、铡刀切等多种不同的刀法。

（1）直切

一般左手按稳原料，右手操刀。切时，刀垂向下，既不向外推，也不向里拉，一刀一刀笔直地切下去（见图 4-6）。

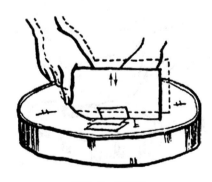

图 4-6　直刀切

直切要求：第一，左右手要有节奏地配合；第二，左手中指关节抵住刀身向后移动，移动时要保持同等距离，使切出的原料形状均匀，整齐，不要忽快忽慢、偏宽偏窄；第三，右手操刀运用腕力，落刀要垂直，不偏里偏外；第四，右手操刀时，左手要按稳原料。采用直刀切法，一般用于脆性原料，如青笋、鲜藕、萝卜、黄瓜、白菜、土豆等。

（2）推切

推切的刀法是刀与原料垂直，切时刀由后向前推，着力点在刀的后部，一切推到底，不再向回拉。

推切主要用于质地较松散、用直刀切容易破裂或散开的原料，如午餐肉、叉烧肉、熟鸡蛋等（见图4-7）。

图4-7　推刀切

（3）拉切

拉刀切的刀法也是在施刀时，刀与原料垂直，切时刀由前向后拉。实际上是虚推实拉，主要以拉为主，着力点在刀的前部。拉切适用于韧性较强的原料，如千张、海带、鲜肉等（见图4-8）。

图4-8　拉刀切

（4）锯切

锯切刀法也称推拉切，是推切和拉切刀法的结合，锯切是比较难掌握的一种刀法。锯切刀法是刀与原料垂直，切时先将刀向前推，然后再向后拉。这样推—拉像拉锯一样向下切把原料切断（见图4-9）。

图4-9　锯刀切

（5）滚切

滚切刀法是左手按稳原料，右手持刀不断下切，每切一刀即将原料滚动一次，如图4-10所示。

根据原料滚动的姿势和速度来决定切成片或块。一般情况是滚得快、切得慢，切出来的是块；滚得慢、切得快切出来的是片（见图4-10）。

图4-10　滚刀切

（6）铡切

铡切又叫"压切"，一手握住刀柄，另一手按住刀背，对准原料待切部位，上下反复、错落有致地压切下去；或者一手握住刀柄（或刀尖）按在原料待切部位贴着菜墩不动，另一手按住刀尖（或刀柄）压切下去。

铡切刀法多用于带壳、带软骨（或小硬骨）、小而圆且易滑动的原料，如螃蟹、花椒、板栗等。也用于处理带有软骨、细小骨或体小、形圆易滑的生料和熟料，如鸡、鸭、鱼、蟹等（见图 4-11）。

图 4-11　铡刀切

2.剁

剁也称斩、排，就是在原料的某一处上下垂直运刀，并许多次重复行刀，需要在运刀时猛力向下的刀法。一般分排剁、直剁、刀背剁等几种（见图 4-12）。

图 4-12　剁、直剁、刀背剁

3.砍

又叫劈，是只有上下垂直方向运刀，在运刀时猛力向下的刀法。根据运刀方法的不同，又分为直刀砍、跟刀砍、拍刀砍等几种（见图 4-13）。

图 4-13　直刀砍、跟刀砍

（二）平刀法

平刀法指刀刃运行与原料保持水平的所有刀法，成形原料平滑、扁薄的一种运刀方法。运刀要用力平衡，不应此轻彼重，而产生凸凹不平的现象。根据用力方向不同又分为：平批、推批、拉批、锯批、波浪批和旋料批（见表4-2）。

表4-2　平刀法种类及运用

刀法种类	运刀方法	加工对象
平直批	刀刃与砧板平行批进原料	易碎的软嫩原料，如豆腐、豆腐干、鸡鸭血
平推批	批料时运用向外的推力，从刀尖入刃向刀腰移动，批断原料	脆嫩性蔬菜，如生姜、茭白、竹笋、榨菜
平拉批	批料时运用向里的拉力，原料从刀腰进刃向刀尖部移动断离	韧性稍强的动物性原料，如鸡脯、腰子、猪肝、瘦肉等
锯 批	即数次推拉批的结合	韧性较强或软烂易碎或块体较大的原料
波浪批	又叫抖刀批。刀刃进料后作上下波浪形移动	软性原料，如皮蛋、白（黄）蛋糕、豆腐干的批片
旋料批	对柱体原料的批片，把料时一边进刃一边将原料在砧板上滚动，可以批成较长的片	圆柱形植物原料

1. 平刀直片

刀刃与砧板平行批进原料。适用易碎的软嫩原料，如豆腐、豆腐干、鸡鸭血（见图4-14）。

图4-14　平刀直片

2. 推刀片和拉刀片

推刀片是刀在平刀片的同时有由内向外推动的动作，适用于脆性原料，如茭白、熟笋等；拉刀片则动作相反，适用于细嫩和略带韧性的原料，如肉片、鱼片等（见图4-15）。

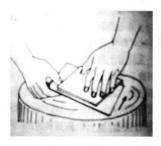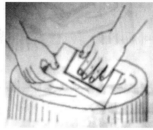

图4-15　推刀片和拉刀片

3.抖刀片

在刀刃片进原料的同时，刀刃作上下轻微而又均匀的波浪形抖动，是为了美化原料的形状，适用于柔软、脆嫩的原料（见图4-16）。

图4-16　平刀抖片

4.旋料片

旋料片是指刀刃平刀片进原料的同时将原料在墩面上滚动，植物性原料一般从原料上部收刀，叫"上旋片"，如黄瓜、萝卜等；动物性原料一般从下部收刀，叫"下旋片"，如肉片等（见图4-17）。

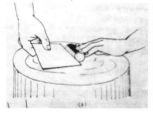

图4-17　平刀滚料片

（三）斜刀法

斜刀法是指刀面与原料和菜墩呈一定的倾斜度，刀做倾斜运动，用力断开原料的一类刀法。按刀的运动方向与砧墩的角度，可分为斜刀拉片、斜刀推片等方法，如表4-3所示。

表4-3　斜刀法及运用

刀法种类	运刀方法	加工对象
正斜刀法（即正斜批，斜拉批）	右侧角度40°~50°，运用拉力，左手按料，刀走下侧	软嫩原料，如鸡脯、腰片、鱼肉
反斜刀法（即反斜批，斜推批）	右侧角度130°~140°，运用推力，左手按料，刀身倾斜抵住左手指节	适合脆性而黏滑的原料，熟牛肉、葱段等

1.斜刀拉片

斜刀拉片又称斜刀正片，刀身倾斜，刀背朝外，刀刃向内，从刀的前部着力，进入原料片动的同时，从外向内拉动片断原料，如图4-18所示。

使用原料有如鸡脯肉、腰片、海参、熟猪肚、大白菜叶、油菜叶等。

2.斜刀推片

斜刀推片又叫斜刀反片，刀身倾斜，刀背朝内，刀刃向外，从刀的中后部用力，进入原料片动的同时，由内向外推动片断原料，如图4-19所示。

适用于质地脆嫩的植物性原料，如芹菜、玉兰片、耳片、肚片等。

图4-18　斜刀拉片

图4-19　斜刀推片

（四）剖刀法

剖刀，有雕之意，所以又称剖花刀。剖花是指在特定原料的表面采用几种切和片的技法，划上深而不透的横竖各种刀纹。经过这种刀工处理后，原料受热会收缩、开裂或卷曲成花形，如麦穗、菊花、荔枝、核桃、鱼鳃、蓑衣、木梳背等形状。目的是使原料易熟，并保持菜肴的鲜、嫩、脆，使调味品汁液易于挂在原料周围，对刀口深度有一定的要求，一般为原料的2/3或4/5。操作方法分推刀剖、拉刀剖、直刀剖剖花。

1. 剖刀法的原料选择

一般有整形的鱼，方块的肉，畜类的胃、肾、心，禽类的肫，鱿鱼，鲍鱼等，植物性原料有豆腐干、黄瓜、莴笋等。适合剖花刀的原料必须具备以下要求：

（1）原料较厚，不利于热的均衡穿透，或过于光滑不利于裹汁，或有异味不便于在短时间内散发的。

（2）原料具有一定的面积，以利于剖花的实施和刀纹的伸展。

（3）原料应不易松散、破碎，并有一定的弹力，具有可受热收缩或卷曲变形的性能，可突出剖花刀纹的美观。

2. 剖花的基本刀法

在剖花的过程中，大多是平、直、斜刀法的综合运用，故称为混合刀法。剖花的基本刀法有直剖、斜剖。

（1）直剖：运用直刀法在原料表面切割具有一定深度刀纹的刀法适用于较厚原料。

（2）斜剖：运用斜刀法在原料表面切割具有一定深度刀纹的刀法适用于稍薄的原料。又有正斜剖和反斜剖之分。

（3）混合剖：斜刀法、直刀法混合使用，如麦穗花刀、鱼鳃花刀；直刀法与直刀法混合使用，如荔枝花刀、两面连花刀；斜刀法与斜刀法混合使用，如松果花刀。

3. 剖花工艺的注意事项

根据原料的质地和形状，灵活运用剖刀法。花刀的角度与原料的厚薄和花纹的要求相一致；花刀的深度与刀距皆应一致；所剖花刀形状应符合热特性，区别应用。

四、原料的质地性能与刀法的运用

烹饪原料的质地一般有脆性、嫩性、韧性、硬性、软性等，厨师应根据不同的质地性能，选择不同的刀法，才能加工出整齐、均匀的形状。

（一）脆性原料

脆性原料有青菜、大白菜、胡萝卜、竹笋等。适用的刀法有直切、排斩、平刀片、反刀片、滚料切等。

（二）嫩性原料

嫩性原料有豆腐、凉粉、蛋白糕等。适用刀法有直切、平刀片、抖刀片等。

（三）韧性原料

韧性原料有牛肉、鸡肉、腰子、牛肚、鱿鱼等。适用刀法有拉切、排斩、拉刀片等。

（四）硬性原料

硬性原料有咸鱼、咸肉、火腿、冰冻肉等。适用刀法有锯切、直刀批、跟刀批等。

（五）软性原料

软性原料有豆腐干、素鸡、百叶、火腿肠、熟肉、白煮鸡等。适用的刀法有推切、锯切、滚料切、推刀片等。

（六）带骨和带壳的原料

适用的刀法有铡刀切、排刀切、直刀批、跟刀批等。

（七）松散性原料

松散性原料有面包、面筋、熟羊肚等。适用锯切、排斩、排刀切等。

—知识拓展—

五星级酒店中餐烹饪原料切配技术标准

五星级酒店技能比赛时，要求选手进行刀工比赛。刀工比赛以土豆丝作为比赛内容，粗细标准是：一根针孔可以穿5根丝以上。切100克土豆丝要在1分钟以内，标准是3毫米×3毫米×100毫米，边角料不能超过5%。以下是刀工比赛的评分细则，可借鉴参照（见表4-4）。

表4-4 酒店员工专业竞赛刀功评分标准

总分	项目	分值	要　求
100分	土豆丝（40）	5分	刀工精细，刀法纯熟
		10分	厚薄均匀
		10分	长短、粗细、大小一致，以火柴棒粗细为宜
		5分	刀面整洁，行刀有序
		5分	没有连刀（特殊形态除外）
		5分	站姿为正丁字步或平行步，下刀稳健，动作利落
	肉丝（35）	5分	刀法娴熟，用时短，量多
		10分	丝长一寸半，厚薄均匀
		5分	没有连刀（特殊形态除外）
		5分	不切到手指或其他部位
		5分	刀面整洁，刀具有序
		5分	站姿为正丁字步或平行步，下刀稳健，动作利落
	咸菜丝（25）	5分	刀工精细，刀法娴熟
		10分	厚薄均匀，长短、粗细一致
		5分	刀面整洁，刀具有序
		5分	站姿为正丁字步或平行步，下刀稳健，动作利落

刀工（切土豆丝、胡萝卜丝、莴笋丝）比赛

　　按重量、造型、刀工、时间、安全与卫生五部分评分，满分 100 分。此次比赛做到公平、公正、合理、准确评分，评分表如表 4-5 所示。

表 4-5　刀工技能比赛评分

日期：　　　　　　　　评委：

科目分值 / 姓名	刀工（切土豆丝、胡萝卜丝、莴笋丝）（100分）					合计分值
	刀工 25分	造型 25分	安全与卫生 25分	重量（100克）15分	时间（5分钟）10分	100分
学生 1						
学生 2						
学生 3						

项目二　勺工技术及其种类

　　勺工是中式烹调特有的一项技术，运用勺工技艺，调节和控制火候是每个厨师必备的基本功之一。

一、勺工及其作用

（一）勺工的概念

所谓勺工，是指在临灶烹调过程中，使用不同的力度，运用不同的运勺方法，采取连贯的动作，从而完成菜肴制作的整个过程的操作技术。勺工是运动炒勺临灶操作的一项技术。运勺过程中，由于力度不同，力的方向不同，推、拉、扬、晃、举、颠倒、翻等动作的结果也不同。运勺的方法往往根据技法、原料和成菜的特点要求来选择，有很大的灵活性、机动性，所采取的动作是否合理、连贯，是否协调一致，往往决定操作的成功与失败。这些技术性、机巧性的活动，需要有一个实践锻炼过程才能完善，所以有时把勺工也称作"勺功"，其含义是指运用炒勺临灶进行操作的功夫。

（二）勺工的作用

1. 保证烹饪原料均匀地受热成熟和上色

原料在勺内不停移动或翻转，使原料的受热均匀一致，成熟度一致，原料的上色程度一致。及时端勺离火，能够控制原料受热程度、成熟程度。

2. 保证原料入味均匀

原料的不断翻动使投入的调味料能够迅速而均匀地与主辅料融合渗透，使口味轻重一致，滋味渗透交融。

3. 形成菜肴各具特色的质感

如菜肴的嫩、脆与原料的失水程度相关，迅速地翻拌使原料能够及时受热，尽快成熟，使水分尽可能少地流失，从而达到菜肴嫩、脆的质感。不同菜肴其原料受热的时间要求不同，勺工操作可以有效地控制原料在勺中的时间和受热的程度，以形成其特有的质感。

4. 保证勾芡的质量

通过晃勺、翻勺可使芡粉分布均匀，成熟一致。

5. 保持菜肴的形状

对一些质嫩不宜进行搅动、翻拌的原料，可采用晃勺，而不使料形破碎；对一些要求形整不乱的菜肴，翻勺可以使菜形不散乱，如烧、扒菜的大翻勺。

二、翻勺种类

勺工是否熟练直接影响到做菜速度与菜肴质量。在烹调时，通过一推、一拉、一扬、一翻、一晃等一系列动作，炒勺中的原料能够前、后、左、右有序地进行翻动，以适应火候、调味、勾芡等不同工序的顺利进行。实践中根据原料形状不同、着芡方法不同、火候要求不同、成品形状不同、动作程度不同等因素需要进行不同翻勺方法。在行业中，翻勺技术划分为小翻勺、大翻勺、晃勺、悬翻勺、助翻勺几种。

（一）小翻勺

小翻勺是一种常见的翻勺方法，它主要适用于数量少，加热时间短，散碎易成熟的菜肴制作。

小翻勺具体操作方法：左手握勺柄或锅耳，利用灶口边沿为支点，勺略前倾将原料送至勺前半部，快速向后拉动到一定位置，再轻轻用力向下拉压，使原料在勺中翻转，然后再将原料运送到勺的前半部再拉回翻个，如此反复做到勺不离火，敏捷快速，翻动自如，使烹制出的菜肴达到质量要求。

如"清炒肉丝"，原料入勺后，用要小翻勺技法不停地翻动原料，并随之加入调味品，使肉丝受热、入味均匀一致，成品达到成鲜软嫩的质量要求。

（二）大翻勺

大翻勺是将勺内原料一次性做 180° 翻转，也就是说原料通过大翻勺达到"底朝天"的效果，因动作和翻转幅度较大而称为大翻勺，如图 4-20 所示。

大翻勺具体操作方法：左手握勺柄或锅耳，晃动勺中菜肴，然后将勺拉离火口并抬起随即送向右上方，将勺抬高与灶面呈 60°~70° 角，在扬起的同时用手臂轻轻将勺向后勾拉，使原料腾空向后翻转，这时菜肴对大勺会产生一定的惯力，为减轻惯力要顺势将勺与原料一同下落，角度变小接住原料。上述拉、送、扬、翻、接一整套动作的完成要敏捷准确协调一致，一气呵成，不可停滞分解。

大翻勺适用于整形原料和造型美观的菜肴，如"扒"法中的"蟹黄扒冬瓜"将冬瓜条熟处理后码于盘中，再轻轻推入已调好的汤汁中用小火扒入味，勾芡后采用大翻勺的技法，使菜肴稳稳地落在勺中，其形状不散不乱与码盘时的造型完全相同。

图 4-20　大翻勺技术分解

（三）晃勺

晃勺具体操作方法：左手握勺柄或锅耳，通过手腕的力量将大勺按顺时针或逆时针进行有规律的旋转，通过大勺的晃动带动菜肴在勺内的转动，它适用于扒菜、锅塌菜和整个原料制作的菜肴。菜肴通过晃勺可达到：

（1）调整勺内的原料受热，汁芡、口味、着色的位置使之均匀一致，避免原料煳底。

（2）晃勺淋入的明油分布更加均匀，减少原料与勺的摩擦，增强润滑度。

（3）由于晃勺产生的惯力使原料与大勺产生一定的间隙（用肉眼难以观察到），为大翻勺顺利进行奠定了基础。

（4）由于勺与主料产生摩擦使部分菜肴的皮面亮度增强。

如"五香扒鸡"将蒸熟入味的整鸡皮面朝下入勺内煨制，勾芡时边晃勺边沿原料边缘淋入水粉汁使汤汁浓稠，芡汁分布到各个部位，然后淋明油晃勺调整位置，把握时机大翻勺，使色泽金红明亮的皮面朝下托入盘中，其形其色甚是美观。

（四）悬翻勺

悬翻勺具体操作方法：悬翻勺的方法是左手握勺柄或锅耳，在恰当时机将大勺端离火源，手腕托住大勺略前倾将原料送至勺的前半部。向后勾拉时前端翘起与手勺协调配合快速将原料翻动一次。

由于勺内原料翻动及整套动作均在悬空中进行，所以称悬翻勺。这种方法适用于一些特殊菜肴和盛菜时使用，以保证菜肴火候、装盘和卫生质量的要求。

如"拔丝土豆"，土豆挂糊炸熟后投入熬好的糖浆中，快速将大勺端离火源，采用悬翻的技法不断翻动原料，使土豆个个挂满糖浆，达到质量要求，类似这样的菜肴若选用其他翻勺方法势必要造成主料挂不匀糖浆或糖浆变红发苦，失去拔丝菜的特色。

还有用"爆""炒""熘"等方法烹制数量较少的菜肴，盛菜时多数采用悬翻的方法，具体方法是在菜肴翻起尚未落下的时候，用手勺接住一部分下落的菜肴放盘中，另一部分落回大勺内如此反复地一勺一勺地将菜肴全部盛出。

（五）助翻勺

助翻勺具体操作方法：左手握勺柄和锅耳，右手持手勺在炒勺上方里侧，在拉动大勺翻动菜肴的同时，用手勺由后向前推动原料使之翻动，这种方法应用在数量较多、用其他方法难以翻动的菜肴中，以及配合小翻、悬翻技法的有效实施。

如制作"十盘香辣鸡"，由于数量多，很难将鸡块翻动，这时往往要采用助翻的方法来完成，使菜肴达到受热、入味均匀，成熟一致，汁匀芡亮的效果。

除此之外，翻勺技术还有前翻勺、转勺、左翻勺和右翻勺等，哪一种翻勺方法更合适，要因菜、因人、因环境等要素来决定。有些菜肴在烹制时用一种翻勺方法很难达到最佳效果，必须要用几种方法密切配合，如大翻勺必须与晃勺有机地结合，小翻勺、悬翻勺要与助翻勺巧妙地搭配等，只有灵活使用不同的翻勺方法，才能使烹制出的菜肴达到质量标准。

── 知识拓展 ─────────────────

为什么炒菜要热锅冷油？

热锅冷油，是常用于炒菜的一种烹饪手法，就是将锅先放在旺火上烧热，用油在锅内转一转（炙锅）后，随即掺下炒菜的冷油，放进原料进行翻炒。

运用热锅冷油的火候，对炒肉类菜品，具有受热均匀，松散脆爽，质嫩不绵的特点。这是由于热锅中的冷油，对烹饪原料受高热的影响，有一瞬间的缓冲，烹饪者可利用这一瞬间的间隙，迅速将原料炒散，使其均匀充分地受热，达到菜品的特色要求。

80℃的温度，对烹调原料就会产生影响。如果将肉类原料放入旺火上的热油锅中炒，骤然的高温，将使原料产生急剧的质变，凝结成坨，老嫩参差。反之，在锅、油均未烧热时投下炒，原料受热缓慢，就会老绵而失去脆爽。

因此，热锅冷油是烹饪行家们在长期的实践中探索和总结出来的一种精微的炒菜火候。搭配勺工技术的运用，展现烹调技术灵活多样的艺术性与科学性的结合。

实践任务点

原料与器具：

原料：细沙1斤、盐包1个

器具：操作台、铁锅1枚

操作过程：

小翻勺、大翻勺方法请参阅本项目说明，同时在教师指导下完成。

图4-21　翻锅技术图示

模块五
菜肴组配技艺

● 模块导读

　　菜肴组配也叫配菜、配料，就是根据菜肴的质量要求，把加工成形的数种原料加以科学的配合，使其可烹制出一道完整的菜肴。配菜是紧接刀工之后，介于刀工和烹制之间的一道重要工序。小型饭馆，配料附属于这一工种，习惯称为"切配"，而大型的餐厅、饭店，都设专人掌管配菜这个重要环节。本模块将就菜肴配置概要、单一菜肴组配与宴席菜肴组配等技术内容进行介绍。

● 能力培养

1. 了解菜肴组配的基本方法和基本要求。
2. 掌握单一菜肴组配的内容及技术。
3. 掌握整套菜肴组配的内容及技术。

● 知识拓展

1. 花色冷盘的组配。
2. 菜肴与器皿的组配规律。
3. 酒与菜的合理搭配。

● 案例导入

玉制满汉全席108道菜，总价380万元，亮相中国美术馆

据上观新闻网报道，2020 年 11 月 18 日，玉制"满汉全席"108 道菜亮相中国美术馆，引众游客纷纷驻足拍照。据悉，这桌"满汉全席"都是岫岩玉所制，纯天然不注色，利用了玉石的天然俏色，邀请许多玉雕大师制作而成，总价值 380 万元人民币。

满汉全席兴起于清代，是集满族与汉族菜点之精华而形成的历史上最著名的中华大宴。乾隆甲申年间（1764 年）李斗所著《扬州画舫录》中记有一份满汉全席食单，是关于满汉全席的最早记载。

满汉全席，清代宫廷盛宴。既有宫廷菜肴之特色，又有地方风味之精华；突出满族与汉族菜点特殊风味，烧烤、火锅、涮涮锅几乎不可缺少的菜点，同时又展示了汉族烹调的特色，扒、炸、炒、熘、烧等兼备，实乃中华菜系文化的瑰宝和最高境界。满汉全席原是清代宫廷中举办宴会时满人和汉人合做的一

种全席。满汉全席上菜一般至少 108 种（南菜 54 道和北菜 54 道），分三天吃完。满汉全席菜式有咸有甜，有荤有素，取材广泛，用料精细，山珍海味无所不包。

满汉全席菜点精美，礼仪讲究，形成了引人注目的独特风格。入席前，先上二对香、茶水和手碟；台面上有四鲜果、四干果、四看果和四蜜饯；入席后先上冷盘然后热炒菜、大菜、甜菜依次上桌。满汉全席分为六宴，均以清宫著名大宴命名。汇集满汉众多名馔，择取时鲜海味，搜寻山珍异兽。全席计有冷荤热肴一百九十六品，点心茶食一百二十四品，计肴馔三百二十品。

合用全套粉彩万寿餐具，配以银器，富贵华丽，用餐环境古雅庄重。席间专请名师奏古乐伴宴，沿典雅遗风，礼仪严谨庄重，承传统美德，侍膳奉敬校宫廷之周，令客人流连忘返。全席食毕，可使您领略中华烹饪之博精，饮食文化之渊源，尽享万物之灵之至尊。

（资料来源：https：//haokan.baidu.com/v?pd=wisenatural&vid=4072592778369197485）

● 案例分析

1. 满汉全席分为多少个菜肴品种，组配有什么特别之处？

2. 满汉全席菜点是不是相对固定，一成不变？请结合案例并查阅资料分析。

项目一　单一菜肴的组配技术

依据各种原料在菜品中的不同地位和作用，常将其分为主料、辅料、调料和配料，好像中药方中"君、臣、佐、使"一样。因此单一菜肴的组配需要对主料、辅料等进行合理的搭配以符合基本规律。

一、单一菜肴的构成及组配形式

（一）单一菜肴的构成要素

单一菜肴原料组配工艺，简称"配菜"。是指把已经过加工处理或成型的烹饪原料，经过合理搭配，使其烹饪出一份完整菜肴的工艺过程。一份完整的菜肴由三个部分组成：

（1）主料：在菜肴中作为主要成分，占主导地位，是突出作用的原料，通常占60%~70%的比重。是反映菜肴的主要营养及主体风味的指标。

（2）辅料（配料）：为从属原料，指配合、辅佐、衬托和点缀主料的原料。比重不能超过完整菜肴的30%，作用是补充或增强主料的风味特性。

（3）调料：调和食物风味的一类原料。

（二）单一菜肴的组配形式

1.单一原料菜肴的组配

菜肴中没有配料，只有一种主料，以主料的香和味为主。对原料要求较高。如

"清炒河虾仁""清蒸鲈鱼"。

2. 多种主料菜肴的组配

主料品种在两种或两种以上，数量大致相等，无主、辅之分。配菜时原料应分别放置，便于操作。如"三色鱼丸""植物四宝"。

3. 主、辅料菜肴的组配

菜肴有主料和辅料，并按一定的比例构成。其中主料为动物性原料，辅料为植物性原料的组配形式较多，也有辅料是动物性原料的，如"肉末豆腐"，也有的辅料是多种，如"五彩虾仁"。

主、辅料的比例一般为 9：1 或 8：2 或 6：4 等形式，辅料的比例宜小不宜大，不能喧宾夺主。

4. 花色菜的组配

同上，而侧重于造型、花色、模型的加工。

二、单一菜肴组配工艺的作用

（一）可以确定菜肴所用的原料，进而确定菜肴的成本和售价

菜肴的用料一经确定，就具有一定的稳定性，不可随意增减、调换，可保证质量和企业信誉。

（二）奠定菜肴的质量基础

各种菜肴都是由一定的质和量构成。

质：组成菜肴各种原料的营养成分和风味指标。

量：菜肴中原料的重量及菜肴的质量。

一定的质量构成菜肴的规格，而不同的规格决定了它的销售价格和食用价值。组配工艺规定和制约着菜肴原料结构组合的优劣、精细、营养成分、技术指数、用料比例、数量多少，以保证菜肴的质量。

（三）奠定菜肴的风味基础

风味基础，即人们通常说的色、香、味、质等各种表现的综合。

（1）菜肴的风味不是随机性的。（2）确定菜肴的口味和烹调方法。（3）确定菜肴的色泽、造型。菜肴的色泽与三个方面有关：主料和辅料本身固有的色泽，是菜肴的基本色泽；调味品所赋予的色泽，是菜肴的辅助色彩；加热过程中的变化色泽。

（四）组配工艺是菜肴品种多样化的基本手段

菜式创新的方式虽然很多，但在很大程度上是运用了原料组配工艺。原料组配形式和方法的变化直接影响菜肴的风味、形态等方面的改变，并使烹调方法与这种变化相适应。可以说，组配工艺是菜式创新的基本手段。

（五）确定菜肴的营养价值

随菜肴的规格质量确定下来后，各种原料的营养成分也随之固定。通过对组配原料营养成分的了解以及人体对营养素的需求，从而可以让原料与原料之间产生互补的作用，满足人体所需营养素，提高菜肴原料的消化吸收率和营养价值。

三、菜肴色、香、味、形组配的一般规律

色彩是反映菜肴质量的一个重要方面。菜肴的风味特点或多或少地通过菜肴的色彩被客观地反映出来，从而对人的饮食心理产生极大的作用。香味是通过人们的嗅觉感官感知物质的感觉。研究菜肴的香味，主要考虑当食物加热和调味以后才表现出来的嗅觉风味。口味是通过味觉的表达来感受菜肴的美感，可以说味道的搭配是菜肴质量最重要的考量因素。形状、质感是菜肴形态美的直接判定因素，直观视觉对菜肴各组成材料的整体造型协调性是体现组配合理性的关键因素和直接表达。

（一）菜肴色泽的来源

菜肴的色彩可分为冷色调和暖色调两类。通过色调来表示菜肴色彩的温度感。在色彩的 7 个标准色中，近于光谱红端区的红、橙、黄为暖色，接近紫端区的青、蓝、紫为冷色，绿色是中性色。所谓冷、暖是互为条件，互为依存的。如紫色在红色环境里为冷色，而在绿色环境里又成为暖色；黄色对于青、蓝为暖色，而对于

红、橙又偏冷。菜肴色泽主要来源于三个方面。

1. 原料固有的色泽

即指原料的本色，如绿色蔬菜的绿色，红萝卜、红辣椒、西红柿的红色，红菜苔、紫茄子的紫红色，香菇、海参、发菜的黑色或褐色，鱼肉的白色等。这些色泽都可以在加工时保持或通过调配使其更加鲜亮。

2. 加热形成的色泽

在烹制过程中，原料表面发生色变后呈现的新色泽。如鸡蛋清由透明变为不透明的白色，虾、蟹等由青色变为红色，猪瘦肉由鲜红色变为灰褐色等。

加热引起原料变色主要是由原料本身所含色素的变化以及糖类、蛋白质等发生的焦糖化作用、羰氨反应的结果。

3. 调料调配的色泽

主要包括两个方面：一是使用调料调配而成；二是利用调料在受热时的变化来产生。调料与火候的配合是菜肴调色的重要手段，如烤鸭时在鸭表皮涂上"鸭水"（加入饴糖），可形成鲜亮的枣红色，炸制畜禽鱼肉，放入红醋码味，形成的色泽格外红润，这些都是利用了调料在加热时的变化或与原料成分的相互作用。

（二）菜肴色彩组配

菜肴色彩的组配有以下四种形式：

（1）单一色彩菜肴：组成菜肴的原料由一种原料色彩构成的。

（2）同类色的组配：也叫"顺色配"。所配的主料、辅料必须是同类色的原料，它们的色相相同，只是光度不同，可产生协调而有节奏的效果。如"韭黄炒肉丝"。

（3）对比色的组配：也叫"花色配""异色配"。把两种不同色彩的原料组配在一起。对比色——在色相环上相距于60°以外范围的各色称为对比色，此外称为调和色。

（4）多色彩的组配：组成菜肴的色彩是由多种不同颜色的原料组配在一起，其中以一色为主，多色附之，色彩艳丽，总体调和。如"五彩鱼丝"。

原料色彩的组配规律（见表 5-1）

表 5-1　菜肴的色彩与香气、味道之间的联想关系

颜色	与香气、味道之间的联想关系	菜　例
白色	给人以洁净、软嫩、清淡之感。当白色炒菜油芡交融、油光发亮时，则给人一种肥浓的味感	清汤鱼圆、芙蓉银鱼、糟熘三白、高丽银鱼等
红色	给人以热烈、激动、美好、肥嫩之感，同时味觉上表现出酸甜、香鲜的快感	红梅菜胆、翠珠鱼花、北京烤鸭等
黄色	给人以温暖、高贵的感觉，尤以金黄、深黄最为明显，使人联想到酥脆、香鲜的口感	吉士虾卷、香炸猪排、咖喱鸡丝等
绿色	一般以蔬菜居多，清新、自然，给人以脆嫩、清淡的感觉。若配以淡黄色，则显得格外清爽、明目	鸡油菜心、金钩芹菜、蒜蓉蒲菜
褐色	给人以浓郁、芬芳、庄重的感觉，同时显得味感强烈和浓厚	炒软兜、红卤香菇、干烧鳊鱼
黑色	在菜肴中应用较少，给人以味浓、干香、耐人寻味的感觉，若加工不当会有煳苦味的感觉	酥海带、蝴蝶海参、素海参
紫色	属忧郁色，但运用好，能给人以淡雅、脱俗之感	紫菜蛋汤、紫菜卷等

（三）菜肴香味的组配规律

原料都具有独特的香味，组配菜肴时要熟悉各种原料的香味，又要知道其成熟后的香味，注意保存或突出它们的香味特点，并进行适当搭配，才能更好地掌握香味组配规律。

菜肴香味组配要遵循的一般规律：

（1）主料香味较好，应突出主料的香味，如"滑炒鸡丝"。

（2）主料香味不足，应突出辅料的香味，如鱼翅味淡，需用鸡腿、鸡脯等原料增味。

（3）主料有腥膻异味，可用调味品掩盖。

（4）香味相似的原料不宜相互搭配：原料的香味比较相似，不宜一起搭配，如鸭与鹅、牛肉与羊肉、南瓜与白瓜、白菜与卷心菜等。

（四）菜肴口味的组配规律

口味是通过口腔感觉器官——舌头上的味蕾鉴别的，是评价菜肴的主要标准，是菜肴的灵魂所在，一菜一格，百菜百味。

菜肴口味组配的规律有以下几项：

（1）突出主料的本味：就是以清淡咸鲜为主，所用调味品较少，用盐量也少，汤菜一般含盐量在 0.8%，爆、炒等菜肴含盐在 2% 左右。

（2）突出调味品的味道：所用调味品较多，以复合味较多。

（3）适口与适时规律：根据各地风俗、风味特点、口味、时令季节等符合大多数人的味觉习性，才算是好口味。

（五）菜肴原料形状的组配规律

菜肴原料形状的组配——将各种加工好的原料按照一定的形状要求进行组配，组成一盘特定形状的菜肴。菜肴形状组配的规律如下：

（1）根据加热时间来组配：菜肴的形状大小必须适应烹调方法。

（2）根据料形相似来组配：主、辅料的形状必须和谐统一、相近相似，根据烹调的需要确定主料的形状，从而确定辅料的形状，如丁配丁。

（3）辅料服从主料来组配：如"荔枝腰花"辅料长方片或菱形片。

（六）菜肴原料质地的组配规律

配菜时应根据原料的性质进行合理的搭配，符合烹调和食用的要求。原料质地组配主要有两方面：

（1）同一质地原料相配：原料质地脆配脆、嫩配嫩、软配软、如"汤爆双脆"。

（2）不同质地的原料相配：将不同质地的原料组配在一起，使菜肴的质地有脆有嫩，口感丰富，给人一种质地反差的口感享受，如"宫保鸡丁""雪菜肉丝"。

── **知识拓展** ──────────────────────────

菜肴与器皿的组配规律

餐具种类繁多，从质地材料看有金（镀金）、银（镀银）、铜、不锈钢、瓷、陶、玻璃、木质等。从形状上看有圆、椭圆、方形、多边形等。从性质来看有盘、碟、碗、品锅、明炉、火锅等。美食需配美器，不同的菜肴要选择合适的餐具。

依菜肴的档次决定餐具：较名贵的原料，如燕窝、鱼翅等，一般要选用银质或镀银的餐具。依菜肴的类别定餐具：大菜或拼盘用大型器皿，无汤的用平盘，汤少的用汤盘，汤多的用汤碗。

为使菜肴在盘中显得饱满，又不显臃肿，通常以器皿定量，这是最基本的，也是最常用的确定单个菜肴原料总量的定量方法，即用不同的容量、规格的盛器，可以预先核定出菜料总量标准。

实践任务点

请自己组合搭配一道菜肴，要求，从色、香、味、形、器皿等因素综合考量，并记录在表5-2中。

表5-2 单一菜肴组配实践记录

菜名	原料	制作工艺	组配原理	其他

项目二 整套菜肴的组配技术

整套菜肴组配针对宴席菜肴的设计比较多见，宴席组配所涉及的范围很广，为了较大限度地满足顾客的要求，使每个顾客都能得到较好的享受，搭配组配时必须多加注意。可以先从宴席整套菜肴的构成来了解基本内容，了解宴席菜肴搭配原则与要求来把握基本准则，再从宴席菜肴组配方法来把握组配技艺的实践掌握。

一、宴席整套菜点的构成

中式宴席食品的结构，有"龙头、象肚、凤尾"之说。它既像古代军中的前锋、中军和后卫，又像现代交响乐中的序曲、高潮及结尾。冷菜通常以造型美丽、小巧玲珑为开场菜，起到先声夺人的作用；热菜用丰富多彩的佳肴，显示宴席最精彩的部分；饭点菜果则锦上添花，绚丽多姿。

中式宴席菜点的结构必须把握三个突出原则和组配要求：在宴席中突出热菜，在热菜中突出大菜，在大菜中突出头菜。

（一）冷菜

冷菜又称"冷盘""冷荤""凉菜"等，是相对于热菜而言。形式有：单盘、双拼、三拼、什锦拼盘、花色拼盘带围碟。

（1）单拼：一般使用5~7寸盘，每盘只装一种冷菜，每桌宴席根据宴席规格设六、八、十单盘（西北方习惯用单数）。造型、口味较多，是宴席中最常用的冷菜形式。

（2）拼盘：每盘由两种原料组成的叫"双拼"；由3种原料组成的叫"三拼"；由10种原料组成的叫"什锦拼盘"。乡村举办的宴席多用拼盘形式。现今饭店举办的中、高档宴席以单碟为主。

（3）主盘加围碟：多见于中、高档宴席冷菜。主盘主要采用"花式冷拼"的方式，花式冷拼的设计要根据办宴的意图来设计。

花式冷拼不能单上，必须配围碟上桌，没有围碟陪衬花式冷拼显得虚而无实，失去实用性，配围碟可以丰富宴会冷菜的味型和弥补主盘的不足。

（4）各客冷菜拼盘：是指为每个客人都制作一份拼盘，较好地适应了"分食制"要求。

（二）热菜

热菜一般由热炒、大菜组成，它们属于食品的"躯干"，质量要求较高，将宴席逐步推向高潮。

（1）热炒：一般排在冷菜后、大菜前，起到承上启下的过渡作用。

菜肴特点：色艳味美、鲜热爽口。选料：多用鱼、禽、畜、蛋、果蔬等质脆嫩原料。烹调特点：旺火热油、兑汁调味、出品脆美爽口。烹调方法：炸、熘、爆、炒等快速烹法，多数菜肴在 30 秒至 2 分钟内完成。原料加工后的形状：多以小型原料为主。

在宴席中的上菜方式：可连续上席，也可在大菜中穿插上席，一般质优者先上，质次者后上，味淡者先上，味浓者后上。一般是 4~6 道，300 克/道，8~9 寸盘。

（2）大菜：又称"主菜"，是宴席中的主要菜品，通常由头菜、热荤大菜（山珍、海味、肉、蛋、水果等）组成。成本占总成本的 50%~60%。

大菜原料多为山珍海味和其他原料的精华部位，一般是用整件或大件拼装（10只鸡翅、12 只鹌鹑），置于大型餐具之中，菜式丰满、大方、壮观。

烹调方法：主要用烧、扒、炖、焖、烤、烩等长时间加热的菜肴。出品特点：香酥、爽脆、软烂，在质与量上都超出其他菜品。

在宴席中上菜的形式：一般讲究造型，名贵菜肴多采用"各客"的形式上席，随带点心、味碟，具有一定的气势，每盘用料在 750 克以上。

（3）头菜：是整桌宴席中原料最好、质量最精、名气最大、价格最贵的菜肴。通常排在所有大菜最前面，统率全席。

配头菜应注意：①头菜成本过高或过低，都会影响其他菜肴的配置，故审视宴席的规格常以头菜为标准；②鉴于头菜的地位，故原料多选山珍或常用原料中的优良品种；③头菜应与宴席性质、规格、风味协调，照顾主宾的口味嗜好；④头菜出场应当醒目，结合本店的技术长处，器皿要大，装盘丰满，注重造型，服务员要重点介绍。

（4）热荤大菜：是大菜中的主要支柱，宴席中常安排 2~5 道，多由鱼虾菜、禽畜菜、蛋奶菜及山珍海味组成。它们与甜食、汤品联为一体，共同烘托头菜，构成宴席的主干。

配热荤大菜须注意：①热荤大菜档次如何，都不可超过头菜；②各热菜之间也要搭配合理，避免重复，选用较大的容器；③每份用料在 750~1250 克；④整形的热荤菜，由于是以大取胜，故用量一般不受限制，如烤鸭、烤鹅等。

（三）甜菜

甜菜包括甜汤、甜羹在内，泛指宴席中一切甜味的菜品。甜菜品种：品种较多，有干稀、冷热、荤素等，根据季节、成本等因素考虑。用料：广泛，多选用果蔬、菌耳、畜肉蛋奶。其中，高档的有冰糖燕窝、冰糖甲鱼、冰糖哈士蟆，中档的有散烩八宝、拔丝香蕉，低档的有什锦果羹、蜜汁莲藕。烹调方法：拔丝、蜜汁、挂霜、糖水、蒸烩、煎炸、冰镇等。作用：改善营养、调剂口味、增加滋味、解酒醒目。

（四）素菜

素菜在宴席中不可缺少，品种较多，多用豆类、菌类、时令蔬菜等。通常配2~4道，上菜的顺序多偏后。

素菜入席时应注意：一须应时当令，二须取其精华，三须精心烹制。烹调方法：视原料而异，可用炒、焖、烧、扒、烩等。作用：改善宴席食物的营养结构，调节人体酸碱平衡，去腻解酒，变化口味，增进食欲，促进消化。

（五）席点

宴席点心的特色是：注重款式和档次，讲究造型和配器，玲珑精巧，观赏价值高。

点心的安排：一般安排2~4道，随大菜、汤品一起编入菜单，品种多样，烹调方法多样。上点心顺序：一般穿插于大菜之间上席。配置席点要求：一要少而精，二须闻名品，三应请行家制作。

（六）汤菜

汤菜的种类较多，传统宴席中有首汤、二汤、中汤、座汤和饭汤之分。

1. 首汤

又称"开席汤"，此菜在冷盘之前上席。

用料：用海米、虾仁、鱼丁等鲜嫩原料用清汤汆制而成，略呈羹状。特点：口味清淡、鲜纯香美。作用：用于宴席前清口爽喉，开胃提神，刺激食欲。变化：首汤多在南方使用，如两广、海南、香港、澳门。现内地宾馆也在照办，不过多将此汤以羹的形式安排在冷菜之后，作为第一道菜上席。

2. 二汤

源于清代。由于满人宴席的头菜多为烧烤，为了爽口润喉，头菜之后往往要配一道汤菜，在热菜中排列第二而得名。如果头菜是烩菜，二汤可省去，若二菜上烧烤，则二汤就移到第三位。

3. 中汤

又名"跟汤"。酒过三巡，菜吃一半，穿插在大荤热菜后的汤即为中汤。作用：消除前面的酒菜之腻，开启后面的佳肴之美。

4. 座汤

又称"主汤""尾汤"，是大菜中最后上的一道菜，也是最好的一道汤。原料：座汤规格较高，可用整形的鸡鱼，加名贵的辅料，制成清汤或奶汤均可。为了区别口味，若二汤是清汤，座汤就用奶汤，反之则反。要求：用品锅盛装，冬季多用火锅代替。座汤的规格应当仅次于头菜，给热菜一个完美的收尾。

5. 饭汤

宴席即将结束时与饭菜配套的汤品，此汤规格较低，用普通的原料制作即可。现代宴席中饭汤已不多见，仅在部分地区受欢迎。

（七）主食

主食多由粮豆制作，能补充以糖类为主的营养素，协助冷菜和热菜，使宴席食品营养结构平衡。主食通常包括米饭和面食，一般宴席不用粥品。

（八）饭菜

又称"小菜"，专指饮酒后用以下饭的菜肴。作用：清口、解腻、醒酒、佐饭等功用。小菜在座汤后入席，不过有些丰盛的宴席，由于菜肴多，宾客很少用饭，也常常取消饭菜；有些简单的宴席因菜少，可配饭菜作为佐餐小食。

（九）辅佐食品

（1）手碟：在宴席开始之前接待宾客的配套小食，如水果、蜜饯、瓜子等。

（2）蛋糕：主要是突出办宴的宗旨，增添喜庆气氛。

（3）果品：用鲜果，如"一帆风顺"等。

（4）茶品：一是注意档次；二是尊重宾客的风俗习惯，如华北多用花茶，东北多用甜茶，西北多用盖碗茶，长江流域多用青茶或绿茶，少数民族多用混合茶，接待东亚、西亚和中非外宾宜用绿茶，东欧、西欧、中东和东南亚宜用红茶，日本宜用乌龙茶，并以茶道之礼。

二、宴席菜肴组配要求

宴席菜点组配是指组成一次宴席的菜点的整体组配和具体每道菜的组配，而不是将一些单个菜肴点心随意拼凑在一起。现代宴席菜点涉及宴席售价成本、规格类型、宾客嗜好、风味特色、办宴目的、时令季节等因素。这些因素就要求设计者懂得多方面的知识。

1. 因人配菜

配菜人员编制菜单时应首先考虑因人配菜，这是宴席设计和制作的第一步。要通过调查研究，了解宾客的国籍、民族、宗教、职业、年龄、性别、体质和嗜好忌讳等，并依此灵活掌握，确定品种，重点保证主宾，同时兼顾其他。如宾客是四川人，在安排菜肴时，应增加麻辣味的菜肴，使用"鱼香""家常""香辣"等味道的菜肴，既突出川菜的风格特点，又满足了客人的口味要求。又如宾客是日本人，他们大多不喜欢荷花，在制作花色菜肴时应避免使用荷花造型。

再有，参加宴席的宾客有各式各样的心理需求，有的注重经济实惠，有的注重环境因素和餐厅档次，有的注重餐厅独特的美味佳肴，有的想体验一下宴席文化氛围。宾客对宴席的心理需求也是宴席组配时应考虑的一个方面。

2. 因时配菜

宴席菜肴要与季节相适应。要根据季节的变化，更换菜肴的内容，特别是要注意配备各种时令菜品。

（1）在烹饪原料上，要选择一些时令原料来烹制菜肴，以体现时令特色，同时又降低宴席成本。

（2）在菜肴的色彩上，要符合季节特征。像夏季菜肴色泽要淡，给人以一种清爽淡雅的感觉；冬季菜肴则以深色调为主，给人以一种温暖的感觉。

（3）在菜肴口味上，要随季节做相应的调整。"春多酸、夏多苦、秋多辛、冬多咸"。季节变化，人的生理需求也随之变化，菜肴口味需做适当的调整。

（4）在菜肴营养上，要符合人的生理需求。在寒冷的冬天，宴席中配些富含脂肪、蛋白质的菜肴，可增加人的能量；夏季气温较高，菜肴中应控制脂肪的含量，味道淡雅一些。

（5）在菜肴装盛器皿上，要与季节温度适宜。冬季气温低，要使用保温或提温的器皿装盛菜肴，如火锅、砂锅、吊锅、煲、明炉等，而夏季气温高，用平盘、汤盘、腰盘等散热快的餐具来装盛。

3. 因价配菜

宴席的价格决定了它的档次。应遵照质价相等的原则，确定菜肴的质量和数量。由于宴席价格受到原料价格、工艺难易和毛利率大小等原因的制约，所以应对以上因素进行综合考虑，配制一套合理的菜肴。

4. 因事配菜

在配菜原则中要考虑到民间的一些忌讳，如四川田席的结婚喜宴中应配有红烧肉和甜菜，在丧筵中则不能出现，而在香港地区丧筵则以甜菜在先，意为惨事不会再次出现；丧筵中一般忌讳双数菜品，而喜宴中则一定要是双数等。

5. 筵席菜肴要丰富

配筵席菜肴时，要尽量避免重复现象，保证整桌筵席内容丰富多彩，在烹饪原料选择、原料改刀形状的选择、味型选择、烹调技法的选择、盛器的选择等方面尽可能多样化，以满足不同食客的需求。

三、宴席菜肴组配方法

（一）确定宴席的主题和档次

要组配一桌宴席，首先要确定该宴席的主题、价格的高低、宾客的人数及口味习惯，选出与之适应的各种菜点，将它们排列组合。这和菜肴的风味、原料、色泽、口味、质地、重量、价格等有关。同时确定各类菜点的比例，根据这些因素决定取舍。同时，合理分配菜点成本。

1. 一般宴席

冷菜约占宴席成本的 10%，一般热菜约占宴席成本的 40%，大菜、面点约占宴席成本的 50%。

2. 中档宴席

冷菜约占宴席成本的 15%，一般热菜约占宴席成本的 30%，大菜、面点约占宴席成本的 55%。

3. 高档宴席

冷菜约占宴席成本的 20%，一般热菜约占宴席成本的 30%，大菜、面点约占宴席成本的 50%。

当然，宴席菜肴配置的比例不是一成不变的，可根据企业经营特色、各地区饮食习惯、季节变化、宴席的规格档次及宾客的需求，灵活调配各类菜肴所占宴席成本的比例，保持整席菜点的搭配均衡。

（二）确定宴席主要菜点、必要菜点

宴席的主要菜点是整个宴席的主角，起举足轻重的作用，一般是指头菜、花色冷盘、头点等，是宴席食品的"四大支柱"。头菜是整个菜肴的主角，花色冷盘是宴席的脸面，头点是点心中较好的点心，它们在整个宴席中所占的成本较大，组配时在原料上、质量上、数量上都应加以重视。

宴席的必要菜点，是指宾客指定要点的菜点、本店的特色菜点和本地同类宴席惯用菜点。

（三）宴席辅佐菜点的配备

核心菜品一旦确立，辅佐菜品就要"兵随将走"，使宴席形成一个完美的美食体系。辅佐菜品，在数量上要注意"度"，与核心菜品保持 1∶2 或 1∶3 的比例；在质量上注意"相称"，档次可稍低于核心菜品，但不能相差悬殊；此外，辅佐菜品还须注意弥补核心菜肴的不足。

根据已定下来的菜点，把一桌宴席的其他菜点补齐，而这些菜点要相互匹配，相互适应，成为一桌完整的宴席。

（四）菜单的编排核定和按单组配

一般宴席的编排顺序是先冷后热，先炒后烧，先咸后甜，先清淡后味浓。传统的宴席上菜顺序的头道热菜是最名贵的菜，主菜上后依次是炒菜、大菜、饭菜、甜菜、汤、点心、水果。现代中餐的编排略有不同，一般是冷盘、热炒、大菜、汤菜、炒饭、面点、水果，上汤表示菜齐，有的地方有上一道点心再上一道菜的做法。

菜单确立后，将菜单的各项内容再进行一次核查，使之更加完善，制订出一个正式的菜单。菜单交到配菜工作者的手中，就应该严格按照制订好的菜单组配原料，不能擅自进行调整，如有问题，应立即联系相关人员进行协商处理。

四、宴席菜肴设计中的合理营养要关注

（一）应注意选用多种烹调原料来设计菜肴

只有运用多种原料来进行配菜，才有可能使配出的菜肴所包含的营养素种类比较全面。因此，在配菜时，应该按照每种原料所含营养素的种类和数量来进行合理选择和科学搭配，使各种烹饪原料在营养上取长补短、相互调剂，从而改善与提高整席菜肴的营养水平，达到平衡膳食的目的。为此，在宴席设计时除选用禽畜肉类和蔬菜以外，还应注意选取以下几类原料：

（1）内脏类：动物的内脏器官（如肝、肾、心等）一般比其他器官生理代谢作用要快。因此，所含的营养成分也丰富，特别是其中含有丰富的维生素 A，还含维生素 C，这正是肉类食品所缺乏的。同时内脏的品种较多，色泽、形态、味道各异，能烹制出不同风味菜肴。

（2）大豆及其制品：大豆中含有高达 40% 的优质蛋白质，这是获得优质蛋白质较经济的来源。大豆含的维生素 B_1、维生素 B_2 和钙、磷、铁很丰富，还含有肉类及许多动物性食品所缺少的不饱和脂肪酸。豆制品如豆腐、豆腐干、千张等不仅含有丰富而易消化的蛋白质，且能丰富我们的菜肴品种和调剂荤菜的口味，也有防癌健身等特殊作用。

（3）鱼虾类：鱼类蛋白质含量为 15%~20%，和内脏相近，鱼肌肉蛋白组织结构松软，所以比禽畜肉类蛋白容易消化，鱼类脂肪与禽畜肉类不同，大部分是由不饱

和脂肪酸组成，通常呈液体状态，易消化，吸收率可达 95% 左右，鱼中钙、磷、碘含量比肉高，含维生素 B_1、维生素 B_2 也比较多；另外虾、虾皮中蛋白质和钙的含量也很高，所以应注意选用。

（4）鸡蛋：鸡蛋是目前已知天然食物中较优良的蛋白质，它含蛋白质数量多、质量好，其氨基酸组成与人体组织蛋白质的氨基酸组成接近，因此利用率高，故在配菜时应该多考虑选用。

（5）食用菌类（蘑菇、香菇等）：食用菌类不仅鲜美可口，是佐味之上品，而且含有丰富的蛋白质、多种氨基酸和维生素，还含有抗病毒、抗癌、降低胆固醇的成分。所以近年来，它在世界上有"健康食品"或"素中之荤"之称，也应注意采用。

此外，花生、核桃仁、松子、芝麻等，不仅含有丰富的优质脂肪，而且含有较多的蛋白质、矿物质和维生素，特别是植物脂肪多由不饱和脂肪酸、必需脂肪酸、卵磷脂组成，对弥补荤菜荤油的缺陷和改善筵席的营养成分极为有利，应当在配菜中尽量选用。

（二）应注意蔬菜、瓜果在宴席中的营养作用

新鲜蔬菜、瓜果含有丰富的维生素 C，用它能弥补筵席动物性菜肴缺乏维生素 C 的缺陷。并且还含有较丰富的维生素 B_2 及胡萝卜素。蔬菜、瓜果富含钾、钙、钠、镁等成分，不仅能提供动物性菜肴所不足的矿物质，而且蔬果中的碱性元素可以中和肉、鱼、禽、蛋在体内代谢时所产生的酸性，对调节人体内酸碱平衡起着重要的作用。蔬菜、瓜果是供给人体植物纤维素和果胶的重要来源，纤维素和果胶能促进胃肠蠕动，调节消化功能，有助于食物的消化，利于排便，并可加速某些有害物质的代谢过程，因此是合理膳食必不可少的组成部分。

（三）应注意汤菜、面点和新鲜水果在宴席中的作用

鸡、鱼、肉汤中都含有一定量的营养成分，它能使汤汁浓稠鲜美可口，有刺激胃液分泌，增进食欲和促进消化的作用。温度适宜时，这种作用愈加显著，所以应该讲究制汤的技术，提高汤菜的质量。

面食、点心应与菜肴一样，力求花色品种多样化，感观性状良好，并且要适时

或提前上席，以便吸引进餐者选食。

另外，应当注重席间或餐后上水果。新鲜水果，不经烹调加热，维生素的保存率高，并且水果中还含有多种有机酸（如柠檬酸、酒石酸和苹果酸等）。因此它对弥补筵席蔬菜的不足，减轻菜肴的油腻感和帮助进餐者消化及其合理营养均具有一定的意义。

（四）应注重"荤素搭配"菜的应用与研制

1. 少配"单料菜"

单料菜是指一份菜没有辅料搭配，由单一的原料构成，由于它只包含一种菜肴原料，因此，这种菜所含营养素的种类不全，应该在配菜时尽量做到少配。除某些具有特色风味的单料菜外，一般都应提倡在主料中搭配辅料。特别是应注意搭配蔬菜、瓜果类。搭配辅料，能起到增补主料所含营养成分的不足或缺陷，并且对主料还可能起到增添色、香、味、形的效果。这对于改善和提高菜肴的营养价值和质量均有一定好处。例如，烧菜类的红烧肉加土豆、萝卜等；炒菜类的炒蛋添葱头、番茄及其他蔬菜。

2. 适当改变"主辅料"菜的比例

配主辅料菜通常以动物性原料为主料（约占三分之二或五分之四）、植物性原料为辅料（约占三分之一或五分之一）。应当酌情增大素菜在整个菜肴中所占的比例，以充分发挥素菜的营养特长，或者增添以植物性原料为主料、动物性原料为辅料的菜肴。例如，北京菜中的"八宝豆腐"，是以豆腐为主料，火腿、鸡肉、虾仁等为辅料的名菜；扬州菜中的"煮干丝"，是以豆干丝为主料，火腿、虾米为辅料的名菜。

──**知识拓展**───────────────────

酒与菜的合理搭配

所谓好酒配好菜，色香味俱全的菜自然要配上好酒才是真正的享受，但是许多人往往只注意感官上的享受，常常忽略食物间的营养搭配，下面就是几种既注意营养又能兼顾口感的酒与菜搭配。

（1）单宁含量高的酒与肉质食品：葡萄酒中富含单宁，单宁含量越高酒的口感越紧致；而肉类食品中有丰富的蛋白质，二者之间相互的化学反应能使干涩的酒口感软滑，而且肉质也会变得很鲜嫩，如弗瑞斯里昂之心干红配牛肉，或者弗瑞斯莱纳配羊排。

（2）甜味酒和咸味的食物：食物的咸味可以明显增加甜味的口感，如水果火腿等。酒也如此，如慕斯卡特甜白葡萄酒配干酪，波特酒配熏火鸡。

（3）酸性酒配油腻的食物：酸可以分解脂质，所以很多油腻的食物或是油炸的食物配高酸的酒能够降低食物的油腻感，如烤鸭配弗瑞斯莱纳干红，或者红烧猪排配干红。

（4）微甜酒配辛辣食物：中国四大菜系的川菜有着数之不尽的辣味菜肴，其实这些菜配上微甜高雅的葡萄酒是非常大气美味的选择，如配德国葡萄酒，可以降低辣味，但是香味浓郁的葡萄酒不合适，因为强烈的酒精与辣共同刺激感官会过于刺激。

（5）食物香气与酒香气：食物中的香气尽量要与酒的香气形成反差，相互形成互补，如日式料理清淡的香气与老藤拉歌王子干红，弗瑞斯里昂之心与水果沙拉。

实践任务点

请以"生日宴"为主题尝试设计一套宴席菜单，要求符合主题相关设计菜肴，根据成套宴席组配技术进行合理选材、合理配料，并合理控制成本，成本为 2000 元 / 桌。填入表 5-3。

表 5-3　成套菜肴宴席设计

菜肴类别	菜肴名称	主料和辅料	菜肴特点	成本核算
冷菜				
热菜				
汤菜				
点心				
水果				

模块六
火候运用技艺

◆ 模块导读

　　清代·袁枚在其《随园食单》火候须知单中，对火候的一番阐述甚为精当："熟物之法，最重火候。"中华几千年饮食文明展现古人对火候与烹调的关系早有认识基础。在业内还有句行话："三分技术，七分火候。"足见火候对烹饪而言的重要性。它对菜肴的外观、味道、口感等都有影响。与此同时，"熟悉油温、控制火候"是烹饪行业内的俗语，看得出是两项相关度高而且必备的基础性知识技能。本模块将对火候技术的运用进行描述，以灵活运用于烹调制作过程。

● 能力培养

1. 掌握火候和油温基本识别方法。
2. 了解烹调中热量传递的方式和种类。

● 知识拓展

1. 传统观测油温的方法。
2. 微波炉加热食物的原理。

● 案例导入

空气炸锅加热食物实验

"空气炸锅"宣称利用空气循环代替油炸，"低油"甚至"无油"就能进行煎炸、烤制出降低脂肪含量的美食。究竟空气炸锅制作的食物是否美味，是否值得购入，记者分别采用普通油炸和使用空气炸锅的方式，对成品结果进行对比。

记者选取薯条、鸡翅、鸡柳、带鱼、春卷五种不同的食材进行了测试，针对空气炸锅宣传的"低油、无油"，分别采用空气炸锅和普通油炸两种方式，对5种食材进行对比，测试结果展示了温度、操作过程以及吸油纸状态，能够直观看到两者的差别，从而得出空气炸锅确实低油。

通过记者自身对这5种食材的烹制测试以及不同试吃员对成品口味的评价，基本上能够得出以下的结论：

（1）便利程度：空气炸锅操作简单便利，一键操作。全程基本上无须刻意看管，可同时进行其他的事情，适合没有做饭经验的新手使用。油炸必须全程照看，对油温和火候需要实时关注。

（2）消耗时间：空气炸锅一般炸制都需要 10~20 分钟的时间，如果量小的话，不如直接油炸方便，如果量大，又会受内筒限制，无法一次完成较多食材的制作。耗时较长，油炸时间相对较短。

（3）安全性：空气炸锅封闭操作比较安全，但金属内锅出锅时温度非常高，易被烫伤，也很容易把灶台烫裂，要避免内锅跟外壳接触。而油炸需要防止油锅烫伤和溅油烫伤。

（4）耗油量：空气炸锅不使用油，相对健康，本次测试中油炸共使用 150 毫升食用油，全部食材炸制完毕还剩约 80 毫升，消耗了约 70 毫升的油。

（5）口味：一般来说像鸡翅等肉类自身含有油脂，口味一般不会太差。类似于鸡柳类的外面包裹面包糠的食材，由于缺乏油分，口感偏干，大家普遍觉得风味较差，不容易接受。而像薯条、春卷由于油炸与非油炸各有风味、特色，两种烹制方法都各有受众群。

（资料来源：http://legal.people.com.cn/n/2015/0424/c188502–26895709.html）

● 案例分析

1. 空气炸锅的工作原理是什么？

2. 空气炸锅加热成熟食物时是否一定更加健康？

项目一　火候鉴别与油温的控制

火候是对食物烹调过程中，根据菜肴原料老嫩硬软与厚薄大小和菜肴的制作要求，采用的火力大小与时间长短的技术。烹调时，一方面要从燃烧烈度鉴别火力的大小，另一方面要根据原料性质来掌握成熟时间的长短。两者统一，才能使菜肴达到要求。

一、火力的分类与鉴别

火力，是来自煤、柴、燃油类、天然气、煤气、沼气、石油气等可燃气体与空气中氧产生化合作用（即燃烧）发出的高热。因此，只要控制燃料的多少或控制送入炉中的空气多少，就可以获得大小不同的火力。在菜烹调中，把火力分为旺火、中火、小火及微火。一般根据热力强弱、火焰高低、火光明暗程度来鉴别。

（一）旺火

灶具能效指数（火力指数）>2.5：旺火又称为猛火、大火、急火或武火，火柱会伸出锅边，火焰高而安定，火色呈蓝白色，热度逼人。烹煮速度快，一般用于缩短菜肴加热时间，减少营养成分损失的快速烹制，可保留材料的新鲜及口感的软嫩，保持原料香、酥、脆、嫩，适合如炸、爆、炒、汆、烫、蒸等烹调方法。

使用的主料多以脆、嫩为主，原料本身含水量较多，而烹调方法又要求急火快炒，如葱爆羊肉、涮羊肉、水爆肚等。

（二）中火

灶具能效指数（火力指数）在 1.4~2.5：中火又称为文武火或慢火，火力介于旺火及小火之间，火柱稍伸出锅边，火焰较低且不安定，火光呈蓝红色，光度明亮，发热量大，热气较大，一般用于较慢的烹制，如卤、烧、烩、煎、干烧、干煸。

（三）小火

灶具能效指数在 0.6~1.4，小火又称为文火或温火，火柱不会伸出锅边，火焰小且时高时低，火光呈蓝橘色，光度较暗且热度较低，光度暗淡，发热量小，热气不大。一般用于较长时间的烹制，使原料酥烂而有清汤的烹调方法，如烧、炖、焖、煨等。

（四）微火

灶具能效指数（火力指数）<0.6，微火又称为烟火，火焰微弱，火色呈蓝色，光度暗且热度低。一般适合于需长时间炖煮的菜，一般用于酥烂入味的炖、焖等菜肴的烹调。

二、油温

（一）油温的识别

油温，是指食油下锅后加热达到的温度。油加热时能达到的最高温度约为300℃。用油传热在菜烹调中运用得最广泛，用油的温度一般在 60℃~220℃，大致分为旺油（高温）、热油（中温）、温油（低温）。人们习惯用"成"表示油温，"一成热"指油温大约为 30℃，"两成热"指油温大约为 60℃，以此类推。虽然现在有测油温的温度计，但在烹饪时使用势必会影响做菜的速度，进而影响成品的味道和口感，所以还是推荐采用传统的方法观测油温，见表 6-1。

表6-1　油温识别与鉴别参照

油温类别	油温成数	识别方法	适用范围
旺油锅	七至八成	油温在170℃~220℃，油面平静，冒青烟，搅动时有炸响声	适宜于火爆杂拌、干烧岩鲤、凤尾腰花等炝爆、重油炸、炒的菜肴，有脆皮、凝结原料表层、不易碎烂等作用
热油锅	五至六成	油温在110℃~170℃，四周有少量青烟向锅中间翻动。油面泡沫消失。搅动时有微响声	适用于干煸牛肉丝、软炸虾糕、小煎等炸、炒、煎、干煸的菜肴，有酥皮增香，不易碎烂的作用
温油锅	三至四成	油温在60℃~110℃，油面微动，有泡沫，无青烟，无响声	适宜于熘鸡丝、鸡火白菜、三鲜鸡糕等熘、滑和浸炸的菜肴，有保鲜嫩、除水分等作用

（二）油温的掌握

油温的掌握，是一项比较复杂的技术，一般只能凭实践经验来辨别。如许多烹调师习惯用温油锅下料，油温始终保持二成热以上五成热以下，因为二成热以下的油温，会使原料上的糊浆脱落，成菜变老，失去码芡时挂糊上浆的意义；而超过五成的油温，则会使原料黏结成块，使原料表面发硬变老。因而除了正确识别油温以外，在具体烹制菜肴时，还要结合火力大小、原料质地、投料多少，以及菜肴对烹制技法与用油量的要求等来灵活掌握适当的油温。

1.根据火力大小掌握油温

原料旺火下锅时油温应低一些，因为旺火可使油温迅速升高，容易造成原料黏结散不开、外焦内不熟的现象。原料中火下锅时油温应高一些，因为用中火加热，油温上升较慢，原料下锅后油温下降会造成脱糊、脱浆现象。如果火力太旺，油温上升太快，应立即将锅端离火口或部分离火，或者不离火冲入凉油降温即可。

2.根据投料多少掌握油温

投料多的，原料下锅时油温应高一些。因原料多，下锅后油温必然迅速下降，回升慢，故应油温高些下料。投料少的，原料下锅时油温应低一些。因为原料少，油温降低的幅度小，回升又快，所以应在油温较低时下锅。此外，油温还要根据原料的老嫩和形状大小，适当把握。

观测油温的传统方法

传统上观测油温主要有看（油烟、油面波动情况）、听（油中的水分发出的声响）、触（感受油面的温度）以及试（将肉片或大葱放入油中）4种方法。

三四成热的油。看：油面比较平静。听：有比较密集的噼啪声，因为油中有极少的水分。触：将手掌放至离油面5厘米处，掌心感觉微热。试：将一段大葱放入油中，其四周会泛起很多小油泡。如果放入的是肉片，则肉片会立刻沉至锅底，之后会缓慢地浮上来。

五六成热的油。看：油面似动未动。听：噼啪声减少，变得没有那么密集。触：将手掌放至离油面5厘米处，掌心感觉较热。试：将肉片放入油中，肉片会沉至锅底，其四周会泛起更多的小油泡，不过肉片很快会浮上来。此油温可谓万能油温。如果你需要三四成热或者七八成热的油温，可由于判断失误，不小心在五六成热的时候将原料下锅了，将火关小些或者开大些或许还可以挽救。

七八成热的油。看：油面边缘微微向中间波动，有烟似有似无地冒出。听：间隔很久才会发出一两声噼啪声，甚至没有噼啪声。触：将手掌放至离油面5厘米处，掌心感觉很热。试：放入肉片，肉片几乎不会沉下去，而且四周会泛起很多油泡。

九成热以上的油。油面会冒青烟，而且滚动得比较厉害。这时千万别用手掌测试。烹饪时几乎不使用九成热以上的油。一方面，油的温度太高有起火的危险；另一方面，九成热以上的油中会产生毒素，对身体健康不利。

—实践任务点—

荷包蛋煎得很完整，需要火候把握得很好，能使荷包蛋吃着很嫩。正确的煎鸡蛋的做法，煎荷包蛋时，不可让鸡蛋和锅底直接接触。请按照以下要求，煎白嫩荷包蛋。

原料与器具

原料：鸡蛋1枚，食盐和温水适量

器具：平底锅1个

制作要求：

刚开始打鸡蛋需要完整不破损；煎鸡蛋一定要选择热锅热油，因为鸡蛋清一遇热油就会凝固，这样可以更好地定形；煎鸡蛋时，沿着鸡蛋白的四周倒入温水。千万不可直接向锅里洒入温水，不然会由于温差过大，鸡蛋会因为冷热不均而发生爆炸。

项目二　热量传递的烹调运用

食物由生到熟是食物吸收了一定的热量，而食物吸收热量一定有种"推动力"。事实上，这种推动力就是温差，由于有温差的存在，热量才会从高到低地传递下去，这就产生了热传递的过程。了解热传递需要了解热传递的方式以及传热的介质，以促进烹调过程的合理运用。

一、烹调中传热方式

热量从高温的物体到低温的物体或者从物质的高温部分传递到低温部分，这种现象称热传递。烹调过程中，我们大都喜用传热能力强、保温性能优良的厨具，目的就是便于更好地进行热传递，把热能通过厨具传给烹调原料，使其转变成可以食用的食物。热传递的方式有传导传热、对流传热、辐射传热三种形式。

（一）传导传热

分子受热后加速运动，分子之间相互撞击加剧，在碰撞过程中能量较高的分子把部分能量传给能量较低的分子，直至达到能量平衡为止。这是热量传递的基本方式之一，是固体的主要传热方式。

（二）对流传热

对流传热靠液体和气体的流动，使液体和气体中较热部分和较冷部分之间通过循环流动并相互渗透使温度趋于均匀。仅限于气体和液体这样可以流动的物质，分子受热后膨胀，能量较高的分子流动到能量较低的分子处，把部分能量传给能量较低的分子，直到达到能量平衡为止。这是液体和气体特有的传热方式。

（三）辐射传热

辐射是热传递的又一种基本方式，也是自然界最普遍存在的传热现象。它不需要任何传递介质（既不依靠流体质点的移动，又不依靠分子之间的碰撞），而是借助波来传递能量。辐射只能把热能传递到原料的表面，而烹调原料内部的受热仍需由传导、对流等形式进行热的使递，烹调中使用的辐射传热主要是借助各种电磁波来进行的。

1. 热辐射

利用烤炉的辐射传热直接对原料进行加热，使烹饪原料成熟。

2. 远红外线辐射

波长介于红外线和微波之间的电磁辐射，它具有较强的热效应，容易为物体吸收。故通常用远红外线烤箱烘烤食品。当烹饪原料的物质分子吸收电子微波辐射后，它们就开始振荡产生分子间的相互碰撞、摩擦而产生热量并向外扩散，从而使原料成熟。

3. 微波辐射

利用电子传热方式合成的微波炉（电子炉），已被广泛使用。微波炉使用一个磁控管来产生一种类似于光波形式的能量，原料吸收高频电子波的能量，引起内部分子振荡产生热能。电子传热使原料的水分蒸发很大，某些菜肴应在烹制加热过程中封闭，以保持水分。

二、烹调过程中的热传递介质

（一）以水为传热介质

以水为传热介质，主要是利用水的对流传递热量。但不是烹调过程中最常用、最基本的传热介质，纯水在1个标准大气压下的沸点是100℃。当对水加热时，水的体积变大、密度变小，热的水上升，冷水向下运动，形成对流。当水温到达100℃时，水开始沸腾。在加热过程中，以水为传热介质，通过对流作用，把热量传递给原料，原料再通过传导，使内外部的温度逐步平衡，从而使原料不断升温直到成熟，形成软嫩的口感。

（二）以油为传热介质

以油为传热介质，主要是利用油的对流传递热量。油的沸点比水高得多，因此，可以利用的范围比水宽。用油作为传热介质有以下特点：

（1）油的沸点比水高，用油导热能使原料缩短加热时间和加快成熟速度，使一些质地鲜嫩的原料在加热过程中减少水分的流失，保持了脆爽软嫩的特点。另外高温也能使油分子驱散原料表面和内部的水分子，使原料香脆。

（2）用油导热制作出的菜肴香味浓郁。动物原料中含有酯、酚、醇等有机物质，加热后能离析逸出，它们与油分子一起散发出来，所以香味较浓。

（3）用油导热制作出的菜肴表面光润柔滑，这主要是油分子浸润的效果。

（4）用油导热还能最大限度地突出原料的本味。这是因为原料中的水分外逸，提高了原料本味的浓度，有些还吸收了一部分油脂。

总的来说，用油为介质可以使食物中的水分迅速汽化成熟，从而形成外脆里嫩、里外酥脆、软嫩等几种典型的口感。

（三）以蒸汽为传热介质

用蒸汽为传热介质主要是依靠水蒸气的对流使食物原料受热的。蒸汽实际上就是达到沸点而汽化的水，所以，以蒸汽为传热介质实际上就是以水为传热介质的发展。不过，用蒸汽传热的速度要比沸水快，而且可较好地保持原料的形状，使原料和各种营养成分不易流失。因此，汽蒸成熟的菜肴软嫩入味，形状美观。用蒸汽传热，蒸汽的温度主要决定于火力的大小和各种笼屉的密闭程度。在标准大气压下，蒸汽的温度也只有100℃，但如盖紧锅盖开大火，可使笼里的温度达到102℃~105℃，因此，同样形状和同样形态的原料，用汽蒸比水煮成熟的时间要短，可使原料达到软、嫩、烂的口感。

（四）以热空气为传热介质

以热空气为传热介质主要用于烘、烤两种烹调方法。它是利用强烈的辐射和对流作用来传递热量，使烹饪原料的温度升高而成熟的。用空气传热，其温度的高低取决于炉灶的结构、形式、热源火力的大小和均匀程度。

（五）以盐或砂粒为传热介质

以盐或砂粒为传热介质，是以热传导的方式将热量传递给食物原料的。介质温度的高低，由火力的大小来确定。在以盐或砂粒为传热介质时，必须不断地搅，使介质和原料受热均匀。此外，还有用泥、面粉等物质来传递热量的。

三、烹饪热传递过程中热的封锁现象

烹制食物过程中，我们有时候会遇到这样一种情况：如粽子要一次性煮三至四小时至熟，若一次性煮不熟，待粽子稍凉后再煮，不管煮多长时间，中间仍然夹生；鸡蛋要一次性煮熟，否则未煮熟的鸡蛋稍凉后再煮，需用加倍的时间，才能使热传递到鸡蛋内部才能至熟；如像蒸馒头、煮大块猪牛肉等，也会出现类似情况。最明显的例子是扬州千层油糕，必须一次性大火足蒸50分钟至熟，否则，不管怎么蒸也蒸不熟。

此外，烹饪的热传递还有另外一个现象，就是煮整鸡、整鸭、大块肉时，火力旺反而不易煮透、煮酥烂，相反，用中小火煮反而易熟烂。在烹饪过程中，以上现象可以讲是屡见不鲜的，这种现象在烹制食物中称为热传递过程中热的封锁现象。

模块六　火候运用技艺

（一）造成热封锁现象的原因

任何食物原料都是由六大营养素组成的。这六大营养素包括蛋白质、碳水化合物（淀粉）、脂肪、维生素、水、矿物质。其中维生素、矿物质在食物中的含量甚微，在烹饪热传递过程中忽略不计。水是食物原料中的主要成分，也是良好的传热介质。一般来讲，含水分多的食物原料，烹饪时易成熟，如蔬菜原料、鲜嫩的动物性原料。含水分少的食物原料，烹饪时间要长一些。其次是脂肪，脂肪也是良好的传热介质。从实践来看，肥肉与瘦肉一同烹饪，肥肉易熟，而瘦肉却不易熟，油脂是烹调的主要传热介质。

剩下的就是淀粉和蛋白质，这两种成分是出现烹饪热传递过程中热的封锁现象的主要因素。淀粉和蛋白质都是热的不良导体，热的封锁现象的出现，主要是原料中所含的淀粉和蛋白质在加热过程中，出现了明显的物理变化，淀粉吸水膨胀形成糊化层，蛋白质受热变性形成变性层。

以上问题的提出，其前提都是以水作为加热介质来讨论的。在加热过程中，热的传递犹如接力跑。首先是火焰将热传给铁锅，铁锅将热传给水，水又将热传递给原料。原料本身热的传递也是由外层向内层逐步渗透。热的本质是物质内部的分子运动速度。分子在运动过程中，遇到的阻力小，则食物很容易成熟，如果遇到一定的阻力，热传递速度减慢，则食物熟得就慢。

在煮粽子过程中，糯米都是由支链淀粉组成的。这些支链淀粉受热后，外层糯米首先膨胀糊化。这种糊化层只要不冷却，是不会坚挺的，在一直加热的过程中始终处于一种绵软糊化状态。此糊化层随着加热时间的延长，会逐渐加厚，热的传递逐渐受到越来越大的阻力，所以煮粽子需长时间焖煮并一次性成熟。若粽子未煮熟，一旦冷却，糊化层就会变成坚挺的溶胶，这层坚挺的溶胶是热传递的最大障碍。粽子四周形成了一个完整的屏障，阻碍着热的传递，因而产生了热的封锁现象。

煮鸡蛋过程中，鸡蛋清外层受热变性，在继续煮制的过程中，这种变性蛋白不会坚挺，仍处于一种柔软的状态，当然，对热的传递会有一定阻碍，但只要一次性加热至鸡蛋熟，这种阻碍不会对热的传递出现问题。若鸡蛋煮至半熟捞出用冷水淋凉或自然冷却，发现没有煮熟再煮，就将花费数倍时间，甚至就不会煮熟透。这是因为蛋白质对热的传递形成了封锁现象。大块肉、整鸡、整鸭，用大火煮制，热量首先过早地使外层蛋白质急剧变性，也使脂肪过早溢出，蛋白质形成变性层，一定程度上阻碍了热的传递，热封锁现象出现，则欲速不达。若用中小火以较长时间加热，使蛋白质变性处于一种流变状态，则会收到事半功倍的效果。无怪乎苏东坡《食猪肉诗》："少著水，慢著火，火候足时他自美。"

（二）解决热封锁现象的方法

在烹饪过程中，充分考虑到热的封锁现象，防止其发生主要有三种方法：首先，正确运用火候，力求一次性使食物原料成熟。其次，选用蒸汽蒸笼、高压夹层锅、高压锅之类的先进炊具，压力增加，加热介质水的温度相应提高，使热的传递加快及穿透食物原料的能力加强。最后，是采用现代化的烹饪手段，如微波烹饪，颠覆了热传递由外及内的形式，穿透力强，不会出现外熟内不熟的夹生现象。

── 知识拓展 ──────────────────────────

微波炉到底是怎么加热食物的？

厨房里的微波炉是"20世纪改变世界的十大发明"之一。快速加热食物当然是微波炉的属性。短短几分钟里，既没有火也没有发热物体，食物是如何被加热的呢？

微波是一种特殊的"光"，和可见光一样是一种电磁波。但因为微波的波长超过人眼的感受范围，所以，它在我们眼前"隐身"了。放在微波炉的食物，一般都含有水分。水分子是极性分子，一头带正电，一头带负电。水分子通常是杂乱无章地分布着。

但是当水分子遇上电场，它会调整方向。带正电那头与电场方向一致，带负电的那头则与电场方向相反。一旦电场转动起来，会带着水分子一起振荡。电场转动起来，就会形成电磁波，而电磁波携带着能量。

有一个问题：为什么微波炉明令禁止使用金属容器呢？在微波炉中加热时，微波遇到"金钟罩"就被反射了。而真正危险的是，在强大的微波作用下，金属中的自由电子快速移动，产生的电弧会击坏微波炉内壁，毁坏微波炉中的电子元器件，甚至把微波炉烧毁，所以在微波炉内使用金属器皿绝对禁止。

── **实践任务点** ────────────────────

　　盐焗虾是潮汕经典菜肴，是以草虾为主料，加入多种调味料制成。虾营养丰富，富含蛋白质、矿物质及维生素 A 等成分，且其肉质松软，易消化，对身体虚弱以及病后需要调养的人是极好的食物。按照以下要求和步骤，选用原料，制作盐焗虾。

　　原料与器具

　　原料：草虾 12 只

　　器具：专用盐焗纸 12 张，海盐，竹签 12 支，加料酒、酱油、胡椒粉、大蒜粉、葱姜适量。

　　制作过程

1. 先将草虾洗净去脚、头尖，用调味原料腌制 1 小时。

2. 再用竹签穿好，包上盐焗纸备用。

3. 支平底锅，烧热后放粗盐进去翻炒，加热至盐粒发烫，按需放一点花椒。

4. 盐粒开始变浅黄褐色，花椒散发出香味，将虾放入盐里焗。焖大概 8 分钟。

模块七

原料初步熟处理技艺

● 模块导读

烹饪原料的初步熟处理，也称前期热处理、加热预处理等，是指把经过加工整理的烹饪原料放入水锅、油锅、蒸锅中，用焯水、过油、走红或汽蒸等方法再行加热处理，使之保色、保鲜、保脆嫩，排血污、除异味，或达到半熟，使其成为半成品，以备正式烹调之用的加工过程。本章将以焯水、过油、走红、汽蒸的技术方法详细介绍初步熟处理在烹调加工中的运用。

全国旅游高等院校精品课程」系列教材·中式烹调技艺

● 能力培养

1. 掌握焯水、过油、走红、汽蒸等初步制熟处理的方法。
2. 了解焯水、过油、走红、汽蒸等初步制熟的注意事项。

● 知识拓展

1. 不同原料焯水小技巧。
2. 炸肉剩下的大锅油如何变清。
3. 解密脆皮水，色亮皮脆的秘密。
4. 蒸菜方法之足汽蒸法和放汽蒸法。

● 案例导入

食物焯水六大好处

很多食物烹调过程中需要焯水。简单地说，焯水就是将初步加工的原料放在开水锅中加热至半熟或全熟，再取出备用。这么做有几大好处。

1. 使蔬菜的颜色更鲜亮

叶菜经适当焯水后，颜色变得翠绿鲜亮，比以前更加好看。但需要提醒的是，如果焯水时间太久，叶绿素结构被破坏，蔬菜颜色就变暗了。并且，其中的水溶性营养成分流失。

2. 去除草酸

菠菜、苋菜、马齿苋、鲜竹笋、苦瓜、茭白等蔬菜草酸含量较高，不仅带有苦涩味，摄入过量还会影响钙等营养素的吸收利用。焯水可去除部分草酸。

3. 去除亚硝酸盐

跟其他蔬菜相比，香椿亚硝酸盐含量较高，可能在体内形成致癌物。用热

118

水焯烫香椿1分钟左右，就可除去2/3以上的亚硝酸盐和硝酸盐。

4. 降低农残

热水中，农药的溶解性增强，因此去除农残的效果比冷水好。研究显示，焯水1~10分钟，去除农残的效果都不错，而且并非时间越长效果越好。

5. 破坏毒素

芸豆、扁豆等含皂素和植物血凝素，如果没有煮熟烧透，容易引起中毒症状。将豆角两头的尖和丝去掉后，用沸水焯5分钟后再烹调，能有效破坏毒素。鲜黄花菜中含有的秋水仙碱也易引起中毒，建议沸水焯5分钟后炒熟食用。

6. 去除异味

豆腐烹调前用水焯一下，不仅有助于去除豆腥味，还会使豆腐更紧致，做菜时不容易碎。大部分猪肉或者质量不太满意的牛羊肉，烹调之前最好先做焯烫处理，否则直接下锅可能味道不正。

（资料来源：http://www.hi.chinanews.com/hnnew/2019-04-23/4_106676.html）

● 案例分析

1. 植物性原料焯水的主要意义有哪些？
2. 查阅相关资料，尝试分析动物性原料焯水需要注意什么。

项目一　焯水技术

　　焯水又称氽水、焯烫、出水、冒水、飞水、水锅等，是指把经过初加工后的原料，放入水锅里短时间加热后捞出的热处理方法，符合烹调要求的半熟或刚熟程度的半成品。

一、焯水的作用

（一）对于动物性原料

　　焯水对动物性原料有助于保持其脆嫩度，如腰片、腰花经沸水焯制处理后，既可除去臊味，又能使其嫩度不受影响。

（二）对于植物性原料

　　焯水对于植物性原料不但能缩短原料在正式烹调时的受热时间，去除一些蔬菜类原料的苦涩味、辣味，还可以对某些绿色蔬菜保持其鲜艳的色泽。这是因为植物性原料受热后其酶的结构被破坏而失去活性，抑制了酶促反应。值得注意的是：焯水时间不能过长，否则会造成叶绿素脱镁而变成叶黄素，使绿色蔬菜变黄。有的干果类如板栗、核桃、莲子氽水后才容易去皮。

二、焯水的方法

焯水，依据投料时锅内水温的不同，可分为冷水焯和沸水焯两种形式。

（一）冷水焯

冷水焯又称冷水锅，是将原料投入冷水锅后逐步升温加热的焯水水方法。常用于冷水锅焯水的肉类原料，主要是牛肉、羊肉及家畜内脏，需要除去某种异味、腥膻和污血，这些原料如果下热水锅，表面会骤然受热紧缩，里外生熟不一，去不透。也适用于体积又较大的一些根茎类蔬菜，如竹笋、萝卜、山药、慈姑、土豆、芋头等。冷水锅焯水时，用水不要淹过原料，边加热边翻动，除牛羊肉外，应在水沸后及时出料，时间不要过长。

（二）沸水焯

沸水焯又称沸水锅，也常简称为汆、烫等，它是将原料投入沸腾的水锅中，待稍沸后随即取出的焯水方法。常用于热水锅焯水的肉类原料，主要是血污和异味较少的鸡、鸭、猪肉，以及蹄筋等肉制品。大部分绿叶蔬菜如白菜、青菜、绿豆芽、菠菜等及用萝卜、莴笋等根茎类加工的丁、丝、块、条也是下热水锅汆水，温度高、速度快可以保持菜的营养、脆嫩和色泽，如果下冷水锅煮的时间长，势必破坏其营养、色泽和脆嫩。

用热水锅汆水时，绿叶蔬菜、鸡鸭肝、海鲜等都要沸水快速出水，并用冷水漂清；容易脱色的菠菜、苋菜之类和色浅容易染色的土豆、笋等要单独汆水，以免互相染色；芹菜等有异味的原料也要单独焯，避免与其他原料串味。

三、焯水的注意事项

（一）掌握焯水时间

各种原料一般均有大小、老嫩等的不同，在焯水时必须分别对待。如蔬菜中的笋，就有大小、老嫩的差别，大的、老的，焯水时间应长一些；小的、嫩的，焯水时间就应短一些。焯水时间不足，就会感觉涩口；焯水时间太久，又会使鲜味走失。异味重又耐煮的原料焯水时间长一点，如羊肉；反之，则一烫即起，如鳜鱼在蒸前的烫表处理。

（二）不同原料分别焯水

有些原料具有某种特殊气味，如芹菜、萝卜、羊肉、大肠等。这些原料如与一般无特殊气味的原料同时同锅焯水，通过扩散和渗透作用，一般原料也会沾染上特殊的气味，严重影响它们的口味，因此必须分开焯水。另外，颜色深浅不同的原料也不能同锅焯水。

── **知识拓展** ──────────────────────────────

不同原料焯水小技巧

1. 蔬菜焯水时加点盐

从营养学角度分析，蔬菜焯水可增加水溶性营养物质的损失，如小白菜在100℃的沸水中烫2分钟，维生素的损失率便高达65%。若焯水时加入1%的精盐，便可减缓蔬菜内可溶性营养物质的流失速度。

2. 豆角焯水时最好加点碱

豆角在生长过程中，表面会形成脂肪性角质物质和大量的蜡质。由于这些物质遮蔽了豆角表皮细胞所含的叶绿素，因而豆角的碧绿色泽不突出，豆角的角质和蜡质物不溶于水，而只溶于热碱水中，故在豆角焯水时添少许碱，豆角便显得碧绿。

3. 蔬菜焯制后若不立即烹调应拌点熟油

蔬菜经焯水后如焯水后不立即进行烹调，便很容易变色并造成营养流失。如果将焯水后的蔬菜拌上点熟植物油，就能在蔬菜表面形成一层薄薄的油膜，这样既可防止水分蒸发，保持蔬菜的脆嫩，又可阻止蔬菜氧化变色和营养物质的流失。

4. 脆性原料焯水时间不能过长

如猪肚、墨鱼丝、田螺、海螺等。因为这些原料质地脆嫩而韧，纤维组织细密，含水较多，如焯水时间过长，其纤维组织会骤然紧缩，水分大量排出，使原料质地变得僵硬老韧，失去脆嫩感。因此，脆性原料焯水火候，当以下料后复滚为宜。

5. 动物类原料焯水后应立即烹制

畜禽肉经焯水处理后，内部含有较多的热量，组织细胞处于扩张分裂状态，如马上烹制，极易熟烂，同时这也可以缩短烹调时间，并减少营养素的损失。若焯水后不立即烹制，这类原料便会因受冷表层收缩，造成"回生"现象，最终导致成菜效果不理想。

── **实践任务点** ──────────────────────

动植物原料焯水实践练习

原料与器具

原料：排骨 1 斤、青菜 1 斤

器具：铁锅一个

制作过程：

1. 肉类和鱼类的焯水注意事项

切好的肉（排骨、大块肉、鸡肉等）在开水中焯水，变色即可；捞出沥干水分后可以进行下一步的烹调。

2. 青菜的焯水注意事项

锅中加水，水开了下青菜，注意控制焯水时间。焯过后的青菜应立即浸入冷水中，以保持颜色和口感。

项目二　过油技术

过油又称走油，就是将加工成型的原料，在不同油温的油锅内浸炸成半成品，为正式烹调缩短时间提供方便。过油的一般顺序为，洗净油锅、放油加热、放入原料过油、捞出备用。

一、过油的作用

过油能使原料具有酥脆或外焦内嫩的口感，这是其他方法所不能达到的。过油能使油分子渗透进土豆、茄子等含脂肪较少的原料，显著增加原料的芳香气味和风味。经过不同方法过油处理，原料颜色呈金黄、红艳或润滑洁白，增添了菜肴色彩。过油后原料形整不烂，保证了成菜的形态美观。

二、过油的方法

（一）滑油

又称划油，是指用中油量、低油温，将原料滑散成半成品的熟处理方法。滑油的原料一般是较小而薄，大都要经过上浆码芡处理，使之不同油直接接触，使水分不易外溢，以保持其鲜香、细嫩的质感。原料下锅要徐徐划开，使受热均匀，避免粘连。滑油，一般适用于烧、烩、煮的丝、丁、块、条等规格的原料，如鱿鱼肉丝、水煮鱼片、家常鱼片等。

（二）走油

走油，也称跑油、油炸，是指用大油量、中油温将原料炸成半成品的熟处理方法，为正式烹调缩短时间提供方便。由于其油温较高，能使原料定型、色美、酥脆或外酥内嫩。走油的原料一般是整形的或大块的原料，如用于煨、炖、蒸、焖、烧等法烹制的整鸡、整鸭、整鱼、大块肉，做脆皮鱼、豆瓣鲜鱼、红烧狮子头、葱烧鱼条、酥肉等。跑油的原料是否挂糊穿衣，则视菜肴的不同要求而定。

菜肴中要求外酥内嫩的如酥炸鱼条、软炸大虾等，应先用温油锅炸透捞出，待油锅温度升高，再用旺火旺油锅冲炸一下；要求内外酥脆的，则应在中火热油锅内炸一下后，再改用小火温油锅浸炸至酥脆。需要保持洁白的原料，过油时用猪油等白色动物油，同时还要注意火力不能太旺，油温不能太高，时间不能过长，以防原料变黄。

这里所说的油炸和烹调技法中的炸有区别，主要表现在目的不同，前者是半成品，后者是成品。如烹制京葱扒鸭、走油蹄髈等，都要先预制好半成品，而这些半成品在制作时需要油炸后再蒸或焖；还有的烹调技法，如焦熘、炸烹等，经过油炸后，再溜汁、烹汁。也就是说油炸是整个操作中的一道工序，这些菜大批量制作时预先油炸是必需的。

三、过油的注意事项

（一）正确掌握好过油的油温

油温是过油的关键，油温的高低要以原料过油后的质感来确定。一般过油后要求质感细嫩柔软的原料，应用温油；要求质感外脆内嫩的原料，应用热油、重油。

（二）投料数量与油量应成正比

要按成品质量要求掌握好过油时原料的质地、火力的大小、油温的高低、原料过油后的质感、油量与原料数量的比例、加热时间的长短这几者之间的关系。这样才会使原料受热均匀。

（三）必须注意安全，防止热油飞溅

原料放入油锅时，其表面水分骤受高温气化迅速溢出而引起热油四处飞溅，容易造成烫伤事故，因此必须设法防止。防止的办法有两种：一是下锅时，原料与油面距离应尽量缩短，迅速放入；二是将原料表面水分擦干。

— 知识拓展 ————————————————————————

炸肉剩下的大锅油如何变清的技术

炸过肉后油发黄，只需要多加 1 个步骤，往剩油里加点淀粉，黑油自动变白。如果用了 5 次以上的油，不建议操作，里面含有较多有害物质，淀粉无法吸附。

准备材料：剩余的老油适量，淀粉 100 克、水 30 毫升。

操作做法：

第一步：将淀粉和水混合在一起，不要太稀了，手感稍微有点硬效果更好。

第二步：将锅里的黑油烧到六成热（180℃），再把湿淀粉捏成一个个的小团

团，然后放入油锅中，开小火，炸 1 分钟左右。

第三步：1 分钟过后，关火，不需要捞出淀粉团，先让油锅静置 30 分钟后，再捞出淀粉团，将油过滤，这时您就会发现黑油就变清亮。

主要原理是：由于淀粉有很强的吸附能力，湿淀粉就能将油中的小分子黑色物质吸附住，还能将油中的异味吸收，所以黑油就能自动变得清亮了，而且淀粉将油中的异味吸收了，所以就能闻到动物油脂的香味，这样处理过后的剩油，用来炒菜也会特别香。

实践任务点

过油肉是山西省最著名的传统菜肴，历经代代厨师精心烹制相传至今，号称"三晋一味"。2018 年 9 月 10 日，"中国菜"正式发布，"山西过油肉"被评为山西十大经典名菜。请按照以下的操作步骤，制作一款过油肉。

主料：猪扁担肉 200 克

辅料：蒜瓣 5 克，罐装冬笋 20 克，黄酱 2.5 克，水发木耳 15 克，香醋 2.5 克，黄瓜 25 克，花椒水 5 克，净葱白 5 克，酱油 15 克，鲜姜 2.5 克，精盐 2 克，绍酒 5 克，湿淀粉 85 克，味精 2.5 克，鸡蛋 2 个，芝麻油 15 克，鸡汤 50 克，熟猪油 500 克。

操作过程

（1）扁担肉去净薄膜、白筋和脂油，横放在砧板上，用平刀下片法把原料翻转着片成 0.33 厘米厚的长带片，然后平放在砧板上，再直刀斜切成长 6.6 厘米、宽 4 厘米的斜方形片。

（2）冬笋、黄瓜切成与肉同样大的片，木耳大片的切小，葱切青豆大的片，姜去皮切姜米，蒜瓣去蒂切薄片。

（3）把切好的肉片放碗中，加黄酱、花椒水、酱油（5 克）、盐拌匀腌渍 8 小时。

（4）冬笋片焯一下，清水过凉放小碗中。加入木耳和切好的黄瓜片、鸡汤、绍酒、味精、酱油（10 克），湿淀粉（10 克）调成芡汁。

（5）炒锅上旺火，放入猪油烧五成热时下入浸好的肉片，迅速用筷子拨散，滑 5~6 秒钟倒入漏勺内沥去油。炒锅再放回火加入猪油（15 克），将姜末、葱片、蒜片炒出香味，将过好油的肉片放入，用醋烹一下再倒入调好的汁，炒匀，淋猪油（15 克）即可。

操作技巧

（1）"过油肉"一菜以油传热因过油而名，火候对此菜最为重要，是成败的关键。操作时油温要求165℃左右，过油最佳。

（2）肉片深浸的时间要充足，才能确保此菜质感的风味，中途要搅拌几次使其更加滋润均匀，并加盖和用湿布盖上防止风干。

（3）此菜在加热调味过程中，采取了点醋的方法调味，醋要点得适时、适度、适量，方能达到去腥增香的目的，操作时火力一定要足，掌握好时机。

（4）烹制此菜必须用洁净的熟猪板油，才能使菜肴发挥出应有的风味，用肥肉炼的猪油差些，其他的油脂效果更不佳。

项目三　走红技术

走红是指将原料投入各种有色调味汁中加热，或将其表面涂上某些调味品经油炸，使原料着上颜色，增加美观的一种初步熟处理方法。某些原料如整鸡、整鸭以及猪肘子等大块肉经过焯水、过油等初步熟加工，进一步上色入味以待进一步烹调使用。

一、走红的作用

（一）能使原料增色

各种家禽、猪肉、蛋品通过走红，能带上浅黄、金黄、橙红、金红等颜色，符合菜肴色泽的需要。

（二）增香味、除异味

走红过程中，原料不是在调味卤汁中加热，就是在油锅内炸制。在调料和温油的作用下，能去除原料异味，增加香鲜味。

（三）使原料定型

走红过程中，一些走红后还需要切配的原料，因走红加热定下形态，便于把握成品的规格。

（四）能杀菌消毒

因为过油走红时油温很高，能够起到很好的杀菌消毒作用。

二、走红的方法

（一）卤汁走红

卤汁走红也称为调味汁上色走红，将经过焯水或走油后的原料，浸没在按菜肴需要而调和的有色卤汁锅中旺火烧沸，再改用小火继续加热至上色的方法。如芝麻肘子、生烧转弯、豆渣全鸭等的坯料，就是经卤走红后再烹制成菜的。卤味常用八角、桂皮、花椒、葱、姜、糖、盐、酱油和红曲水等调成。

（二）过油走红

过油走红也称为涂料上色过油走红，就是将经过焯水的原料，按照菜肴的不同需要，在表皮涂抹料酒或酱油、饴糖等，下油锅中炸上色的。如咸烧白、香糟鸡、油淋鸭等的坯料，就是过油走红上色的。

三、走红的注意事项

（一）走红应用小火加热

采用调味汁走红时，水烧沸后，改用小火，调味汁的色泽及味道能慢慢渗透到

「全国旅游高等院校精品课程」系列教材·中式烹调技艺

原料的表面及内部，从而达到走红效果。

（二）防止原料烧焦及粘锅底

富含胶质的动物性原料，在采用卤汁走红时应在锅底放上垫底，如草绳、篾丝等。有皮的原料应皮朝下，如过油走红时，应贴着锅边缓慢滑下，迅速盖上盖子，谨防烫伤。

（三）必须注意原料的色泽

走红的原料，色泽应是红润光亮，用于上色的调料必须抹均匀，用水稀释或用醋稀释的调料应掌握浓度，过浓或过稀都会影响原料色泽。

（四）控制好火候及油温

卤汁走红时，先用大火烧沸汤汁，再改用小火涂料走红时，火力的大小、油温的高低及时间的长短都会对原料的颜色造成较大的影响，防止欠火或过火。

── 知识拓展 ────────────────────────

解密脆皮水，色亮皮脆的秘密

粤菜烧腊闻名中外，制作完美的烧腊，掌握好脆皮水，方能更好地调出其美味及色泽。

1. 原理篇：糖、醋、水、酒四大要素的奇妙组合

（1）糖与水：提色增甜的调味搭挡

脆皮水中的糖，更多指广义的糖类，常见的品种包括麦芽糖、蜂蜜等，在高油温的作用下，它会发生焦糖化反应，让食材颜色蜕变成诱人的深红，并带来淡淡的焦糖香气。有时候用多种糖混合增加风味，将5两冰糖和8两麦芽糖用4斤热水化开，以冰糖增加亮度与甜度、麦芽糖提升稠度，令菜肴呈现出漂亮的枣红色泽。

（2）醋与酒：紧实皮质的默契伙伴

酒和醋都具有一定的挥发性，刷完脆皮水后，挥发作用将带去鹅皮中的水分，并加速风干速度和上色效率，令皮质更加紧实。除此之外，由醋营造出的酸性环境能够加快在遇热时糖的脱水反应，从而让皮脆色亮的效果达到最佳。一般经典配方中将5

克红醋与 30 克白醋混合，再加入 10 克麦芽糖和 15 克玫瑰露酒，制成烧鹅皮水，出锅时再搭配卤汁，撒上黑椒，根植于传统菜肴的基础，却又展现出锐意与巧思。

2. 烹调篇：从调制到入菜，不容忽视的三大要诀

脆皮水的组合搭配只是塑造风味的第一环，后续还有诸多细节同样值得厨师注意。

（1）调制：厚薄掌握、搅拌均匀，缺一不可

脆皮水的调制不是机械地将糖、醋、酒、水归置在一起，而是需要按照同一个方向进行充分搅拌，如果搅拌不均，出现麦芽糖结块的问题，就很容易导致成品色泽不佳。

脆皮水的薄厚程度同样会直接影响成品的口感。过薄的脆皮水除了在提色入味方面都略显缺憾外，做出来的烧腊菜肴表皮更容易变韧，难以咀嚼。

另外，还需要注意的是，如果不采用刷脆皮水的方式，而是将整鸡直接浸入脆皮水中，对应的脆皮水比例也需要发生变化。

（2）使用：恰到好处的挂刷时机

常见的脆皮鸭是先将表皮无破损的鸭子洗净，以淮盐腌制，再用开水烫熟。但烫过后的鸭子不能马上挂脆皮水，而是要先稍微晾干，否则表皮溢出的水分会导致脆皮水挂得不均或很难挂上。如果是以炸制的方式处理食材，在挂脆皮水的时候则更需要趁热，利用热度让表皮充分吸收脆皮水，然后再进行风干处理。一般需风干 3~5 小时，温度以 20℃ 左右为宜，但切忌时间过长，否则容易导致颜色发黑。在炸制时，可以将油温控制在六成上下，然后用热油不断浇淋表皮，接着逐步升高油温，直至表皮呈现出美妙的枣红色，口感也将变得格外酥脆。

（3）保存：储存环境带来的不同影响

脆皮水在保存时的核心原则就是要减少微生物繁殖带来的变味或变质，而脆皮水中的醋本身就具有一定的防腐抗菌功效，因而日常将其放置在阴凉通风处即可。

如果是在炎热的夏季，其中的醋和酒精挥发速度会加快，密封放在冰箱中是更好的选择。此外，为了保证脆皮水风味不变，还需要经常在脆皮水中按照比例添入糖、醋、酒、水四大要素。

实践任务点

请按照以下的操作步骤，运用走红技术，制作一款秘制猪肘。

主料：猪肘1只；辅料：白酒、蜂蜜、姜、蒜、花椒、辣椒适量

制作过程：

（1）先把猪肘洗干净，在锅里面放上清水，把猪肘放在锅里面，焯熟之后备用。

（2）取一个碗，里面加上白酒、蜂蜜，搅拌化开。

（3）把蜂蜜抹在猪肘上面，涂抹均匀。

（4）锅里面放上油，把猪肘放在锅里面，炸至金黄色捞出备用。

（5）在猪肘上面撒上食盐，涂抹均匀，放在碗里面。

（6）在碗里面加上姜、蒜、花椒、辣椒、少许的蚝油、酱油、少许的醋，涂抹均匀。

（7）锅里放上水，把盛有猪肘的碗放在锅里面，盖上盖子蒸一下。

（8）煮上一个半小时以上就可以出锅。

项目四　汽蒸技术

汽蒸又称蒸锅，是以蒸汽为传热介质，将已加工、整理的原料，采用不同火力蒸制成半成品的熟处理方法。要求掌握好原料的性质、蒸制后的质感、火力的大小、蒸制时间的长短等方面的技术。汽蒸是在封闭状态下加热，这就要求厨师有较高的技术性和判断能力，并根据原料的性质，采用不同的火力，决定加热时间的长短，以免蒸制后的半成品不符合正式烹调的要求。

模块七　原料初步熟处理技艺

131

一、汽蒸的作用

（1）汽蒸能保持原料形整不烂，酥软柔嫩。原料经加工后入笼，在封闭状态下加热，不经翻动，成熟后也保持原形；并且在不同火力、不同的加热时间作用下，原料会有不同的质感。

（2）汽蒸能更有效地保持原料的营养和原汁原味。汽蒸的原料，既不经高温，又在适度饱和状态下加热，所以能减少营养物质受高温破坏或被水溶解流失的程度，使菜肴具有最佳呈味效果。

（3）汽蒸能缩短烹调时间。

原料通过汽蒸，以及符合成菜的质感要求，所以缩短了正式烹调的时间。

二、汽蒸的方法

根据原料的性质和蒸后质感的不同，汽蒸分为旺火沸水长时间蒸制法和中火沸水徐缓蒸制法。

（一）旺火沸水长时间蒸制法

用旺火加热至水沸腾，经过较长时间的蒸制，将原料制成软熟的半成品的方法。具体操作过程是：先在锅内加入足量的水，用旺火加热至水沸腾，再把加工整理好的原料置笼中加热蒸制，蒸至所需成熟度后出笼备用。该法主要适用于体积较大、韧性较强、不易煮烂的原料。如鱼翅、干贝、海参、蹄筋、鱼骨、银耳等干料的涨发，香酥鸭、软炸酥方、姜汁肘子等菜肴半成品的熟处理。操作时要求火力大、水量够、蒸汽足，这样才能保证蒸制出的半成品原料的质量。蒸制时间的长短应视原料质地的老嫩软硬程度、形状大小及菜肴需要的成熟程度而定。

（二）中火沸水徐缓蒸制法

用旺火加热至水沸腾，再用中火徐缓地将原料蒸制成所需要的半成品的一种方法。具体操作过程是：先把锅内加入足量水，用旺火加热至水沸腾，再把加工整理好的原料置入笼中，用中火加热、蒸至所需成熟度后出笼备用。该法主要适用于新鲜度高、细嫩易熟、不耐高温的原料或半成品原料。如球鱼翅、竹荪肝高汤、芙蓉嫩蛋、五彩凤衣、葵花鸡等菜肴的熟处理，以及蛋糕、鸡糕、肉糕、虾糕等半成品原料的蒸制。操作要求水量足，火力适当，蒸汽的冲力过猛，就会导致原料起蜂窝眼、质老、色变、味败，有图案的工艺菜还会因此而冲乱形态。若发现蒸汽过足，可减小火力或把笼盖露出一条缝隙放气，以降低笼内温度和气压。蒸制时还要求掌握好时间，使半成品原料符合菜肴细嫩柔软的特点。原料不同、半成品不同，所要求的色、香、味也不相同。多种原料同时汽蒸时需放置在不同位置，以防止串味。

三、汽蒸的注意事项

（一）要与其他初步熟处理方法配合

一些原料在进行汽蒸以前，还需要进行其他方式的熟处理。如过油、走红、焯水、热水涨发等。应针对不同质地的原料，把其他熟处理方法与汽蒸配合进行。

（二）要掌握好火候

汽蒸除了要考虑原料的类别、质地、新鲜度、形状和蒸制后的质感等因素外，火候的调节很重要，否则就达不到汽蒸的效果。

（三）要防止多种原料同时汽蒸时相互串味或串色

原料不同，半成品的类型不同，它们所表现出的色、香、味也不相同，汽蒸时要以最佳方案放置，防止串味或沾染上其他颜色。

── 知识拓展 ──────────────────────────

蒸菜文化：蒸菜方法之足汽蒸法和放汽蒸法

浏阳被评为"中国蒸菜之乡"，浏阳人的智慧从蒸菜这方面就能透露出来。蒸作为一种常见的烹饪手法。根据蒸汽的使用方法，可以分为两种方式：足汽蒸与放汽蒸。

1. 足汽蒸

先将已加工好的食材或者已经热处理过的半成品，整齐地摆盛于盘中，再把调味品放入蒸制工具中，控制好时间，蒸制到需要的成熟度再开锅。这便是足汽蒸法。

足汽蒸的食材要求：一般都是需要选用新鲜的动、植物食材，刀工处理之后，摆放好然后放到蒸柜里开火加热，利用蒸汽，慢慢加热直到烂熟。根据原料的鲜嫩程度和成品的要求来控制时间，如果菜品要求很嫩，就蒸 8~15 分钟；如果要求很"成熟"就需多蒸些时间，当然也不要超过 1.5 小时。

2.放汽蒸法

通俗地理解，就是不需要那么多水蒸气，需要放掉一部分水蒸气。这一种蒸法也是根据食材的性质和菜品的不同来要求的，不同时段需要放汽。通常有三种方法：开始放汽、中途放汽、即将成熟时放汽。

放汽蒸法的食材要求：通常用于极嫩的茸泥、蛋类的食材，食材经过加工后，变成蓉泥后，放到蒸柜中，等蒸制成熟后即可。

实践任务点

请按照以下的原料组配以及制作步骤，运用汽蒸法进行荷叶粉蒸鱼的制作。

原料：新鲜青鱼肚当 500 克

辅料：料酒 75 克，酱油 80 克，大豆 20 克，白糖 50 克，姜汁 2 克，葱段 10 克，熟猪油 75 克，麻油 50 克，鲜荷叶 3 大张，籼米 100 克，桂皮 2 克，八角 2 克。

制作方法：①将籼米淘洗干净，晾干后加入桂皮、八角，入锅同炒至淡黄色，盛起稍凉，拣出香料碾碎，做成粗粉使用。②将青鱼肚刮净黑膜，用布擦，切成 12 块，用酱油、白糖、大豆酱、料酒、姜汁、猪油腌渍 1 小时，再放入粗粉拌匀，置盘内，放上葱段上笼用急火蒸 30 分钟，取出去葱段待用。③荷叶洗净，批去背面的盘肋，入沸水锅中烫洗，擦干水分，划成 12 块。④将出笼的鱼块趁热放在荷叶上，分别淋上麻油，逐块包好，上笼用急火蒸 5 分钟即可上桌。

模块八
调味技艺

● 模块导读

中国人把烹与调合为一体，尤其重视调味和调味品的作用，包括调味品的投放量和加热过程中的先后次序。在中国菜肴中，几乎每个菜都要用两种以上的原料和多种调料来调和烹制。"以味为本，至味为上"的价值观成为推动中国烹饪法创新和多样化的精神动力。烹饪法的创新和多样化，是创制丰富多彩的美味的基本因素。本模块将就味的性质、调味的方法、调味品的运用等进行介绍。

● 能力培养

1. 了解味的概念、分类和特点。
2. 了解味觉的形成原理和基本性质。
3. 掌握各种滋味的调制方法，以及适用品种。

● 知识拓展

1. 食品添加剂糖精钠。
2. 调味技术的历史沿革。
3. 复合调味品中醋的种类和特点。
4. 复合调味料（包）国家质量标准。

● 案例导入

五味调和理论及其文化内涵

五味调和是中国传统饮食生产的最高原则。《吕氏春秋·本味》这样描述烹调活动和过程："凡味之本，水最为始。调合之事，必以甘、酸、苦、辛、咸。先后多少，其齐甚微，皆有自起。鼎中之变，精妙微纤，口弗能言，志不能喻。"这一过程虽"口弗能言，志不能喻"，但又有规律可循。其目标则是"和"（味），生产出"至味"，即美味。

一、五味调和与中国饮食文化

以和合为贵的五味调和论，是中国传统文化重和合的文化精神在饮食烹饪生活活动领域的贯彻和涵盖。《吕氏春秋·本味》不仅提出"至味为上"，而且明确了"至味"的标准："久而不弊，熟而不烂，甘而不浓，酸而不酷，咸而不减，辛而不烈，淡而不薄，肥而不腻。"对中国历代饮馔理论与实践产生了极其深远的影响。而这一标准所追求的适度、中庸、淡泊、和谐，是中国传统的烹饪观、饮食观。

二、五味调和与养生理论

外中医认为食物还有"四性"。"四性"又称为四气，即寒、热、温、凉。"谨和五味，骨正筋柔，气血以流，腠理以密，如是则骨气以精，谨道如法，长有天命。"（《内经·素问》）做到五味调和得当，这是身体健康、延年益寿的重要条件，由此必须掌握每种食物所具有的不同"性味"和作用。

三、五味调和的生理基础

五味调和的生理基础则是味觉的可融性。味觉的可融性是指数种不同味可以相互融合而形成一种新的味觉。经融合而成的味觉绝非几种其他味的简单叠加，而是有机地融合，自成一体。味觉所具有的可融性，是菜肴各种复合味的生理基础。五味调和一是要重视本味，突出主味，使每一种菜肴有自己的独特风味。二是要善于掌握"和合"过程的规律，即使味的调和、变化达到预期的目标。三是不仅调和滋味还要重视养生健身。

五味调和是以至味、美味的烹制为目标，以优选原料为基础，以巧妙加工为关键。与西方烹饪的科学主义倾向相比，被视为艺术的中国烹调更多的是模糊与随意。不仅各大菜系都有自己的风味与特色，就是同一菜系的同一个菜，其所用的配菜与各种调料的匹配以及菜肴出品的滋味，也会依厨师的个人特点有所不同。

（资料来源：https://wenku.baidu.com/view/acc99b83b9d528ea81c7798c.html）

案例分析

1. 五味调和的理论基础来源于哪些古籍文献？

2. 中国调味意蕴包含了什么文化理念？

项目一　调味的作用和原则把握

调味是调制工艺的核心内容，其成败将直接影响菜肴的风味。要掌握调味工艺，就必须了解味觉及各基本味的性质，掌握调味的方法、原则以及调味的一些基本原理，做到反复训练，熟能生巧。

一、调味的作用

（一）确定滋味

调味最重要的作用是确定菜肴的滋味。能否给菜肴准确恰当定味并从而体现出菜系的独特风味，显示了一位烹调师的调味技术水平。对于同一种原料，可以使用不同的调味品烹制成多样化口味的菜品。如同是鱼片，佐以糖醋汁，出来是糖醋鱼片；佐以咸鲜味的特制奶汤，出来是白汁鱼片；佐以酸辣味调料，出来是酸辣鱼片。

对于大致相同的调味品，由于用料多少不同，或烹调中下调料的方式、时机、火候、油温等不同，可以调出不同的风味。例如，都使用盐、酱油、糖、醋、味精、料酒、水豆粉、葱、姜、蒜、泡辣椒作调味料，既可以调成酸甜适口微咸，但口感先酸后甜的荔枝味，也可以调成酸甜咸辣四味兼备，而葱姜蒜香突出的鱼香味。

（二）去除异味

所谓异味，是指某些原料本身具有使人感到厌烦、影响食欲的特殊味道。原料中的牛羊肉有较重的膻味，鱼虾蟹等水产品和禽畜内脏有较重的腥味，有些干货原料有较重的腥味，有些蔬菜瓜果有苦涩味……这些异味虽然在烹调前的加工中已解决了一部分，但往往不能根除干净，还要靠调味中加相应的调料，如酒、醋、葱、姜、香料等，来有效地抵消和矫正这些异味。

（三）减轻烈味

有些原料，如辣椒、韭菜、芹菜等具有自己特有的强烈气味，适时适量加入调味品可以冲淡或综合其强烈气味，使之更加适口和协调。如辣椒中加入盐、醋就可以减轻辣味。

（四）增加鲜味

有些原料，如熊掌、海参、燕窝等本身淡而无味，需要用特制清汤、特制奶汤或鲜汤来"喂"制，才能入味增鲜；有的原料如凉粉、豆腐、粉条之类，则完全靠调料调味，才能成为美味佳肴。

（五）调合滋味

一味菜品中的各种辅料，有的滋味较浓，有的滋味较淡，通过调味实现互相配合、相辅相成。如土豆烧牛肉，牛肉浓烈的滋味被味淡的土豆吸收，土豆与牛肉的味道都得到充分发挥，成菜更加可口。菜中这种调和滋味的实例很多，如魔芋烧鸭、大蒜肥肠、白果烧鸡等。

（六）美化色彩

有些调料在调味的同时，赋予菜肴特有的色泽。如用酱油、糖色调味，使菜肴增添金红色泽，用芥末、咖喱汁调味可使菜肴色泽鲜黄，用番茄酱调味能使菜肴呈现玫瑰色，用冰糖调味使菜肴变得透亮晶莹。

二、调味的原则

（一）根据食用的口味要求调味

气候不同，水土差异，导致各个地区适合不同的作物生长。依赖于土地生长的作物，长什么吃什么，于是慢慢地就形成了各地的饮食习惯的差异。不同地区的人口味差异很大，调味时必须充分了解食者的口味要求，如四川、贵州人吃辣主要是因为当地山多，空气湿度大，吃辣的东西可以防治不少毛病。另外，他们还吃麻，也就是花椒，花椒是去类风湿的重要的药物。再如，江浙人喜欢吃甜的，那是因为这里的人比较早发现糖和使用糖。江浙一带有很多甘蔗田，这是糖的主要来源。另外，吃糖可以防治低血糖、低血压等。

（二）根据菜品风味特点进行调味

一味菜品，如果调味不准或主味不突出，就失去风味特点。川菜虽然味型复杂多变，但各种味型都有一个共同的要求，就是讲究用料恰如其分、味觉层次分明。同样是咸鲜味菜品，开水白菜是味咸鲜以清淡见称，而奶汤海参则是味咸鲜而以醇厚见长。再如同样用糖、醋、盐作基本调料，糖醋味一入口就感觉明显甜酸而咸味淡弱，而荔枝味则给人酸、甜、咸并重，且次序上是先酸后甜的感觉。川菜中的怪味鸡丝使用12种调味品，比例恰当而互不压抑，吃起来感觉各种味反复起伏、味中有味，如同听大合唱，既要清楚听到男女高低各声部，又有整体平衡的合声效果，怪味中的"怪"字令人玩味。

（三）调料的投放要恰当、适时、有序

要根据烹调原料本身的品质特性，先用适合的调料。同时要了解调料本身的性质，做到因材施艺。调料投放时，应选择最佳时机。使用多种调料时，应根据不同品种自身的性质和性能，按一定顺序投放，以最大限度地体现出调料本身的调和作用。

（四）根据烹饪原来料的性质调味

即是依据菜肴中主辅料本身不同性质施加调味品，以扬长抑短、提味增鲜。对新鲜的原料，要保持其本身的鲜味，调味品起辅助使用，本味不能被调味品的味所掩盖。特别是新鲜的鸡、鸭、鱼、虾、蔬菜等，调味品的味均不宜太重，即不宜太咸、太甜、太辣或太酸。带有腥气味的原料，要酌情加入去腥解腻的调味品。如烹制鱼、虾、牛羊肉、内存脏等，在调味时就应加酒、醋、糖、葱、姜之类的调味品，以解除其腥味。对本身无显著滋味或本味淡薄的原料，调味起增加滋味的主要

作用。如鱼翅、燕窝等，要多加鲜汤和必需的调味品来提鲜。

（五）根据季节的变化合理调味

应根据季节变化适当调节菜肴口味和颜色。人们的口味，往往随季节的变化而变化，在天气炎热的时候，口味要清淡，颜色要清爽；在寒冷的季节，口味要浓，颜色要深些。还要根据进餐者的口味和菜肴多少投放调味品，在一般的情况下，宴会菜肴多口味宜偏轻一些，而便餐菜肴少则口味宜重一些。

— 知识拓展 ——————————————————

调味品的历史沿革

调味品（flavouring，condiment，seasoning），是指能增加菜肴的色、香、味，促进食欲，有益于人体健康的辅助食品。它的主要功能是增进菜品质量，满足消费者的感官需要，从而刺激食欲，增进人体健康。从广义上讲，调味品包括咸味剂、酸味剂、甜味剂、鲜味剂和辛香剂等，像食盐、酱油、醋、味精、糖（另述）、八角、茴香、花椒、芥末等都属此类。

按照我国调味品的历史沿革，基本上可以分为以下三代：

第一代单味调味品，如酱油、食醋、酱、腐乳及辣椒、八角等天然香辛料，其盛行时间最长，跨度数千年。

第二代高浓度及高效调味品，如超鲜味精、IMP、GMP、甜蜜素、阿斯巴甜、甜叶菊和木糖等，还有酵母抽提物、HVP、HAP、食用香精、香料等。此类高效调味品从20世纪70年代流行至今。

第三代复合调味品，现代化复合调味品起步较晚，进入90年代才开始迅速发展。目前，上述三代调味品共存，但后两者逐年扩大市场占有率和营销份额。

第四代纯天然调味品，纯天然调味品以纯提前技术为前提，更以营养健康为重。目前，在日益追求健康为主的呼吁下，纯天然调味品所占领的市场份额越来越大。

— 实践任务点 ——————————————————

查阅相关资料，并结合课堂教学时间，制作一款糖醋里脊，准确把握糖醋汁的调配比例，以掌握一定的味的相互作用在实际烹调中的实践应用。

项目二　调味过程和方法的应用

一、调味的过程

调味过程通常称为调味时机、调味阶段，分一次性调味与多次性调味。一次性调味只需在烹制前或烹制中或烹制后，一次性调好菜肴的口味；而多次性调味则需要在烹制前、烹制中、烹制后进行选择性分阶段调味，至于应在哪个阶段完成调味，要依菜肴的具体要求而定。

（一）一次性调味

（1）烹制前一次性调味

指菜肴在烹制前，一次加入所需调味料，就能完成菜肴复合味的调制。如传统的粉蒸肉等即是。此调味一般适合于蒸、软炒等烹调方法。调味时，要注意掌握调料的性能、用量，正确把握复合味的准确性。

（2）烹制中一次性调味

指在菜肴烹制中，一次性加入所需调味料就能完成菜肴复合味的调制。如炒一些时令蔬菜等菜肴即是。此调味一般适合清炒等烹调方法。调味时，要注意掌握放入调料的先后次序以及调料的渗透效果，要在菜肴起锅前矫正其复合味感。

（3）烹制后一次性调味

指菜肴原料经过熟处理及进一步加工后，一次加入所需调味料就能完成菜肴复合味的调制。热制冷吃的一些凉菜，如怪味鸡块、蒜泥白肉等均适用此阶段调味。调味时，要将所需调料先调制成味汁，再淋或拌于原料上。

一次性调味技术要求非常严格，需要有一定的实践经验，要注意把握好菜肴味料的恰当组合和量化标准。

（二）多次性调味

多次性调味按菜肴制作过程划分，有超前调味、中程调味及补充调味三个阶段。

（1）超前调味

即菜肴烹制前的调味，又称基础调味、基本调味，是在烹制前对已加工成形的原料进行调味，主要目的是使原料具有一个基本的底味，同时也可以改善原料的气味、色泽、硬度及持水性。通常运用于加热中不宜调味或不能很好入味的烹调方法，如蒸、炸、烤等。一些爆炒菜为增加原料嫩度和持水性，使原料里外有味，也常采用上浆的方法赋予原料底味。此阶段所用的调味方法有腌渍法、裹味法、分散调味法等。裹味主要指上浆和挂糊，分散调味主要指茸泥原料搅拌制缔。

（2）中程调味

即原料在加热中的调味，又称定性调味。调味在加热容器中进行，主要目的是使各种主料、配料及调料的味道融合在一起，并且相互配合，协调统一，从而确定菜肴的滋味。

中程调味适用于水烹法，是菜肴决定性的调味阶段。所用调味方法有热渗法、分散法、裹味法、粘撒法等，以热渗法最为常见。所用调料可一次投入，也可按一定顺序分次投入。分散用于汤菜的调味。裹味法的主要方法为勾芡、收汁、拔丝和挂霜等，须在原料即将成熟或成菜时进行。粘撒法常用于原料即将成菜之前，主要方法是在锅中撒上胡椒、葱等调料。

（3）补充调味

即原料加热后的调味，又称辅助调味，是调味的最后阶段，指在菜肴装盘后的调味。其目的是补充前阶段调味的不足，使菜肴滋味更加完善。很多冷菜及不适宜加热中调味的菜肴，一般都需要辅助调味。常用的调味方法是浇味法、粘撒法和跟碟法。有时也用到湿腌渍法，不过只是用于某些卤、煮菜肴的进一步入味。

二、调味的方法

调味的方法是指在烹调加工中使烹饪原料入味（包括附味）的方法。它与调味

143

阶段既相联系，又相区别。调味阶段，是指在烹调工艺中对烹调原料进行调味的先后过程。不同的调味阶段，需要使用不同的调味方法。按烹调加工中入味的方式不同，调味一般可分为以下几种方法：

（一）腌渍调味法

腌渍调味法是指将调料与菜肴的主、配料调和均匀，或将菜肴的主、配料浸泡在溶有调料的溶液中，经过腌渍一段时间使菜肴主、配料入味的调味方法。如制作炸类菜肴时，烹饪原料在加热前一般都需要进行腌渍调味，使之达到入味的目的。

腌渍法依时间长短分为长时间腌渍和短时间腌渍；依腌渍时是否用水和液调料分为干腌渍和湿腌渍。长时间腌渍，短则几小时，长则数天，使原料透味，产生特殊的腌渍风味。短时间腌渍，只要原料入味即可，一般为 5~10 分钟。干腌渍，是用干抹、拌揉的方法使调料溶解并附着在原料表面，使其进味，常用于码味和某些冷菜的调味。湿腌渍，是将原料浸入溶有调料的水中进行腌渍，常用于花刀原料和易碎原料的码味，如松鼠鳜鱼的码味即是。一些冷菜的调味和某些热菜的进一步入味也经常用到湿腌渍法。

（二）分散调味法

分散调味法是指将调料溶解并分散于汤汁中的调味方法。此法广泛用于水烹菜肴，是烩菜、汤菜的主要调味方法，也是其他水烹类菜肴的辅助调味方法，还常用于泥蓉的调味。水烹菜肴，需要利用水的对流来分散调料，所以常以搅拌和提高水温的方法作辅助。泥蓉状原料一般不含大量的自由流动水，光靠水的对流难以分散调料，而必须采用搅拌的方法将调料和匀。如制作丸子类菜肴时，调制肉馅一般采取的都是分散调味法，以使调料均匀地分散在原料中，从而达到调味的目的。

（三）热渗调味法

热渗调味法是指在热力的作用下，使调料中的呈味物质渗入菜肴的主、配料内的调味方法。此法是在上述两种方法的基础上进行的，此法常与分散调味法和腌渍调味法配合使用。水烹过程中的调味，调料必须先分散在汤汁中，再通过原料与汤汁之间的物质交换，使呈味物质向原料内部渗透入味。在汽烹或干热烹制过程中，一般无法进行调味，所以常需要先将原料腌渍入味，再在烹制中借助热力，使调料进一步渗入原料中心去。

一般在烧、烩、蒸等烹调方法中应用。如制作烧类菜肴时，均需要进行热渗调味法。烹调时一般采用小火、长时间加热的方法，目的是使汤汁中调料的呈味物质由表及里地渗透至烹饪原料的内部，使之起到入味的作用。从而使原料入味表里如一、味道鲜美。

（四）裹浇调味法

裹浇调味法，是将液体状态的调料黏附于原料表面，使其带味的调味方法。按调味黏附的方法不同，可分裹味和浇味两种。裹味法是将调料均匀裹于原料表层的方法，可在加热前、加热中和加热后广泛使用。从调味角度看，上浆、挂糊、勾芡、收汁、拔丝、挂霜等均是裹味法的应用。浇味法是将调味料淋浇于原料表面的方法。多用于热菜加热后及冷菜切配装盘后的调味，如脆熘菜、瓤菜及一些冷菜的浇汁。浇味法上味不如裹味法均匀。

（五）粘撒调味法

粘撒调味法，是将固体调料黏附于原料表面，使其带味的调味方法。调料粘撒于原料表面的方式与裹浇法相似，只是它用于上味的调料呈固体状态。粘撒调味通常是将加热成熟后的原料，置于颗粒或粉状调料中，使其粘裹均匀，也可以将颗粒或粉状调料投入锅中，经翻动将原料裹匀，还可以将原料装盘后再撒上颗粒或粉状调料。此法适用于一些热菜和冷菜的调味。

（六）随味碟调味法

随味碟调味法是将调料装置在小碟或小碗中，随成品菜肴一起上席，供用餐者蘸而食之的调味方法。此法多用于烤、炸、蒸、涮等技法制成的菜肴。跟碟上席可以一菜多味，由用餐者根据喜好自选蘸食。跟碟法较之其他调味方法灵活性大，能同时满足数人的口味要求，是值得推广的调味方法。这种方法在冷菜、热菜中均有应用。如炸类菜肴的原料经烹调后，均需要进行调味，一般采用的都是随味碟调味法，进行调味的味型应视菜肴的要求及进餐者的需求而定。随味碟调料由进餐者有选择地自行佐食。

上述六种调味方法，可以单独使用，但更多的是根据菜肴特点将数种方法合用。

三、调味原则

中国菜的调制，特别注重口味的调和。调制菜肴的口味，除了要掌握味觉及基本味的性质，熟悉调味的方式、方法和阶段外，还得遵循一定的调味原则。只有这样，才能实现调味的目的，满足就餐的口味需求。中国菜的调味原则有七个方面的内容：

（一）调味须突出原料本味

原料不同，其自身属性不一。给菜肴调味，只有熟悉原料的特性，因料施艺才能发挥原料固有的特长，达到正确烹调菜肴之目的。许多烹调原料具有鲜味足、异味少、味美可口的潜在特质，调味时应尽量突出其本味，如新鲜的时蔬，鲜活的河鲜、海鲜等，调味时所用调料都不宜过量，味宜清鲜。尽量避免浓烈味料与之调和。

（二）调味须遵循菜品要求

各种菜品都有质与量的规定性。就其菜品本身而言，它有确定的味型，固定的调味料，调味必须按照菜品的味型，投放与之相适应的调味料，不可随心所欲，更不能使用替代调味品，否则，达不到调味的质量标准。

（三）调味须适时适量

适时，是指在恰当时机调味。各种菜肴在调味上都有工艺流程的严格规定，违反调味工艺流程，颠倒调味次序，都将直接影响调味效果。我们的前辈厨师非常重视调味的先后次序，这是在无数次的失败与成功的实践中总结出来的，理当予以继承。

适量，是指按照规定的味型，投入数量适宜的调味料。随着调味工艺的不断规范，菜肴味料的投放量都有严格的量化标准，这种量化标准的依据主要是菜肴的味型特征。因此，调味必须严格遵循"适量"原则，味料过多过少都不能调制出合乎标准的味型。

（四）味料须宽广质优

味料须宽广，是就浓厚味型和异味较重的原料而言的。这类菜肴的调味不宜单一化，要使用多种味料加以有机融合，要采用味的增强和味的消杀的调味方式进行调味。如"鱼香味"，其味料就要多样化，要咸甜酸辣兼备，葱姜蒜香气突出。一些畜肉、鱼鲜、动物内脏等，要彻底清除其异味，需重用一些除异增香的调料，如料酒、醋、葱、姜、蒜、酱油、鲜味料等，以便达到去异味，增鲜味，生香气，扬长避短的调味目的。

（五）调味须随季节改变浓淡

人们的口味常常随季节的变化、气候的冷暖而有着不同的要求。一般来说，夏秋两季气温偏高，菜肴应偏重清淡；而冬春两季，则趋向于醇厚。许多酒店根据季节的变化而调换所供应的品种，正是为了适应节令的变化，以便尽可能地适合顾客的口味要求。

（六）调味须随时代变化调换口味

调味工艺不是墨守成规，一成不变的，否则，调味技术就没有发展和提高。现代人对菜肴口味的要求不再仅仅满足于传统口味，口味上求新、求奇，赋予时尚气息，讲求品位内涵，是当今社会对口味的普遍追求。调味必须顺应时代变化而变化，开发出更加广阔的新的调味领域。

（七）工艺须细腻得法

调味工艺与其他烹调工艺一样，需要认真细致，一丝不苟，把每一个环节做到位。调味时要做到眼到、手到、心到、意到，所谓"用心做菜"，正是强调心态对菜肴的重要影响。好心情出好菜，同理，好心情才能调好味。

—— **知识拓展** ————————————————————————

调味品中醋的种类和特点

醋是用以菜肴酸味调味中一种经常使用的调味品，但是它并没有盐、糖等调味料使用那么广泛，但是从每天进餐的菜肴而言，都需要有酸味菜肴来加以配伍。烹调中经常使用到的酸味调味品——醋的种类有多种。

1. 人工酿造醋

人工酿造醋一般有陈醋、米醋和香醋。陈醋和米醋的醋酸度均为5°，如山西的老陈醋、浙江的大红醋。香醋的醋酸度为6°，以镇江的香醋为代表，醋香非常浓郁。

2. 人工合成醋

人工合成醋是指以化学的方法合成的醋，主要指白醋和醋精。白醋的醋酸度为10°，醋精的醋酸度为30°。在调味的时候要注意醋的种类以及醋酸的浓度来进行使用量的控制。

除了人工合成和人工酿造的醋以外，酸味物质还大量地存在于原料当中，如番茄、山楂、青梅、柠檬等。其中柠檬有黄柠檬和青柠檬之分，主要是切片和挤出汁水使用。柠檬汁含有大量的有机酸——柠檬酸。在东南亚一带的菜肴制作当中，人们常常直接用青柠檬汁来代替醋的使用，效果非常好。

实践任务

根据调味知识理论以及调味工艺实践运用，制作一款酸辣土豆丝，掌握味的不同作用以及感受味的相互作用机制。

项目三　味型分类及调味品运用

味型是指用几种调味品调和而成，具有各自本质特征的风味类型。味型分基本味和复合味。基本味又称单一味，是最基本的滋味。复合味是由基本味的调料调制而成的，是菜肴味的模式。

一、单一味

单一味也称基本味。从味觉生理角度看，公认的基本味只有咸、甜、酸、苦四种。我国古代流行"五味说"，即酸、甜、苦、辣、咸。上篇中提到辣是一种痛觉，不用味蕾便可感受到，但从古到今，我国都习惯将辣味归于味觉中研究。现在也有人证实，鲜味也是一种生理基本味。麻味、香味在我国菜肴中经常出现，故列为基本味范畴。综合而言，基于中国饮食习惯，基本味包括八种，即咸、甜、酸、辣、鲜、苦、麻、香。

（一）单一味种类

1.咸味

咸味是绝大多数复合味的基础味，是菜肴调味的主味，故常被称为"百味之本""百肴之将"。咸味具有提鲜、增甜、去腥、解腻的作用，还可以突出原料的鲜香味，调和多种多样的复合味。常用的咸味调味料主要有食盐、酱油、面酱及以咸味为主的其他调料。

2.甜味

甜味也称甘味，在调味中的作用仅次于咸味，也是我国南方菜肴的主味之一。在烹调中，甜味除了调制单一甜味菜肴外，更重要的是调制更多复合味的菜肴。甜味可以增加菜肴的鲜味，并有特殊调和滋味的作用。常用的甜味调味品主要有白砂糖、红糖、冰糖、蜂蜜、饴糖、果酱、糖精等。

3.酸味

酸味的成分主要是可以电离出氢离子的一些有机酸，如醋酸、柠檬酸、苹果酸、乳酸、酒石酸等。酸味也是调味时常用的一种，具有较强的去腥解腻作用，能促使含骨类原料中钙的溶出，生成可溶性的醋酸钙，增加人体对钙的吸收，使原料中骨质酥脆。同时酸味调味料中的有机酸还可与料酒中的醇类发生酯化反应，生成具有芳香气味的酯类，增加菜肴的香气，酸味一般不独立作为菜肴的滋味，都是与其他单一味一起构成复合味。烹调中较常用的酸味调味料主要有食醋、番茄酱、柠檬汁、酸菜汁等。

4. 鲜味

鲜味主要为氨基酸盐，氨基酸酰胺、肽以及核苷酸和其他一些有机盐的滋味。鲜味可使菜肴味道鲜美，使无味或味淡的原料增加滋味，同时还具有刺激人们食欲，抑制不良气味的作用。鲜味主要来源是烹调原料本身所含的氨基酸等物质和呈现鲜味的调味料。鲜味通常不独立作为菜肴的滋味，而是与咸味等其他单一味一起构成复合的美味。烹调常用的呈鲜调味料主要有味精、鸡精、虾籽、蚝油、鱼露及鲜汤等。

5. 辣味

辣味来自辣味调料中所含的挥发性芳香油和辣椒素，是刺激性最强的一种基本味。通常在烹调中分辛辣、热辣、香辣三种。辛辣味的辣味成分在常温下能挥发；热辣味的辣味成分在常温下难挥发，通常需借助加热处理，又称火辣；香辣包括两方面含义，一是在常温下就能挥发出芳香，如胡椒、小葱，二是经加热处理，产生浓郁的香辣，如干辣椒便是。通常把干辣椒产生的香辣又称为干辣。辣味具有较强的刺激性气味和特殊的香气成分，能刺激胃肠蠕动、去腥解腻、增强食欲、帮助消化。对其他不良气味，如腥、臊、臭等有抑制作用。较常用的辣味调味料有辣椒、胡椒、辣酱、蒜、芥末等。

6. 苦味

单纯的苦味，尤其是较强烈的苦味是人们不喜欢的，但在菜肴中稍为调和一点带有苦味的调味料，可使菜肴形成清香爽口的特殊风味。同时，苦味物质大多具有去暑解热，去除异味的作用。苦味物质主要源于植物中的生物碱及一些糖苷。人的味觉对苦味极为敏感，能尝出苦味的溶液浓度要比酸、甜、咸的浓度低得多。烹调中常用的苦味调味料主要有茶叶、杏仁、柚皮、陈皮、白豆蔻、啤酒等。

7. 麻味

麻味不是味觉，是某些物质刺激舌面及口腔黏膜产生的麻痹感觉。麻味的主要调料是花椒，加热后有醇香、涩麻而舒适的感觉。麻味的刺激性较强，最宜与香辣配合。

8. 香味

烹调中的香味是复杂的、多样的。主要来源于原料本身含有的醇、酯、酚等有机物质和调味品。香味的主要作用是使菜肴具有芳香气味，刺激食欲、去腥解腻等。较常用的调味品主要有脂类、酒类、香精、香料等。

（二）各种基本味相互间的作用关系

1. 咸味与甜味

少量食盐可增强甜味的甜度，糖的浓度越高，增强效果越明显。糖对盐的咸味有减弱作用。在1%~2%的食盐溶液中加入7~10克的糖，可使咸味基本消失。因此，在制作纯甜菜时，可根据其甜度放适量盐，要求不能有咸味，可增强其甜度，菜过咸，可放适宜糖，要求吃不出甜味，以缓解咸味。

2. 咸味与酸味

咸味因添加少量（0.1%左右）醋酸而增强，因增加多量（0.3%以上）醋酸而减弱，少量食盐可增强酸味，多量又会使酸味减弱。因此，在制作咸中带酸或酸味突出的菜肴时，要注意咸味的量。如醋熘菜，咸味需略轻，添加的酸味调料要相对重些；烹制咸鲜味的蔬菜需要加醋时，咸味应比不加醋时要轻，以防止菜肴偏咸。

3. 咸味与鲜味

鲜味可使咸味减弱，适量的盐可使鲜味增强。因此，当菜肴过咸时，除了加糖缓解以外，还可添加鲜度高的味精。行业中有句话叫"无咸不鲜"，要突出鲜味必须有咸味的配合，而且咸味的量必须恰到好处，才能有鲜美的滋味。

4. 咸味与苦味

咸味与苦味之间有相互减弱的作用，当咸味浓度超过2%时，咸味增大。因此，制作苦味菜，如"清炒苦瓜"，要注意咸味要够味，既不咸也不淡。人们多喜欢吃隔夜苦瓜，就是盐与苦瓜在一定时间内相互作用的结果。制作"茶叶菜""啤酒菜"，如龙井虾仁、啤酒鸭等，其咸味量可适当增大些，但不能超过咸味浓度2%，否则偏咸。

5. 甜味与酸味

甜味因添加少量醋酸而减弱，并且添加量越大，减弱程度越大；反过来，甜味对酸味也有完全相似的影响。因此，制作酸甜味的菜，要把甜味调料和酸味调料控制在恰当比例范围内。根据抽样实验，菜肴的酸甜味，以0.1%的醋酸和5%~10%的蔗糖组合最为适口。

6. 甜味与鲜味

在有咸味存在时，少量蔗糖可改变鲜味的质量，使之形成一种浓鲜的味感。菜肴有浓鲜和清鲜之分，仅由咸味和鲜味构成的可视为清鲜。要使菜肴的复合味增浓，需在恰当咸味的基础上，加入适量的鲜味调味和甜味调料（不觉有甜味）。

7. 甜味与苦味

甜味与苦味之间可相互减弱，不过苦味对甜味的影响更大一些。因此，烹制苦味菜，为了减缓苦味，可加入糖，以放糖不觉甜为标准。

8. 酸味与鲜味

酸味较适口的 pH 为 3~5，在有酸味存在时，鲜味减小，pH 为 3.2 时最小。因此，酸味与鲜味的组合要特别谨慎，一般来说，酸味较重的菜肴，最好不放鲜味调料，以使酸味在咸味基础上更为纯正。这在后面谈到味精时将进一步阐述。

9. 酸味与苦味

少量的苦味，可使酸味增大。一般来说，苦味用量切不宜多，调味中酸苦不常呈现。

10. 咸味与辣味、麻味

辣味与麻味的组合最佳，但必须以咸味作基础，否则出现"空辣""空麻"，复合味不浓。

（三）常见调味料的正确运用

调味料是形成菜肴口味特点的主要因素。各种基本味料在使用中应遵循一个总原则，这就是：咸不过头，酸不过性，甜度适中，辣得合适，麻得宜人，鲜得合理，巧用苦味。关于鲜味调料中鲜汤的制作将专门讨论，在此从略。

1. 食盐的使用

食盐是咸味调料中最常用的调料，运用中应把握以下几点：

（1）于 0.5% 偏淡，高于 2% 偏咸。

（2）调制浓厚复合味时，食盐烘托其风格特征；调制清淡味，食盐突出原料本味。

（3）味精与食盐配比得当，能够增添菜肴鲜美的滋味。因此，它们之间的添加量存在一种定量关系。据测定，浓度为 0.8%~1% 的食盐溶液是人们感到最适口的咸味，与此相适应，在 0.8% 的食盐溶液中，可添加 0.31% 的味精，在 1% 的食盐溶液中，可添加 0.38% 的味精，以求得咸味与鲜味之间的最佳统一。

（4）在上浆、挂糊、腌渍中，食盐仅起"打底味"的作用，要便于菜肴重复调味。

（5）当一道菜肴同时需要调配多种咸味调料时，应根据各调料的含盐率（见表8-1）以及投入的量，决定是否需要用盐及用盐量。

表 8-1　几种调料的含盐率

调料名称	含盐率（%）	调料名称	含盐率（%）
酱油	18~20	黄酱	12
豆瓣酱	14	甜面酱	7

（6）咸鱼淡肉。鱼类菜咸味可略重些，对于清蒸鱼，食盐过轻，腥味突出，菜无鲜味，本味也差。烧鱼，略重的咸味，能明显增浓复合滋味，回味也好。而肉类菜则要求清淡，否则掩盖了肉的鲜美滋味。

（7）掌握好放盐的时机。对于需要调色的菜肴，要按照"先调色，后调味"的原则进行，在色调正以后，先尝味，可依据咸味的浓淡决定是否需要放盐。炒制绿色蔬菜尤其是叶菜，要在原料断生后放盐，以防止原料大量吐水。

2. 酱油的使用

酱油是一种复合调料，具有咸、甜、酸、鲜等滋味，含有多种有机酸、氨基酸、醇类、酯类、酚类、醛类。

（1）注意选择和使用优质酱油。关于这点在《原料学》中已有叙述，这里从略。

（2）要根据菜肴特点使用酱油。不同品种的酱油，其用途不尽相同，深色酱油具有调味调色的双重作用，主要用于烧、焖、锅仔等；浅色酱油如生抽，主要用于凉拌菜；辣酱油具有鲜、辣、香、酸、甜、咸多种味道，可作味碟使用。虾子酱油、蘑菇酱油鲜度较高，适合调制浅色菜肴；白酱油色白味鲜，是白色或艳菜的首选；蚌汁酱油含有较高的蛋白质和氨基酸，超过黄豆酱油，味鲜美，有特殊香气，可起到上色的作用，适合在烹制鱼虾、肉类菜肴时使用。

（3）酱油在加热过程中最显著的变化是糖分减少，酸度增加，颜色加深，并且随加热时间的延长，其变化愈加显著。因此，酱油的使用时机和用量须依据加热时间的长短灵活选择。加热时间长的菜肴，在加热过程中不宜一次将酱油加足，否则，出品色偏重，菜肴带酸味。有些加热时间长的菜肴，最好不用酱油着色，可用其他调料替代，如糖色等。

3. 酱品的使用

酱通常以咸味为主，常用的有豆酱、面酱、豆瓣酱、味噌。

豆酱以黄豆为原料发酵而成，色泽黄亮，咸鲜，味长略甜，香气足，最著名的是腊八豆。使用前一般先将豆酱加油炒或蒸好，再用于调味，如腊八豆蒸鲩鱼等。

面酱，又称甜酱、甜面酱、甜味酱，经面粉加盐发酵制成，呈糊状，色红褐或黄褐，味厚鲜甜。使用前可用宽油小火慢慢熬制，以增加其芳香，常用于酱菜和味碟。如酱鸭、酱乳鸽等。

豆瓣酱由面粉和蚕豆或大豆发酵而成，色红褐或棕红，酱香浓，咸口，味鲜醇厚，以四川郫县豆瓣著名。豆瓣酱不直接入菜调味，使用前先要剁细，用宽油文火慢炒出油出香方可入菜调味，以增加其芳香，也可根据需要掺入辣椒酱炒制。以豆瓣为主调味的菜肴，一般不需再加盐，并且还要加适量糖缓和咸味。

味噌是一种大豆和谷物的发酵制品，也称发酵大豆酱。味咸，多呈膏状，与奶油相似，颜色从奶油白到棕黑色。颜色越深，风味越强烈，主要用于热菜的调味。

此外，还有牛肉酱、虾酱、芝麻酱、花生酱等，通常用来蘸食佐餐，也用于凉菜、热菜的调味。

4. 豆豉的使用

豆豉是以豆类加曲霉菌种发酵后制成的黑色颗粒调料。使用前，最好先将豆豉入锅加油小火慢炒，再加香油蒸，以增强豆豉的鲜香美味。豆豉多用于炒、爆、蒸等菜肴，如豆豉蒸腊鱼、豆豉鲮鱼油麦菜、豆豉炒三丁等。

5. 糖的使用

前面已经讲过，在甜味调料中，使用最多最广的是白糖，分白砂糖和绵白糖两种。土红糖几乎不用，赤砂糖适用于红烧肉等菜肴，可产生较好的色泽和香气。冰糖主要用于纯甜菜和扒菜，如冰糖湘莲等。桂花糖和蜂蜜主要用于蜜汁菜，如蜜汁莲藕等。

白糖的使用主要注意如下几点：

（1）用白糖制作纯甜菜，其甜味浓度控制在 10%~25% 范围内最好，这是大众喜爱的甜味浓度。

（2）糖具有提鲜、增加菜肴鲜醇的作用。所以，一些以咸鲜为主且复合味较浓厚的菜肴，通常需要放糖。但放糖的多少一般是根据菜肴含盐量的轻重决定的，通常为含盐量的25%，可明显起到提鲜，增加菜肴鲜醇的作用。

（3）前面曾提到过，糖能缓解咸味，通常是在菜偏咸时使用此方法。但需注意两点，一是放糖不能有甜味，二是此方法只适宜于咸味不是太重的菜肴。当咸味太重时，用加糖的方法缓解咸味，不仅效果不明显，而且影响风味。

（4）白糖中的绵白糖因其细腻，常用于凉拌菜。又因其含少量转化糖，结晶不易析出，所以更适宜制作拔丝菜。

6.醋的使用

使用食醋，应注意把握以下几个方面：

（1）食醋酸味强度的大小，主要是由所含醋酸量的大小决定的。红醋醋酸含量较高，白醋则含量较低。山西老陈醋醋酸含量在11%左右，故酸味较浓。镇江香醋含醋酸在6%~7%，酸味相对较轻。应用食醋调味时，不可忽视其酸味的强弱。如烧鱼，使用山西老陈醋去腥效果就很显著。然而，食醋质量的优劣又是由制作工艺、使用原料等多种因素决定的，所含醋酸的强弱并不能说明其质量的好坏。在红醋系列中，山西老陈醋色泽黑紫，液体清亮，酸香浓郁，酸中带柔，食之醇厚不涩；镇江香醋酸而不涩，香而微甜，色泽味鲜。它们均是上品，被广为使用。白醋醋酸含量一般在3%~4%，酸味单一，无香味，不柔和，质量较差。所以，白醋仅作为制作本色或浅色菜肴调味用。

（2）把握好使用剂量和时机。一般来说，醋的使用量主要是由醋的品质和菜肴质量标准决定的。而使用时机，除了要考虑出品标准外，原料的特点是重要因素。拿红烧鱼来说，鱼体中含有较重的三甲胺，呈碱性，加热过程中需要加醋来中和。要最大限度地除去腥味，最好采用两次点醋的方法，即鱼块落锅时点一次醋，量要小，防止因加热时间过长呈现酸涩味。加水烧开后再点一次醋，此谓之"浪头点醋"。采用此法处理，鱼腥味可除去90%以上。

（3）注意醋与其他调料的综合作用。主要包括两个方面：其一，当食醋用于鱼香味、糖醋味、酸辣味、荔枝味等复合味时，应掌握好醋与其他味料的协调作用，确保各种味型的整体风格与呈味效果。其二，当食醋用于去异增香时，食醋与料酒

模块八　调味技艺

共热效果显著。可先烹料酒，后点醋，利用料酒渗透力强的特点，先行去异增香。醋与料酒共热能产生酯化反应，使菜肴香气更加浓郁。

（4）食醋用于蔬菜调味时，最好使用香醋，这是由香醋的特点决定的。

7. 味精的使用

味精又称味素，主要成分为谷氨酸一钠。使用时应注意以下几个方面：

（1）味精的鲜味只有在咸味的基础上才有呈鲜效果。一般来说，味精的用量依盐量而定，清淡菜用量小或不用，浓厚菜用量略大。不能有"味精味"，不能掩盖和压抑菜肴的本味。

（2）味精呈鲜效果最佳的温度为70℃~90℃，最适宜的投放时间为菜肴起锅之前。

（3）味精不耐高温，高温条件下味精会引起部分失水而生成焦谷氨酸钠，不仅无鲜味，还有苦涩味。所以清炸菜肴原料在腌渍时不宜放味精，制糊也不宜放味精。

（4）味精在酸性条件下易生成谷氨酸，在碱性条件下则生成谷氨酸二钠，两者都会影响菜肴风味的形成。所以酸碱性较重的菜肴不宜放味精。

（5）制作凉拌菜时，应将味精充分溶解后再加入。

（6）不宜把味精当作提鲜的法宝，可以不用味精的要尽可能不用，要尽可能突出原料的自然鲜味。用鲜汤提鲜比用味精更好。

8. 蚝油的使用

蚝油即牡蛎油，特点是鲜味浓烈，鲜中带甜，有牡蛎的特殊香气。鲜味成分有琥珀酸钠、谷氨酸钠，呈甜味成分有牛磺酸、甘氨酸、丙氨酸和脯氨酸等。蚝油的使用主要注意三点：

（1）蚝油应用广泛，凡咸鲜味菜肴均可使用，但应根据菜肴质量标准决定其用量。

（2）应避免与酸味料、辣味料、甜味料共用，因为这些调料会掩盖蚝油的鲜味，并有损蚝油的特殊风味。

（3）蚝油不宜久煮，否则其香味逃逸，一般在菜肴即将出锅时使用。若不将蚝油加热就直接用于菜肴调味，其呈味效果欠佳。

9. 干辣椒的使用

在辣椒调味料中，尤以干辣椒使用广泛。干辣椒，又称辣椒干，系朝天椒、线形椒、七星椒、羊角椒的干制品，以朝天椒质量为佳。

使用干辣椒调味应注意三个方面：

（1）干辣椒呈辣味的主要成分是辣椒素和二氢辣椒素，味极辣，在口腔中能引起皮肤的烧灼感。应注意使用量，以适口为基准。

（2）炒制某些蔬菜，只取干辣椒香味，不要辣味的，应使用整形干辣椒；用干辣椒调制酸辣味的，应使用干辣椒节。干辣椒先要用小火温油慢慢煸香，呈黄黑色后再与原料一同烹调。用干辣椒调制酸辣味应遵循"以成味为基础，酸味为主体，辣味助风味"原则。

（3）干辣椒呈现红色的主要成分是辣椒红素和辣椒玉红素，呈脂溶性，微溶于热水，不溶于冷水。当油温在 120 ℃ 时，色素溶出效果最好。因此，用干辣椒制作辣椒油应严格控制油温，以保证辣椒碱在热力作用下慢慢分解，散发出香辣味，并使油呈红色，要防止因油温过高影响辣椒油的质量。

10. 胡椒、葱、蒜的使用

胡椒分黑胡椒与白胡椒，白胡椒的芳香较黑胡椒弱，但气味比黑胡椒好，应区别情况灵活选用。胡椒中的辣味来自胡椒碱和辣椒素，属热辣性辣味，使用不宜过早，用量不宜过大，要防止压抑菜肴本味。

葱有小葱与大葱之分，通常加工成葱花、葱段、葱丝、葱末、葱丁使用。葱的辣味成分主要为二正丙基二硫化物和甲基正丙基二硫化物，含量小，辣味因此也小。葱经加热后辣味消失，且有甜味感。所以，生葱辣味相对大些，加热后则减小。但从葱的香味看，葱受热后香味反而加强，因为加热有助于香气的挥发，具体怎么使用，要因菜而异。一般来说，大葱多采用加热方式，小葱多在菜肴起锅时加入，加入小葱后最好翻拌几下，使小葱与原料混合，这样效果佳。

生姜有老嫩之分，嫩姜多用于凉菜调味，老姜多用于荤腥类菜肴的调味。其辣味成分主要有三种，即姜酮、姜醇和姜酚（姜辛素）。生姜的辣味一般要经过炝锅处理才能产生芳香。

蒜，是指大蒜、大蒜头。蒜的成分与葱相似，主要来自蒜氨酸经分解的产物所产生。蒜的辣味有一个明显特点，只有生食才能感到辣味，加热后不仅辣味消失，还有甜味。辣味是蒜中特有的风味，应尽量使用生蒜，可兑成蒜汁使用。

二、复合味

如果说基础味型是最常用的调味味型，复合味则是指两种或两种以上的味混合而成的滋味，如酸甜、麻辣、酸辣等。调味汁是味型的具体体现，每类味型包含若干种相近的复合味汁，如酸甜味型、糖醋味型、茄汁味型等

（一）复合味型的分类

鲜咸味：由咸味和鲜味组成。

酸甜味：由咸味、甜味、酸味和香味（葱、姜、蒜及油脂的香味）混合而成。有四种类型：一是酸味略强于甜味的酸甜味；二是甜味略强于酸味的甜酸味；三是酸甜两味对等；四是在酸甜味中含有辣酱油的芳香气味。

甜辣味：由甜味、辣味、咸味和鲜味构成。

咸辣味：由咸味、辣味、鲜味和香味调合而成。

甜咸味：由咸味、甜味、鲜味和香味调合而成的。甜中有咸，咸中有鲜。

香辣味：由咸味、辣味、酸味、甜味调合而成。

香咸味：由香味、鲜味和咸味组成的。

麻辣味：由麻味和辣味构成，以突出麻味和辣味为主，同时附以咸、鲜、香，由花椒、辣椒、酱油或酱、葱、姜等原料调和而成。

怪味：由咸味、甜味、辣味、麻味、酸味、鲜味和香味调合而成的，它是川菜独有的一种味型。

（二）复合调味品

复合调味品是指在科学的调味理论指导下，将各种基础调味品按照一定比例进行调配制作，从而得到的满足不同调味需要的调味品。现代复合调味料的概念是指采用多种调味料，具备特殊调味作用，工业化大批量生产的，产品规格化和标准化的，有一定的保质期，在市场上销售的商品化包装调味品。

其使用的原料种类很多，常用的原料主要有咸味剂、鲜味剂、增鲜剂、甜味剂、酵母精、水解动植物蛋白、香精与香辛料、着色剂、辅助剂等。复合调味品中呈味成分多、口感复杂，各种呈味成分性能特点及其之间的配合比例，决定了复合

调味品调味效果。

按照复合配方配合在一起的原料，呈现出来的是一种独特的风味。如鱼香肉丝、麻婆豆腐、烤牛肉、红烧猪肉等不同菜肴的风味特点，都可以通过加入专用的复合调味品表现出来。

（1）按饮食习惯分类可分为：①传统菜肴调味汁；②中式小吃调味汁；③西式调味汁；④面条蘸汁；⑤生鲜蔬菜味汁。

（2）按加工制成品分类可分为：①酱类，如沙茶酱、柱侯酱、鱼香酱、茄蓉酱、果仁果酱、番茄沙司等；②汁类，有 OK 汁、煎封汁、香槟汁、西柠汁、唧汁、红油汁等；③鲜味粉料类，如鸡精、牛肉精等；④油料类，如蟹油、香味油、菌油、香辣烹调油、鸡香油等；⑤其他类，如西瓜豆豉、渣辣椒、泡辣椒等。

（3）按味型分类可分为：①咸鲜味型：主味由咸味和鲜味构成，如蒜蓉豆豉酱、西瓜豆豉、炝汁、豉油王、煎封汁等；②葱椒味型，主要以葱、姜、蒜、花椒为主要调味品，具有浓郁的蒜、姜等香味，如葱椒泥、葱油汁、蒜酱、蒜蓉酱、蒜姜调味料等；③酸甜味型，主味以酸味略重于甜味，如柠汁（西柠汁）、茄汁（粤）、青梅酱、草莓酱、京都汁等；④辣香味型，如马拉盏酱、辣酱油、川锅酱、芥末糊、辣甜豆豉酱、咖喱油、辣葵花酱等；⑤香甜味型，如黑香酱、复合奇妙酱、椒梅酱、五香粉、精卤水、果仁、果酱等；⑥鲜肉香型，主味呈各种肉香，如火腿汁、蚝油、鸡香油、鸡精和蟹油等。

知识拓展

复合调味料（包）国家质量标准

近年来，中国调味品行业有了较大发展，企业依靠科学技术，通过科研，采用新工艺、新设备，创造新产品，并以严格的质量管理，保证了产品质量，在增加品种的同时也使产品达到规模化生产。以下从食品质量安全的视角，选取复合调味料（包）国家质量标准（Q/XFT0002S—2018-1），感官指标，见表8-2。

本标准适用于以食用植物油、精制食用盐、味精、白砂糖、脱水蔬菜、香辛料为原料，添加或不添加食用香精，经加工制成的粉状、酱状、油状复合调味料。

感官指标应符合表8-2要求。

表 8-2　感官指标

项目＼品名	调味酱（包）	调味油（包）	调味粉（包）	脱水蔬菜
色泽	调味酱呈酱红色或酱色	调味油应有的色泽	淡棕色、灰白色或淡黄色等特有的色泽	原品种具有的颜色
气味	调味酱无焦味、无异味、具有本品种特有的气味	无焦味及其他异味	具有本品种应有的香气	无异味
滋味	具有该品种应有的滋味，无异味	具有该品种应有的滋味，无不良滋味	具有该品种应有的滋味，无不良滋味	无不良滋味
形态	半固体状	液体、半液体或半固体态状	粉末状或小颗粒状、无结块	脱水蔬菜呈片状或颗粒状
杂质	无砂粒，无肉眼可见杂质	无砂粒，无肉眼可见杂质	无砂粒，无肉眼可见杂质	无砂粒，无肉眼可见杂质

实践任务点

根据单一调味原料的基本特性和味的分类，尝试按照表 8-3 的要求特点，调配原材料，制作复合调味品，实践探索滋味调配的熟练应用。

表 8-3　复合调味品的情况分析

名称	制作方法	成品特点	适宜范围
椒盐	先将花椒用慢火炒熟炒香，凉凉后研成细末过箩，然后花椒粉与精盐按 3：1 的比例调匀即可	香麻而咸	油炸食物的蘸食
花椒油	制作时用温油炸制花椒，逐渐升温直至将花椒炸至老黄，使花椒的香味完全融入芝麻油中，将花椒打捞干净，凉凉即可	花椒香味浓郁	红烧等红色、咸鲜为主的菜肴和凉菜的制作
辣椒油	将辣椒温油下锅，逐渐升温直至将辣椒炸至老黄，使辣椒的香味、辣味、色素全部融入油中，将辣椒捞出凉凉即可	色泽鲜红，香辣味并重	制作辣味菜肴的底油或明油以及凉菜
葱椒油	将大葱切大段拍松或剖切后连同花椒一起温油下锅，逐渐升温将大葱、花椒炸至老黄，使葱、花椒的香味全部融入油中，捞出大葱、花椒凉凉即可	葱、椒味混合	用于红烧、扒、焖等红色、咸鲜为主的菜肴和凉菜
三合油	以酱油、醋、香油为原料，制作时以酱油为主，醋、香油适量，加少许味精调配而成	咸香酸鲜，香鲜解腻	主要用于凉菜的制作

模块九
制汤技艺

● 模块导读

俗话说"唱戏的腔，厨师的汤"，足以说明鲜汤在烹调技术中是何等的重要。鲜汤的用途非常广泛，不仅在汤菜中需要使用大量的鲜汤，其他许多菜肴的烹制也都离不开鲜汤。尤其是像燕窝、鱼翅、海参等本身并无鲜味的高档原料，更离不开鲜汤的赋味。汤的鲜味是烹饪的灵魂，烹调技艺展现对于不同汤的制作方法，本模块将就普通汤、高级汤的制作味内容和制作技艺进行描述。

● 能力培养

1. 了解制汤的概念和意义。

2. 熟悉汤汁的分类和标准。

3. 掌握普通汤、高级汤的制作。

● 知识拓展

1. 古代熬汤需要什么工具。

2. 煲汤最常用到器具及其保养技巧。

3. 科学喝汤的常识。

● 案例导入

　　制汤是我国传统烹调技艺中的精华。我国各大菜系均有自己的独特之处，这正是其菜肴的风格所在。鲁菜，作为我国的八大菜系之一，尤其重视汤的运用，对汤的质量、标准都有很高的要求。与其他菜系相比较，鲁菜的汤的历史悠久、工艺上乘，早在南北朝时期，鲁菜的汤就已经成为一种独立的烹调技术了。因此，制汤是鲁菜制作工艺中的一项重要工艺。它是衡量厨师烹饪技术水平高低的标准之一。

　　据统计，鲁菜菜肴除了甜菜之外，80％以上的菜肴制作是用汤来辅助提鲜的，尤其是咸鲜味、五香味、酸辣味等菜肴（主要是炒菜），多用汤来提鲜增香。当然，汤对于汤菜更为重要，如奶汤八宝鸡、奶汤核桃肉、奶汤鳜鱼、奶汤全家福、清汤燕菜、清汤冬菇等。要掌握鲁菜的烹调技术，必须对鲁菜的汤有所了解，这也是鲁菜厨师的基本功。

　　从鲁菜汤的品种来看，有十多种。如荤料做的汤、素菜做的汤，高档的汤、低档的汤等。如上等清汤用于制作荷花鱼翅、海参肘子、绣球干贝、蟹黄海参等；高汤用于制作葱烧海参、鲜贝冬瓜球、豆豉烧鲫鱼等；奶汤用于制作白汁裙边、三美豆腐、奶汤银肺、奶汤腐竹等；鸡汤用于制作四喜鱼卷、烧酥鸡、板栗烧白菜等；三套汤用于制作什锦一品锅等。此外，还有老汤、鱼汤、蛤汤、口蘑汤、海鲜汤、海带汤等。

鲜汤是取之于原料天然的鲜味，由许多鲜味成分组合而成，主要是含氮浸出物，包括氨基酸、琥珀酸和核苷酸等。其鲜味纯正、醇厚，并且具有较强的香气，这是其他的香味无法相比的。人们食用酸、甜、苦、辣、咸五味过量对人体都有副作用。但从古至今还没有发现食用鲜味对人体有副作用的。因此，鲜味是人们应大力提倡的味种。

（资料来源：https：//xueshu.baidu.com/usercenter/paper/show?paperid=549f373c54ad6b526327ea42085037a8&site=xueshu_se）

● 案例分析

1. 鲁菜制汤技术中的主要品种有哪些？

2. 俗话说"唱戏的腔，厨师的汤"，表达了一种怎样的观点？

项目一　制汤的原理性认知

制汤是我国传统烹调技艺中的精华。制汤又称为吊汤，是将经过加工整理后的、含蛋白质和脂肪的原料放入适量的水锅中煮制，使其含有的蛋白质、脂肪等各种营养物质和鲜味物质充分释出溶入水中，形成滋味鲜美、味浓醇厚的鲜汤，以备烹制菜肴时调和滋味时使用。

一、制汤的概念

鲜汤，常简称为汤，在烹调中主要起增鲜提味的作用。味精问世之前，汤的用途十分广泛，凡需要用水烹制的菜肴大都要用到它；味精发明之后，由于味精使用方便，逐渐将汤的地位取代。实际上，鲜汤取自原料的天然物质，由多种鲜味成分组合而成，纯正醇厚，浓郁平和，这是味精根本无法相比的。目前用燕窝、鲍鱼、刺参、鱼肚、鱼唇、蹄筋等本身无鲜味的珍贵原料做菜使用，还必须用汤来提鲜。

二、制汤的基本原理

制汤原理可分为两个部分来论述，一是汤色的形成原理，二是汤汁风味的形成原理。

（一）汤色形成的原理

汤色分为清汤、白汤两种，其形成的原因主要是火候和油脂。

1.清汤形成的基本原理

在制汤过程中，由于原料中的蛋白质和脂肪的水解作用，使得汤汁鲜美醇厚，更为重要的是制清汤又加入了呈蓉状的蛋白质物质，利用了蛋白质胶体的凝固作用和吸附作用，清理了汤汁中的悬浮颗粒物，汤汁再经过滤会更加澄清，汤味更加鲜醇浓厚。另外，在制作清汤过程中由于使用小火加热，使汤汁保持沸而不腾的平静状态，使乳作用不能体现，熔化的油脂只能浮在汤水的表面，及时撇出后仍能保持汤汁的清纯。

2.白汤形成的基本原理

白汤制作有时又称翻白汤、翻汤。其选料多为鸡、鸭、方肉、肘子、猪骨等，在长时间的煮制过程中，原料中的蛋白质、脂肪水解生成低聚肽的多种氨基酸和脂肪酸溶于水中，而使汤汁滋味鲜美醇厚。同时脂肪与水在长时间的加热过程中，由于使用了中旺火加热，汤汁一直处于激烈的沸腾状态，脂肪分子与水分子相互撞击渗透，易形成水包油型的白色乳状结构。另外，制汤的原料中富含磷脂和胶原蛋白，磷脂的存在使汤汁的乳白状相对稳定。水油不易再分层，胶原蛋白的存在使汤汁稠浓，乳化作用更强。所以，制成的白汤色泽乳白，滋味鲜美醇厚，汤质稠黏滑。

（二）汤汁风味形成的原理

制汤的过程实质是原料中呈味物质由固相（原料）向水相（汤）的浸出过程，原料在刚出锅加热的时候，表面呈味物质的浓度大于水中的呈味物质浓度，这时呈味物质就会从原料表面通过液膜扩散到水中，当表面呈味物质进入水中之后，使表层的呈味物质浓度低于原料内层的呈味物质浓度，导致了原料内部液体中的呈味物质浓度不均匀，从而使呈味物质从内层向外层扩散，再从表面向汤汁中扩散。经过一段时间受热后，逐渐使原料中的呈味物质转移到汤汁当中，并达到浸出相对平衡。这一原料的依据就是费克定律，汤汁的质量与原料中呈味物质向汤中转移的程度有关，转移得越彻底，则汤的味道越浓厚。

此外，还与原料的形态、呈味物的扩散系数、制汤的时间等有关系，原料越小，呈味物质的扩散系数越大，制汤所用时间越长，则萃余率越小，呈味物质从原料向汤的转移越彻底（注：萃余率是指溶质残余在固体中的比率）。

三、制汤的基本原则

制汤工艺既细致又复杂，不能忽视任何一个环节，否则就会对成汤的质量造成直接或间接的影响，因此，在制汤过程中，应掌握以下原则。

（一）必须选用鲜味足，无腥膻气味的原料

汤的质量优劣，首先受汤料质量好坏的影响。制汤原料要求富含鲜味成分、胶原蛋白，含有适量脂肪，无腥膻异味等，并要先经过焯水，清洗干净方可制汤。因此，选料时应选用鲜活的鲜味浓厚的原料，如猪肉、牛肉、鸡、口蘑、黄豆芽等。不用有异味的、不新鲜的，尤其是鱼类。不用易使汤汁变色的香料，如八角、桂皮、香菇、花椒等。

（二）制汤的原料均应冷水下锅，且中途不宜加冷水

制汤的原料一般都是整只、整块的动物性原料，冷水下料逐步升温，可使汤料中的浸出物在原料表面受热凝固收缩之前，就大量地进入原料周围的水中，并逐步形成较多的毛细通道，从而提高汤汁的鲜味程度。沸水下料，原料表面骤然受热，表层蛋白质变性凝固，组织紧缩，不利于内部浸出物的溶出，汤料的鲜美滋味就难以得到充分体现。同样，水量一次加足，可使原料在煮制过程中受热均衡，以保证原料与汤汁进行物质交换的毛细通道畅通，便于浸出物从原料中持续不断地溶出。中途加水，尤其是加凉水，会打破原来物质交换的均衡状态，减少物质交换的速度，将一些毛细通道堵塞，影响原料内可溶性物质的外渗，从而降低汤汁的鲜味程度。

（三）合理准确掌握火力和时间

旺火烧开，一是为了节省时间，二是通过水温的快速上升，加速原料中浸出物的溶出，并使溶出的通道稳定下来，以利于毛细通道通畅，溶出大量的浸出物。小火保持微沸是提高汤汁质量的保证。因为在此状态下，汤水流动有规律，原料受热均匀，既利于传热，又便于物质交换。如果水是剧烈沸腾，则原料必然会受热不均匀（气泡接触热流量较小，液态水接触处热流量大），这既不利于物质交换，还会

使汤水快速、大量汽化，香气大量挥发，严重影响汤汁质量。制清汤时持续沸汤更是一大忌讳。

汤的品种档次不同，制作要运用的火力与加热的时间也不一样，制白汤一般宜使用旺火—中火—旺火；制清汤使用旺火—小火；普通汤加热时间一般不及高级汤用时长，火力不可盲目使用旺火，无度延长加热时间。

（四）除腥增鲜，注意调料投放

汤料中鸡、肉、鱼等，虽富含鲜香成分，但仍有不同程度的异味。制汤时必须除去异味，增加香味。为了做到这一点汤料在正式制汤前，应该焯水洗净。有时放葱姜和料酒等去除异味。要注意调味料的投放顺序。煮制清汤时有的用葱头、胡萝卜、芹菜等，这些蔬菜都有一些挥发油和香气成分，为了避免这些挥发成分过早挥发掉，影响汤的风味，应在清汤煮好前一小时放入。食盐的投放需要特别注意。制汤过程中最好不要放盐，因为盐有强电解质，一进入汤汁中便会全部电离成氯离子和钠离子，氯离子和钠离子都能促进蛋白质的凝固，影响热的传递，妨碍其浸出物的溶出等，同时还能破坏溢出蛋白质分子表面的水化层，使蛋白质沉淀汤色灰暗，对制汤不利，还能使汤汁变浑浊。所以在制汤时不要过早放盐。

（五）汤面的浮沫打净，不撇浮油，注意汤锅加盖

煮制汤的过程中，汤的表面会逐渐出现一层浮油。在微沸状态下，油层比较完整，起着防止汤汁香气外溢的作用。当它被乳化时，这些香气成分便随之分散于汤中。油脂乳化还是奶汤乳白色泽形成的关键。所以，在制汤过程中不要撇去浮油。注意掌握撇浮沫的时间，浮沫是一些水溶性蛋白质热凝固的产物，早于浮油产生，浮于汤面，色泽褐灰，影响汤汁美观，必须除去。应在旺火烧沸后立即撇去浮沫，可减少浮油的损失。汤面油脂也不能过多，否则会影响汤的质量，尤其是制清汤。不过这在选料时以作控制。正常汤料产生的浮油对制汤是必要的。汤锅加盖也是防止汤汁香气外溢的有效措施，同时可减少水分蒸发。

── 知识拓展 ─────────────────────────

古代餐具

古代食器种类很多，主要有：簋（guǐ），形似大碗，人们从甗（yǎn）中盛出食物放内在簋中再食用。簠（fǔ），是一种长方形的盛装食物的器具，用途与簋相同，故有"簠簋对举"的说法。豆，像高脚盘，本用来盛黍稷，供祭祀用，后渐渐用来盛肉酱与肉羹了。皿，盛饭食的用具，两边有耳。盂，盛饮之器，敞口，深腹，有耳，下有圆形之足。盆盂，均为盛物之器。案，又称食案，是进食用的托盘，形体不大，有四足或三足，足很矮，古人进食时常"举案齐眉"，以示敬意。铜鼎：铜鼎是从陶制的三足鼎演变而来的，最初用来烹煮食物，后主要用于祭祀和宴享，是商周时期最重要的礼器之一。

── 实践任务点 ───────────────────────

骨头汤是一道汤品，制作原料主要有扇子骨、直通骨、尾脊骨等。能起到抗衰老的作用，同样，骨头汤也能有利于青少年的骨骼生长。根据以下的原料及制作步骤，制作一款骨头汤。

项目二　普通汤的制作技术

用于制汤的原料，一般要有丰富的鲜味成分、蛋白质及一定量的脂肪等。在制汤过程中，鲜味成分受热溶出，蛋白质水解，脂肪乳化，使汤汁具有汤味鲜香、汤质黏浓、汤色乳白或汤液澄清的特色。

一、鲜香汤味的形成

汤中浓郁的鲜味来源于原料浸出物中所含有的呈味物质，如畜、禽、鱼骨中的肌苷酸、谷氨酸、琥珀酸、肌酸、氨基酸酰胺、酞等，以及蕈类中的鸟苷酸，豆芽和竹荪的天门冬酰胺等。在加热过程中，由于蛋白质的变性和原料组织的受损，各种呈鲜味物质会随着从原料细胞中流出的汁液，进入到周围的水中，从而形成鲜汤。

汤的香气于制汤原料风味成分的挥发及浸出物中氨基酸与糖发生羰的反应有关。挥发是植物原料热香产生的主要原因，浸出物是动物肉类热香形成的主要途径。不同的制汤原料所含的挥发性成分及氨基酸组成各不一样，所产生的热香千差万别，如猪肉骨汤有猪肉的香，牛肉骨汤有牛肉的香，鸡汤有鸡肉的香味。用不同的原料，所制汤的香型便不相同。如果用多种原料同煮，所形成的又是一种复合型香味。各种汤在鲜味上存在程度的区别，而在香型上却有着质的差异。

（一）一般清汤

一般清汤又称普通汤、毛汤。因质量标准相对要求不高，故其用料也比较随意，不同风味的餐馆与不同档次的餐馆用料有很大的差别，一般而言，凡是新鲜的动物原料均可使用。如鸡、鸭、猪肉、牛肉、鸡骨架、鱼肉、猪骨等，即可单用一种原料，也可多种原料混合使用。较为规范的普通汤，多以单一原料制成，如鸡汤、鸭汤、牛肉汤、鱼汤等。

（二）荤汤

荤汤所用的原料主要有鸡、鸭、猪蹄膀、猪肉、猪骨、猪肉皮、牛肉、牛骨、鱼等，有时还用到火腿及一些海鲜等。利用它们制取的汤种类较多，按档次分有一般荤汤和高级荤汤两类，按汤色分有白汤、清汤两种。实际应用的种类非常复杂，不同的地区在选配原料、汤料配比、制取方法、操作程序等方面各不相同。不过，制汤的基本原理却是一样的。因此，我们依据共同的基本原理分别介绍各种制汤方法，主要介绍共性的地方。

二、普通汤的分类

（一）毛汤

包括用于加工奶汤和清汤的初制汤和直接用于做菜的普通汤。

1.头汤

用于加工奶汤和清汤的初制汤，常称为头汤。其汤色浑白，介于奶汤和清汤之间。其用料随各种奶汤和清汤的要求而定。

原料：猪骨、鸡架子、鸭骨架、碎肉等（单独一种原料也可）。

制作：将原料洗净，放入汤锅中，加足清水（原料和水的比例是1：10），旺火烧沸，撇去汤面浮沫，放入葱姜料酒，盖盖改中火慢煮，至汤色浑浊即成。一般两小时左右。此汤可随时取用汤汁，随时加清水。不必单独置锅制取，北方厨师一般称高汤。

2.普通汤

直接用于做菜的普通汤，汤料比较简单，仅用猪骨和清水（或水煮禽类、猪肉、猪排骨、猪蹄等之后的汤水）。一般不需要进一步加工成奶汤或清汤，因为其用料档次过低，鲜味不够醇厚，没有进一步加工的必要。

（二）猪骨汤的制作

将猪肘子骨5千克洗净后，从中间砸断，放入汤锅中，加足清水（或用水煮法初步熟处理禽、畜原料之后的汤水，用水量为猪骨的5~10倍），旺火烧开，撇去浮沫，改中火煮制一小时，至汤汁变白即成。此汤制作也可和畜类原料的初步煮制同时进行。

提取初制汤（头汤）之后的原料仍还有较多的营养成分，加水进一步熬制而成的汤，称为二汤，其汤色较淡，鲜味较轻，是质量较次的普通汤，多用于制作普通菜肴。方法是提取初制汤后的原料，加水继续煮制，至汤色浑白。此外，五花肉、猪蹄、鸡、鸭、鹅等，由于做菜需要，有时必须进行初步煮制，所形成的汤也常作普通汤使用。

（三）鱼汤制作

用鱼、鱼头或鱼熬制的汤称为鱼汤，也属于普通汤。它多用于制作鱼羹类菜肴。方法：使用鱼头或鱼骨架500克。将炒锅上火烧热，用洁白猪油滑锅，下葱、姜煸香，在下入洗净的原料，煸炒至表面成熟，再加清水2000克旺火烧开，撇沫后继续煮制，至汤色浓白时即成。

这类熬汤不论是用于提取清汤和奶汤，还是用于直接做菜，除鱼汤外，都是以获得鲜美、较浓厚滋味为主要目的，对汤色要求并不高。因此，制取毛汤必须冷水下锅、旺火烧沸、小火煮制，熬制时间一般一小时以上，甚至更长，以保证将原料中的呈鲜味物质尽量提出来，使胶原蛋白尽量水解为凝胶。

三、普通汤的制作实例

（一）一般清汤制作实例（鸡汤）

1. 用料

净老母鸡2只，约2.5千克，鸡架2个，鸡爪、鸡翅1千克，清水10千克，葱、姜各50克，料酒、盐适量。

2. 制作

（1）将原料焯水后去污漂净，葱切段，姜拍松。

（2）汤锅中注入清水10千克，然后置入原料，用中旺火烧开。

（3）汤锅烧开后改用小火加热，并及时用手勺撇净汤面浮沫。加热2.5~3小时，至汤汁澄清，鸡味鲜醇时，将原料捞出，随即过滤汤汁，放入适量盐待用。

3. 一般清汤的用途

一般清汤适用于许多低档菜肴的烹调使用，如炒、爆、烩、熘、烧、扒入汤类的菜肴。

4. 一般清汤制作的实操要求

（1）选用营养成分丰富、新鲜味足的原料。

（2）水质要纯净。

（3）原料下锅前一般需预先进行焯水制备。

（4）宜使用冷水下锅，旺火催开，小火煮制。

（5）煮汤中不宜加盐，及含有盐的调品和原料，以防影响汤的质量。

（6）煮成的汤宜现制现用，不宜隔日使用，以保持汤质新鲜。

5. 质量标准

汤汁清澈，滋味鲜香。

（二）奶汤

其汤色乳白，汤汁浓厚，味道鲜醇，香气浓郁。按所用原料档次的不同，可分为一般奶汤和高级奶汤两种。由于毛汤色泽也接近于乳白，有人将它也归于奶汤中的一般奶汤。

1. 一般奶汤

常用猪骨、鸡骨架、鸭骨架、碎肉等作为汤料，标准高一点的，也可放些鸡肉、鸭肉、猪瘦肉等。此汤多用于制作砂锅菜及烧、烩白汁菜肴等。

2. 制作

（1）将初制汤用旺火烧沸，改中火再煮，一般的饭店都是一次熬成一般奶汤，随用随取。

（2）猪骨奶汤：在原来的初制汤锅中，加一些新鲜的猪蹄或猪骨头，旺火烧开，撇去浮沫，改中火再熬汤，至汤色乳白即可。

（3）奶油面汤：将炒锅洗净上火，烧热后用洁白的猪油滑锅，留底油下普通面粉炒制（比例2∶1），要用小火炒面，至锅内面粉起小泡时，迅速加入沸腾的初制汤，改用旺火烧开，至汤色乳白即可。

3. 关键

（1）用油炒面粉时要用微火炒透。

（2）加入清汤时，其温度越高，淀粉糊化得越充分，形成的乳化态越稳定。

（3）制作中搅拌的速度要快而有力可使水与油分散得充分，使汤面洁白光泽。

（4）如汤中出现面粉颗粒或其他杂质，可用密漏过滤。

4. 制作奶油汤面的原理

制作奶油汤主要利用了脂肪的乳化与淀粉的糊化原理。水与油是不相容的，可是奶油汤从外观上看，油与面粉却完全融为一体。这是因为面粉和油通过机械搅拌，

左侧竖排文字：

"全国旅游高等院校精品课程"系列教材·中式烹调技艺

均匀地分散开，形成水包油的乳化态。与此同时，面粉中的淀粉受热发生糊化，形成了黏稠状态。从而使油、水均匀分散地稳定下来，形成了奶油汤的乳化状态。

（三）素汤

制取素汤的原料主要为富含鲜味成分的一些植物性原料，如黄豆芽、竹荪、口蘑、香菇蒂等。所制的汤也有奶汤和清汤之分。素汤具有新鲜不腻的特点，多用于制作素菜。素汤的应用范围较窄，仅在制作斋菜时用到，其制取方法也比较简单。

1. 素清汤

用香菇蒂（或竹荪根部）500克，洗净倒入锅中加凉水5000克，用旺火烧沸，改用小火烧煮约2小时，过滤后取汤汁，澄清后即可使用。

2. 口蘑汤

用干口蘑300克洗净后用沸水焖泡至透，剔去尾部杂质。往锅里加入清水和焖泡口蘑的原汁，先用旺火烧沸，再改用微火煮制约2小时，然后滤除原料即可。也有用口蘑和黄豆芽同煮而成的，称淡口蘑汤。同样的方法还可以用竹荪制成竹荪汤。

— 知识拓展 ————————————————————

煲汤最常用到器具及其保养技巧一

在煲汤、炖汤的时候，需要用到的工具。砂锅几乎是家家必备的厨具，东西很实用，用砂锅做的汤风味和口感都比普通金属锅好上很多个档次。

1. 砂锅

在使用前应该先用它煮一下米汤。少许米加水煮出的米汤，可以渗透每一个微小缝隙将其填实，这样做之后的砂锅不易炸裂。

保养：建议每隔一段时间就煮一次米汤，对它进行小保养。砂锅长时间不用的时候，可以用报纸包好，有条件的在里面放上两块炭，这样砂锅既不易受潮，也不会在下次煲汤的时候有异味。

2. 瓦煲

理论上来讲，瓦煲和砂锅还是有所不同的，它的烧制温度比较高一些，所以瓦煲的耐热、耐冷程度都比砂锅要强一些。当然，单凭外观上来看，两者的外形区别

模块九 制汤技艺

173

就让你一目了然，瓦煲的外形更为专业一些，用它来煲汤，显得更为正宗。

保养：对于瓦煲的保养与使用和砂锅基本类似，只是在使用的时候，瓦煲的功能更加专一，基本只适合煲汤，而砂锅除了做汤之外，还可以炖菜、炖肉。

——实践任务点——

根据汤的调制原理及其步骤，制作一款鱼汤，把握汤汁浓稠的关键和口味。

项目三 高级汤的制作技术

一、高级清汤

高级清汤又称高汤、顶汤、上汤。极品清汤又称"金汤"或"斤汤"，主要是选用老母鸡、猪肘、牛肉、猪肉、鸡腿肉、鸡大胸、黄豆菜、鲜金针菇等材料制成，某些地区有添加干贝或焯煮后的金华火腿。这些原料鲜味足、蛋白质丰富。高级清汤的用料以使用单一原料为最佳，如传统的只使用老母鸡一种原料。

（一）高级清汤制作实例

1.用料

净老母鸡 3 只约 4 千克，猪肘子两只约 2 千克，鸡骨架 2 个，清水 10 千克，葱姜各 50 克，料酒、可卡盐适量，牛肉 1.5 千克，鸡腿肉 1.5 千克，鸡脯肉 2 千克，黄豆芽 1 千克。

2. 煮制

（1）将老母鸡、猪肘子、鸡骨架、洗净焯水后污漂净、葱切段、姜拍松。

（2）汤锅中注入清水 10 千克，将老母鸡、猪肘子、鸡骨架、葱姜一锅并加适量料酒，用中旺火烧开。

（3）汤锅烧开后迅速改用小火加热，注意随时用手勺撇净汽面浮沫，加热煮 4~5 小时，使原料中的营养成分和鲜味物质最大限度地溶入汤水，将熬汤料捞出，过滤汤汁。

3. 吊汤

（1）在煮汤的同时，将鸡腿肉、牛肉分别斩剁成细蓉，用冷水泡瀣调成粥状吊汤料。

（2）把吊汤料倒入过滤好的汤锅中，上火烧开，开后使用微火熬制，使吊汤料充分与汤溶在一起，同时，不断用手勺在汤锅中朝一个方向推搅，形成旋涡，使汤中的各种微粒悬浮物被全部吸附在吊汤料上，并逐渐浮起，最后用密眼漏勺将吊汤料拢结在一起，并按成肉饼状后捞出，过滤汤汁，用时约 2 小时。

（3）在吊汤的同时，将鸡脯肉斩剁成细蓉，用冷水瀣调成粥状吊汤料。

（4）把吊汤料再倒入过滤后的汤锅中，采用第一次的同一种方式，将汤吊好过滤，用时约 2 小时。吊汤中使用的鸡腿肉、牛肉原料因颜色呈红色，故称为"红绍"，而使用的鸡脯肉颜色较浅，故称为"白绍"，两者合称"荤绍"。

吊汤中"双吊"或"双绍"的作用主要是：一方面使吊汤料的各种营养成分析出溶于汤中，进一步提高清汤的鲜度纯度；另一方面用吊汤料大量吸附汤中的微粒悬浮物质，使吊汤料结团捞出，可使汤汁变得更为清澈明透。

①温汤提清法

将鸡脯肉或鸡腿肉斩成肉蓉，用凉水瀣开（鸡肉和水的比例为 2：3），加葱姜料酒以除去异味。将热汤冷凉，倒入瀣开的肉蓉，上火搅匀肉蓉。将汤加热至微沸，此中不断顺一个方向搅动，待肉蓉中的蛋白质凝固成絮状并吸附汤汁中悬浮颗粒一起浮起时，捞出后汤汁就清了。一般来说 500 克肉蓉可清汤 20 千克。一般清汤用猪肉蓉提清，高级清汤用鸡蓉提清。有的地方先用猪肉蓉（红绍）扫汤，再用鸡蓉（白绍）扫汤。

②沸汤提清法

用旺火将澥好的肉蓉倒入汤中，然后再不停地顺一个方向搅动，使肉蓉均匀分散，此时肉蓉在沸汤中凝成絮朵状，并逐步靠拢锅边。再改用小火，保持汤似沸不沸状态，同时撇去汤面浮沫，然后将凝固的絮状鸡蓉捞出，用手勺压实成块，再轻轻放回汤中，使肉蓉中的鲜味成分较多地浸入汤中。此时汤已澄清，将清汤锅离火盖好盖，置近火处（使汤欲沸不能）保持一定的温度。待用汤时，再根据需要放适量的调味品即可。

4. 清汤

在吊汤同进，将黄豆芽掐去两头成掐菜洗净焯水，再将吊后清汤上火，将掐菜倒入微沸的汤锅中，使用微火，用勺不断推搅约 30 分钟后捞出清汤料，过滤汤汁。

用黄豆芽的清汤作用主要是清除汤清在煮制与吊制后汤中残留的脂肪、蛋白质等物质的悬浮微粒，使清汤的鲜醇效果表现得更加鲜而不烈，醇而不酷，鲜中透爽，纯中显柔，不腻不燥，滑浓相宜。又称"素绍"。

5. 成汤

将煮、吊、清后的汤放适量盐待用，盐又称"引香粉"，如不放盐再好的汤鲜味也不纯正，若投放过多也会掩盖汤的鲜味。因此，必须掌握适量恰当，大约成汤 4 千克。

（二）质量标准

鲜味醇厚、浓爽相宜，色泽微黄，清澈透底，热饮沾唇，凉置成冻。

（三）高级清汤的用途

高级清汤因制作成本高，主要用于高档宴席的菜肴制作及名贵菜肴、风味特色菜肴的制作，如"扒通天鱼翅""黄焖鱼翅""一品燕菜""推沙望月""扒蟹黄鱼肚""一品海参"等。

（四）高级清汤制作程序

$$
选料加工\left\{
\begin{array}{l}
煮汤料初加工\rightarrow洗净焯水\rightarrow去污漂净\\
吊汤料精加工\rightarrow斩剁成蓉\rightarrow调成粥状\\
清汤料细加工\rightarrow洗净焯水\rightarrow过凉待用
\end{array}
\right.
$$

吊汤过程：冷水下锅→中旺火烧开→小火煮制→捞出原料→过滤汤汁→投放"红绍"→微火吊制→捞出吊料→过滤汤汁→投放"白绍"→微火吊制→捞出吊料→过滤汤汁→投放"素绍"→微火吊制→捞出吊料→过滤汤汁→适量调味→成汤待用。

（五）高级清汤制作的实操要求

（1）严细把握制汤过程中的三个重要程序——煮汤、吊汤、清汤。做到主料鲜足，吊料精细，清料适量。

（2）科学运用制汤过程中的关键原理：水解作用原理、蛋白质变性胶体凝聚原理和蛋白质胶体微粒的吸附原理及机械作用原理。

（3）水质要纯净，并一次加足用量，中途不宜加水。容器以不锈钢或陶瓷最佳。

（4）煮料宜预先焯水，冷水下锅，旺火速开，小火煮制，使汤呈微开状，以保证汤清色正。

（5）要恰当掌握制汤时间，煮汤不宜过长，以防止时间过长导致氨基酸氧化和氨基酸之间的交换而产生酰胺键，使汤味变酸，降低汤的质量。

（6）制汤过程中不可加入盐及含盐原料。

（7）清汤必须当天制用，不宜隔日使用。

二、高级白汤（浓白汤）

浓白汤又称高级白汤、奶白汤。浓白汤的制作原料主要有老母鸡、鲜鸭、猪五花肉、猪肘子、猪骨棒等。如果是单一味的浓汤，如鲫鱼汤、鳜鱼汤等可以先用油煎鱼然后直接加水用中火煮炖而成。清真菜主要选用老母鸡、鲜鸭、牛肉等。此外，还可以选用干贝、蹄筋等原料。某些风味菜系还使用猪肚，有所谓"无鸡不鲜、无肘不浓、无肚不白"之说。总之，高级白汤选料多是富含蛋白质、脂肪和胶原蛋白的原料。

（一）浓白汤制作实例

1.用料

老母鸡2只约2.5千克，猪五花肉2千克，猪肘子2千克，猪骨棒2千克，清水15千克，葱姜各50克，绍酒盐适量。

2.制作

（1）原料经初加工整理洗净，焯水后去污漂净。葱切段，姜拍松。

（2）汤锅中注入清水15千克，依次放入原料，使用旺火烧开，保持煮约5分钟，改用中火使汤保持中度沸腾翻滚，用手勺撇净汤面的浮沫，加盖煮制3~4小时，至汤色乳白浓稠时，即可将原料从锅内捞出。

（3）锅端离火源后稍置，用双层纱布过滤，清除净汤中残存杂质后放适量盐即成为浓白汤。

3.关键

要求汤汁滋味鲜醇，口感浓厚，浓白如奶。因此在火候方面，较之毛汤有所不同，单独制取时，一般要用中火熬制，使汤锅内保持沸腾，有利于浓汤的形成。如果在成汤之后，再用旺火熬一熬，加剧沸腾，效果会更好。不过在熬制过程中绝不能使用旺火。因为剧烈的沸腾，水的汽化速度过快，原料反而不易煮烂，影响原料中鲜味成分的溶出和胶原蛋白的水解，难以达到奶汤在滋味和口感方面的效果。

4.质量标准

色泽乳白，味鲜醇厚，汤质浓滑。

5.浓白汤的用途

浓白汤多用于色泽乳白的高档菜肴，既可作为烧、扒、爆、炒、熘等菜肴提鲜增色，又可用于炖、烩、氽等汤汁量较多菜肴的主要原料，如"奶汤菜心"等。

（二）高级奶汤制作实例

用料比较讲究，多用老母鸡、猪蹄、猪瘦肉、猪骨等，有时还要加干贝、海米、火腿、鸡骨架、鸭骨架等。此汤较之一般的奶汤，汤汁更浓，鲜味更醇，香味更厚，多用于制作高档宴席的菜肴或中档宴席高档菜肴，如烧、扒一些珍贵的原料等。

1. 高级奶汤一

用净老母鸡、猪蹄髈肉、猪皮、猪肘子骨各 1 千克。制作时将猪皮处理干净切大块，猪蹄髈肉、猪肘子骨洗净，肘子骨放在汤锅底部，将鸡、猪蹄髈肉焯水洗净，放在猪骨上面，加清水 5 千克，并加葱、姜、料酒，加盖，用旺火烧沸后改用中火熬制 2 小时，至汤色乳白色即可。趁热用纱布过滤。放入保鲜冰柜内存放，随用随取。

2. 高级奶汤二

用老母鸡 2 只（4 千克左右），鸭 2 千克，猪排骨 2 千克，猪蹄 1.5 千克。汤锅中加清水 15 千克，放入各种洗净的原料，旺火烧沸后撇去浮沫，捞出原料洗净，并将汤水滤渣后再入锅中，然后按猪骨、鸡、鸭、猪蹄的顺序将原料放回锅中，加葱姜，加盖，用旺火烧沸，改用中火保持汤的沸腾，大约 2 小时，汤色奶白。取汤时用纱布过滤。

3. 高级奶汤三

用鸡骨、猪瘦肉、猪蹄髈各 2 千克，猪骨 3 千克，老鸭 1 千克。把原料焯水洗净，放入汤锅中，加入 18 千克，并加入姜块、葱段、料酒，加盖，用旺火烧沸后，改用中火煮 3~4 小时，至汤汁浓白时，一般可得 10 千克左右的高级奶汤。凉凉后用纱布过滤。放入保鲜冰箱内保存，随用随取。

（三）高级白汤制作的实操要求

（1）掌握制作高级白汤过程中的水解作用和乳化作用的原理是制汤的关键。

（2）使用水质要纯净，原料要新鲜，容器要清洁。

（3）合理运用火候，需要旺火或中火始终保持汤的翻滚沸腾，充分作用水的急剧对流，强化水分子同原料的撞击，摩擦作用和汽蒸压力作用，保持汤色奶白效果。

（4）煮制过程中要适时搅动，防止原料煳锅，产生不良异味。

（5）煮汤要一次性加足水，中途不宜加水，以免影响汤质汤色，若用冷水下锅一定要用旺火速开。

（6）煮汤过程中不可加盐和含盐的原料，注意绍酒投放要适量。

（7）制好的汤应当天使用，不宜隔日使用。

三、三套汤的制作实例

（一）原料

肥鸭 3 只（重约 4500 克）、肥母鸡 3 只（重约 3700 克）、猪肘子 3 只（重约 4500 克）、母鸡腿肉 500 克、鸡里脊肉 500 克、猪后腿骨 4500 克、大葱白 25 克、姜片 25 克、花椒 2 克。

（二）制作

（1）将鸡、鸭宰杀放净血液，煺净鸡毛，开腹摘除内脏及背部的肺叶，用清水冲洗干净，将鸡腿骨敲断备用；鸡腿肉及鸡里脊肉分别清洗干净，沥净水分，用刀背分别砸剁成蓉泥状，各装入一干净的盛器中，分别加入清水适量，调匀成糊状，制得红绍和白绍，再将精盐分成两份，加入红绍、白绍中搅拌均匀备用。

（2）将肥母鸡、肥鸭、猪肘子、猪后腿骨分别放入沸水中焯去血污，捞出用清水洗净备用。净汤桶上火，注入清水 20 千克，放入焯水后的猪后腿骨（1500 克），其余猪肘子、肥母鸡、肥鸭各一只，用旺火烧沸汤汁，打去浮沫，加入葱段、姜片、花椒，改用小火煮制 2 小时左右，将汤汁中的原料全部捞起，另作他用。再按此法将剩余的原料分成两次下入汤汁中煮制（每次另换鸡、鸭、肘子等原料）；然后将汤桶撤离火口，使汤凉凉，打去汤内浮油。

（3）将汤桶移至小火上加热，先将红绍倒入汤汁中，并边倒边用手勺不断地搅拌旋转，至汤要开时，将汤桶半离火眼，保持汤汁微沸，当鸡腿肉泥全部浮起时，用漏勺全部捞起，用手勺挤压沥去汤汁，挤成饼状备用。将汤汁离火凉凉后，再将其上火小火慢慢加热，用同样的方法放入白绍。汤清完后，再将红绍饼、白绍饼慢慢漂入汤汁中，待其鲜味全部浸出时（约 1 小时），用漏勺捞起红、白绍饼，将汤倒入洁净盛器中，即成三套汤。

四、素高汤的制作实例

（一）原料

黄豆芽 2500 克、生姜 100 克、熟花生油 100 克、花椒 5 克、八角 10 克。

（二）制作

（1）将黄豆芽淘洗干净，漂去豆皮捞出沥净水分备用；生姜刮洗干净，切成细小颗粒状备用。

（2）净锅上火，加入花生油烧至六成热时，下入姜米、花椒、八角炒香，再下入黄豆芽炒匀。当黄豆芽发硬时，加入冷开水 10 千克，加盖用大火烧沸，当水只剩六成、黄豆芽熟烂时，将黄豆芽捞出，过滤汤汁即可。

五、宫廷汤水制作实例

传统宫廷菜的特点是选料严格，下料狠，且制作精细，形色美观，口味以清、鲜、酥、嫩见长，所以对吊汤的要求极高。但传统宫廷菜中常用的原料如熊掌已经不允许烹调了，而且宫廷菜的昂贵与现代饮食消费市场不能相融。现代版的宫廷菜汤水用料广泛而且普通，像常用的老母鸡、肥鹅、猪肘、鸭掌、胖鱼头、北极贝等都可作为吊制汤水的材料，但仍如传统宫廷菜那样讲究精致、美观，所以每类汤料的选用都有极其严格的规范。

原料档次降低并不意味着宫廷菜的含金量下降，现代版宫廷菜在吊汤技术的火候、时间、保存、使用上都有着严格的要求。菜品技法多变，南北口味融合，中西技艺合璧，精细、滋补、营养、复合是现代宫廷菜的特点。下面是宫廷菜三种基本汤水的现代演变。

（一）御汤

1.原料

老母鸡 4 只（每只重 2~2.8 千克，时间在 3 年以上），老肥鹅 4 只（每只重 4~5 千克，时间在 3 年以上），猪肘 3 只（每只重量在 500 克左右），上等金华火腿 500

克，干贝（日本产）125 克，牛棒骨 3 千克，鸭掌 500 克。

2.制作

（1）先将老母鸡、老肥鹅宰杀后洗干净，去除内脏及其尾脂腺，入沸水中焯水去除杂质，清洗干净备用；金华火腿入沸水中焯水投凉备用；干贝洗净后加入纯净水，入蒸箱中旺火蒸 15~18 分钟取出；猪蹄刮洗干净后剖开，带骨一起使用；牛棒骨、鸭掌均入沸水中焯一下捞出。

（2）取一不锈钢汤桶，下面垫有竹篦网，在上面依次放好老母鸡、老肥鹅、牛棒骨、猪肘，倒入 86 千克清水，用大火烧开，再转用微火（注：微火即菊花火、虾眼火），烧 3~3.5 小时；放入处理好的金华火腿、干贝、鸭掌，微火继续吊足 4 小时，撇去上面的浮油；此时剩约 42 千克的汤水，再用微火熬制 2 小时后，转大火烧开，汤水翻滚 50 分钟，即成淡黄色的宫廷御汤。

3.特点

色泽淡黄，口感浓香。

备注：御汤熬制好后在一天时间内尽量用完，决不允许在第二天继续使用，在存储方面应做到专人熬制和负责。在御汤熬制好后就要将上述全部用料捞出另做他用，并用过滤网把全部汤水过滤，以免汤中有杂质，影响效果。

4.关键

（1）在原用原料时一定要把好数量和质量关，不能偷工减料。

（2）熬制汤水的中途不许加入清水，以保证御汤的原汁原味与色泽。

（3）精确掌握火候与时间，只有注意了以上各个关键点，才能熬制出正宗的宫廷菜御汤。

适用范围：此款汤水在宫廷菜中应用最广，可用于煨制菜品、加工菜品等，在加工肉类、海鲜、青菜、菌类菜品时均可应用。在煲制鹿筋、海参、林蛙时均能体现出御汤的特点。取出适量御汤后，再加入清水熬制后就成为二汤了。

适用菜品：宫廷御汤招财手、一品御汤煲鹿筋、原味御汤烩山珍、皇朝御汤烧双参、滋补御汤靓双花、滚石御汤灼鱼柳等。

此款御汤是新派宫廷菜中常用的汤水，其汤味醇厚，成本适中，熬制简捷，在味道与成色上与传统御汤基本一致，是一款符合现代消费趋向的新派宫廷菜汤水。

（二）素汤

1. 原料

冬瓜 2000 克，山药 0.9 千克，胡萝卜 1.6 千克，娃娃菜 1.5 千克，白菜叶 1 千克，黄瓜 1.2 千克，纯净水 80 千克。

2. 制作

（1）先将冬瓜、山药、胡萝卜去皮洗净，改刀成 4 厘米的大块；娃娃菜、白菜用刀切开洗净。

（2）取不锈钢桶，放入纯净水烧开，把上述原料用纱布包好，放入汤桶中小火熬制 2.5 小时；黄瓜切成 3 厘米的段洗净，再将黄瓜用纱布包好，放入汤桶中大火烧开熬制 18 分钟，关火后捞出纱布除去残渣即可。

3. 特点

味道清香，汤色白润。

4. 备注

在熬制与保管时不允许加任何油脂，保存时间也应做到当天熬完当天使用，纯净水也可用自来水代替，但为了避免自来水味道影响汤的口感，需要用自来水过滤器进行过滤。

适用菜品：一品素汤灼鱼柳、奶味素汤三鲜煲、金瓜素汤烧海参、皇室素汤鱼咬羊、盛世太平素味美、三红美食素汤鱼。

此款汤水熬制简单且原料极易得到，可广泛应用到各种菜的品种，效果都很好。在宫廷菜中也有部分素菜的品种，主要为皇室、供佛吃素的成员所准备，在这种情况下产生此款汤水。在加工素菜时可改善菜品味型单一的缺点，使菜品的味道更加完美，另外在加工海鲜汤菜时用此款汤水也很好。

（三）菌汤

1. 原料

鲜香菇 100 克，白灵菇、草菇、口蘑、滑子菇各 120 克，蟹味菇、鸡腿菇、牛肝菌各 150 克，杏鲍菇 200 克。

调料：鸡油 200 克，纯净水 80 千克。

2.制作

（1）先将上述菌类洗净后，分别入沸水中余 10 秒钟后捞出，将纯净水放入不锈钢桶中大火烧开。

（2）炒锅放入鸡油 100 克，烧热，下入杏鲍菇、牛肝菌、鸡腿菇、蟹味菇等翻炒至出香，倒入汤桶中，大火烧开后改小火熬制 2 小时。

（3）另起锅，放入 100 克鸡油，将油烧热，下入香菇、白灵菇、草菇、口蘑、滑子菇炒香，再倒入汤桶中，小火熬足 4 小时，捞出原料即可。

3.特点

菌香味浓，汤水醇厚。

4.备注

菌汤可延长使用的时间，但保存前一定要加热至汤水翻滚，以免变质。如用自来水，过滤方法同素汤。

适用菜品：极品菌汤鱼羊鲜、皇室菌汤鲍翅燕、翠绿菌汤北极贝、三味真火菌汤鸭、绝味菌汤佛跳墙、赛山冰景菌汤羹等。

菌汤可广泛地应用在汤菜、烧、焖、煲汤等技法上，与鲍鱼、鱼翅、燕窝等搭配，效果很好。在加工素菜时也可使用，菜品的口感会有很大的改变。在制作"灼"系列菜品时也可使用此款汤水。

—— 知识拓展 ——

科学喝汤的常识

喝汤也有很多学问，掌握好科学的喝汤方法，才能达到强身补体的目的。人们喝汤有一些习惯，其实是误区。有的人喜欢喝滚烫的汤，其实人的口腔、食道、胃黏膜最高只能忍受 60℃的温度，超过此温度则会造成黏膜烫伤。虽然烫伤后人体皮肤有自行修复的功能，但反复损伤极易导致上消化道黏膜恶变，经过调查，喜喝烫食者食道癌发病概率较高。喝太烫的汤，有百害而无一利。

—— 实践任务点 ——

营养米汤灼肥牛，五彩缤纷鲍鱼美，白雪丽影俏佳人，碧云雪影映吉祥，鸿福招财滋补美，如意安康煲鹿筋。根据以下原料，按照操作步骤，制作一款米汤，把握高级汤的制作原理。

1.原料

特级泰国小米 1000 克，上等糯米 500 克，莲藕 300 克，罗汉笋 200 克，纯净水 90 千克。

2.制作

①先将泰国香米、糯米分别用温水浸泡 3 小时，莲藕与罗汉笋洗净后入沸水汆一下。②纯净水放入不锈钢汤桶中，把泡好的泰国香米、糯米放入汤桶中大火烧开，改用小火熬制 2 小时，加入莲藕、罗汉笋熬制 1 小时，将米汤过滤后继续使用。

模块十

上浆、挂糊、勾芡技艺

● 模块导读

　　上浆是生的肉食类改刀成型之后，码味后再加一点豆粉，起到保持肉质鲜嫩的作用，挂糊就是在原料的表面挂上一层豆粉使之成熟后达到外酥内嫩的效果，勾芡就是在菜品成熟后勾入豆粉浆使汤汁黏稠，使菜肴色泽鲜亮，不易冷，以及味道能依附于菜品上。简言之，上浆是炒菜前处理，挂糊是炒菜前处理，勾芡是菜熟后处理。上浆、挂糊、勾芡的用料，由于性质不同，在烹调加工过程中发挥着不同的作用。本模块将以此三个专项技术进行原理介绍、工艺解析和技术训练，促进烹调过程中对于加工技术的掌握。

● **能力培养**

1. 熟知上浆、挂糊及勾芡的概念和种类。
2. 掌握上浆、挂糊及勾芡的原料比例和方法。

● **知识拓展**

1. 常见生粉（玉米淀粉、小麦淀粉、红薯淀粉等）的种类和不同作用。
2. 常见生粉（绿豆淀粉、土豆淀粉、木薯淀粉等）的种类和不同作用。
3. 关于自来芡的秘密。

● **案例导入**

解密蚝油生菜勾芡后出水

广东初入厨师经常制作好的"蚝油生菜"没等上桌就出水了，请问是什么原因？通过美食节目咨询两位中国烹饪大师。

中国烹饪大师曹师傅回答

分析原因有以下四点：一是原料汆水时间没控制好，汆水过久导致原料出水（在 5 秒左右即可）；二是汆水后水没控净，导致原料水分过多；三是入锅炒制时间过久，没能迅速出锅导致原料遇热出水；四是勾芡糊化过程没有掌握好（运用浇芡法给生菜上芡，即锅中炒香蒜蓉，下入蚝油等调味料调味，下入湿淀粉勾芡，芡汁的稀稠度一定要控制好，芡汁过稠会覆在菜肴上，影响美观，过稀上桌后容易"跑"芡）。

中国烹饪大师韩师傅回答

首先，生菜汆到七成熟就可以了，因为本身它就可以生吃，汆得太熟，生菜质地就会软塌，容易出水。其次，芡一定要厚，是正常芡的一倍为好，因为生菜出水是必然的，如果芡勾得正好，那么生菜出水后芡粉兜不住水分。最后，勾芡时，一定要将锅端离火口，然后将芡汁沿锅边缓缓淋入，全部淋好后再上火"顶"一下，使芡粉成熟。

经验解密：如何给"蚝油生菜"勾芡，如何防止大量出水，以上两位师傅已经进行了详细说明。在炒制含水量比较多的叶菜原料时，都可以采用这种做法。但是有些蔬菜，如芥蓝，水分并不大，炒制前只要控净水，就能防止勾芡时出水。还有一些叶菜，如小白菜、油菜，水分含量也比较多，炒制时除了要控净水分外，一定要加快烹调速度，快炒才能防止出水。另外，这类叶菜勾芡时芡汁要比普通芡略厚一些。

（资料来源：https: //baijiahao.baidu.com/s?id=1675141664189265618&wfr=spider&for=pc）

案例分析

1. 蚝油生菜如何勾芡？
2. 勾芡的原理是什么？

项目一　上浆原理及技术

一、上浆的概念

上浆，就是将调味品（盐、料酒、葱、姜汁等）和淀粉、鸡蛋清等直接加入肉类原料中拌和均匀成浆流状物质，加热后使原料表面形成浆膜的一种烹调辅助手段。上浆是炒、滑熘、软熘等烹调方法常用的技法，适合于质嫩、型小、易成熟的原料。

二、上浆用料与作用

（一）上浆用料原理解析

上浆用料是指用于上浆的佐助原料及调料，主要有精盐、淀粉（干淀粉、湿淀粉）、鸡蛋（全蛋液、鸡蛋清、鸡蛋黄）、油脂、小苏打、嫩肉粉、水等。

1. 精盐

精盐是主、配料上浆时的关键物质，适量加入精盐可使主、配料表面形成一层浓度较高的电解质溶液，将肌肉组织破损处（刀工处理所致）暴露的盐溶性蛋白质（主要是肌球蛋白）抽提出来，在主、配料周围形成一种黏性较大的蛋白质溶胶，同时可提高蛋白质的水化作用能力，以利于上浆。上浆的质量与精盐的用量有关：用量过少，对盐溶性蛋白质的溶解能力不够，对蛋白质水化作用能力的提高不大，表现为"没劲"。用量过多，则会在完整的肌细胞周围产生较高的渗透压，致使主、配料大量脱水。同时还会降低蛋白质的持水性，使主、配料组织紧缩、质地老硬（易使菜肴成品质感变得老韧）。所以只有精盐用量适当，才能获得满意的上浆效果。

2. 淀粉

淀粉在水中受热后会发生糊化，形成一种均匀而较稳定的糊状溶液。上浆后主、配料及周围的水分不是很多，加热时淀粉糊化则可在烹饪原料周围形成一层糊化淀粉的凝胶层，防止或减少烹饪原料中的水分及营养成分流失。上浆后的主、配料一般采用中温油烹制，因为浆液中含水量很大，所以淀粉在浆液中一般不易发生美拉德反应和焦糖化反应。但淀粉却能较充分地糊化，使浆液具有较好的黏性，并紧紧地裹在主、配料表面上，进而达到上浆的要求。

3. 鸡蛋

鸡蛋用于上浆时，主要是鸡蛋清在起作用。鸡蛋清富含可溶性蛋白质，是一种蛋白质溶胶。受热时，鸡蛋清易产生热变性并凝固，使其由溶胶变为凝胶，这有助于在上浆主、配料周围形成一层更完整、更牢固的保护层，阻止主、配料中的水分散失，并使其保持良好的嫩度。鸡蛋的另一个作用是改变上浆后主、配料的色泽，使其呈白色或黄色。

4. 水

水有助于在主、配料周围形成浆液，分散可溶性物质和不溶性淀粉，使它们均匀黏附于主、配料表层。能够增加主、配料的含水量，提高肉质嫩度；浸润到淀粉颗粒中，有助于其糊化。水也能调节浆液的浓度，浆液过浓，滑油时主、配料容易粘连，不易滑散，而且导致主、配料外熟里生，造成夹生现象。如果浆液过稀，又会使主、配料脱浆，达不到上浆的目的。既影响菜的质感，又影响菜的感观效果。

5. 小苏打、嫩肉粉（也称松肉粉）

小苏打溶解于水呈碱性，可改变上浆原料的 pH 值，使其偏离主、配料中蛋白质的等电点，提高蛋白质的吸水性和持水性，从而大大提高主、配料的嫩度。用小苏打上浆可使主、配料组织松软并滑嫩。但小苏打用量不可过多，否则有碱味并能使蛋白质水解影响菜肴质感。嫩肉粉是一种酶制剂，其含有的木瓜蛋白酶可催化肌肉蛋白质的水解，从而促进主、配料的软化和嫩度的提高。

6.油脂

在浆液中主要利用油脂的润滑作用，使加工后的烹饪原料下入油勺（锅）滑油时不易造成粘连。同时，油脂也能起到一定的保水作用，以增加主、配料的嫩度。

（二）上浆的作用机制

上浆主要是主、配料表面的浆液受热凝固后形成的保护层对主、配料起到保护作用，其主要体现在以下几个方面：

1.保持主、配料的嫩度

主、配料上浆后持水性增强，加上主、配料表面受热形成的保护层热阻较大，通透性较差，可以有效地防止主、配料过分受热所引起的蛋白质的深度变性，以及蛋白质深度变性所导致的主、配料持水性显著下降和所含水分的大量流失，从而保持主、配料成菜后具有滑嫩或脆嫩的质感。

2.美化原料的形态

加热过程中原料形态的美化，取决于两个方面：一是主、配料中水分的保持，二是主、配料中结缔组织不发生大幅度收缩。主、配料上浆所形成的保护层有利于保持水分和防止结缔组织过分收缩，使主、配料成菜后具有光润、亮洁、饱满、舒展的美丽态。

3.保持和增加菜肴的营养成分

上浆时主、配料表面形成的保护层，可以有效地防止主、配料中热敏性营养成分遭受严重破坏和水溶性营养成分的大量流失，起到保持营养成分的作用。不仅如此，上浆用料是由营养丰富的淀粉、蛋白质组成的，可以改善主、配料的营养组成，进而增加菜肴的营养价值。

4.保持菜肴的鲜美滋味

主、配料多为滋味鲜美的动物性烹饪原料，如果直接放入热油锅内，主、配料会因骤然受到高温而迅速失去很多水分，使其鲜味减少。经上浆处理后，主、配料不再直接接触高温，热油也不易浸入主、配料的内部，主、配料内部的水分和鲜味不易外溢，从而保持了菜肴的鲜美滋味。

三、上浆的种类及调制

（一）上浆的种类

上浆用料的种类较多，依上浆用料组配形式的不同，可把浆分成如下四种：

1. 鸡蛋清粉浆

用料构成：鸡蛋清、淀粉、精盐、料酒、味精等。

调制方法：一种方法是先将主、配料用调料（精盐、料酒、味精）拌腌入味，然后加入鸡蛋清、淀粉拌匀即可。另一种方法是用鸡蛋清加湿淀粉调成浆，再把用调料腌渍后的主、配料放入鸡蛋清粉浆中拌匀即可。上述两种方法都可在上浆后加入适量的冷油，以便于主、配料划散。

用料比例：主、配料500克，鸡蛋清100克，淀粉50克。

适用范围：多用于爆、炒、熘类菜肴，如"清炒虾仁""滑熘鱼片""芫爆里脊丝"等。

制品特点：柔滑软嫩、色泽洁白。

2. 全蛋粉浆

用料构成：全蛋液、淀粉、精盐、料酒、味精等。

调制方法：制作方法基本上与鸡蛋清粉浆相同。调制浆液时应注意两点：一是全蛋粉浆需要更加充分地调和，以保证各种用料相互溶解为一体；二是用全蛋粉浆浆制质地较老韧的主、配料时，宜加适量的泡打粉或小苏打，使主、配料经油滑后松软而嫩。

用料比例：与鸡蛋清粉浆基本相同。

适用范围：多用于炒、爆、熘等烹调方法制作的菜肴及烹调后带色的菜肴，如"辣子肉丁""酱爆鸡丁"等。

制品特点：滑嫩，微带黄色。

3. 苏打粉浆

用料构成：鸡蛋清、淀粉、小苏打、水、精盐等。

调制方法：先把主、配料用小苏打、精盐、水等腌渍片刻，然后加入鸡蛋清、淀粉拌匀，浆好后静置一段时间使用。

用料比例：主、配料500克，鸡蛋清50克，淀粉50克，小苏打3克，精盐2克，水适量。

适用范围：适用于质地较老、肌纤维含量较多、韧性较强的主、配料，如牛肉、羊肉等。多用于炒、爆、熘等烹调方法制作的菜肴，如"蚝油牛肉""铁板牛肉"等。

制品特点：鲜嫩滑润。

4. 水粉浆

用料构成：淀粉、水、精盐、料酒、味精等。

调制方法：将主、配料用调料（精盐、料酒、味精）腌入味，再用水与淀粉调匀上浆。浆的浓度以裹住烹饪原料为宜。

用料比例：主、配料500克，干淀粉50克，加入适量冷水（应视主、配料含水量而定）。

适用范围：适用于肉片、鸡丁（也可用鸡蛋清、全蛋液等）、腰子、肝、肚等烹饪原料的浆制，多用于炒、爆、熘、氽等烹调方法制作的菜肴，如"爆腰花""炒肉片"等。

制品特点：质感滑嫩。

（二）上浆的操作要领

1. 灵活掌握各种浆的浓度

在上浆时，要根据主、配料的质地、烹调的要求及主、配料是否经过冷冻等因素决定浆的浓度。较嫩的主、配料含水分较多，吸水力较弱，因此，浆中的水分就应适当减少，浓度可以稠一些；较老的主、配料本身含水分较少，吸水力较强，因此，浆中的水分就应适当加多，浓度可稀一些。经过冷冻的主、配料含水分较多，浆应当稠一些；未经冷冻的原料含水量相对较少，浆应当稀一些。上浆后立即烹调的主、配料，浆也应适当稠一些，浆液稀薄，主、配料不易吸收浆中的水分即入锅烹制，主、配料易失水，达不到上浆的要求；上浆后要经过一些时间再烹调的，则因主、配料能够充分吸收浆液中的水分，且浆液暴露水分容易蒸发，所以浆应当稀一些。

2. 恰当掌握好上浆的每一环节

上浆一般包括三个环节：一是腌制入味，一般在主、配料中加少许精盐、料酒等调料腌渍片刻，浸透入味。腥味较大的主、配料，可酌加料酒用量，除入味外，还可清除腥味。对老韧的主、配料（如牛肉），除加精盐、料酒外，还要另加适量的水和小苏打，这样不仅能入味，还可使肉质多吸收水分变嫩。二是用鸡蛋液拌匀，即将鸡蛋液调散（但不能抽打成泡）后加入主、配料中。将鸡蛋液与主、配料拌匀。三是调制的水淀粉必须均匀，不能存有渣粒，否则滑油时易造成脱浆现象；浆液对主、配料的包裹必须均匀，不能留有空隙，否则加热时会浸入热油，使这一部分质地变老、色泽变暗，影响菜肴的质量。

3. 必须达到吃浆上劲

上浆的目的是使主、配料由表及里均匀裹上一层薄薄的浆液，以便受热时形成完整的保护层，从而使菜肴达到柔软滑嫩的效果。在上浆操作中，常采用搅、抓、拌等方式，无论采用哪一种方式，都必须抓匀抓透。一方面使浆液充分渗透到主、配料组织中去，达到吃浆的目的，另一方面充分提高浆液黏度，使之牢牢黏附于主、配料表层，达到上劲的目的，最终使浆液与主、配料内外融合，达到上浆的目的。但在上浆时，对细嫩主、配料如鸡丝、鱼片等，抓拌要轻、用力要小，既要充分吃浆上劲，又要防止断丝、破碎情况的发生。

4. 根据主、配料的质地和菜肴的色泽选用适当的浆液

要选用与主、配料质地相适应的浆液，如牛肉、羊肉中，含结缔组织较多，上浆时，宜用苏打浆或加入嫩肉粉，这样可取得良好的嫩化效果。另外，菜肴的色泽要求不同，也要选用与之相适应的浆液。成品颜色为白色时，必须选用鸡蛋清为浆液的用料，如鸡蛋清粉浆等。成品颜色为金黄、浅黄、棕红色时，可选用全蛋液、鸡蛋黄为浆液的用料，如全蛋粉浆等。

── 知识拓展 ───────────────────────

常见生粉的种类和不同作用介绍（一）

在我们的生活当中，最常用的三种淀粉主要为玉米淀粉、小麦淀粉、红薯淀粉，一起来了解一下它们的不同特征和用途。

玉米淀粉——供应量最多的淀粉，但不如土豆淀粉性能好。香港地区叫生粉的

主要是玉米淀粉。黏性不高，透明度也不那么好，韧性也不强，也不像红薯粉那么耐热，但是油炸之后口感酥脆，所以油炸菜品挂糊也会用到，如松鼠鳜鱼，粤菜中常用来勾芡的也是玉米淀粉。而且玉米淀粉吸水性很强，冷却之后能保持形状，会经常被用在烘焙中。

小麦淀粉——也叫澄粉、澄面。特点是色白，但光泽较差，质量不如马铃薯粉，勾芡后易沉淀。一般作水晶透明中式点心用，如水晶冰皮月饼、水晶虾饺、粤式肠粉等。相比木薯淀粉，澄粉的黏性就小很多，但优势在于，澄粉的透明度较高，虽然黏性不像木薯淀粉那么高，但也不像玉米淀粉那么低，澄粉也被叫作澄面、汀粉、小麦淀粉。

红薯淀粉——也叫地瓜淀粉、山芋淀粉，特点是吸水能力强，但黏性较差，无光泽，色暗红带黑，由鲜薯磨碎，揉洗，沉淀而成。红薯淀粉的黏性不比木薯淀粉低，可是红薯淀粉颜色深，做点心放凉之后口感就会变很硬，但是红薯淀粉很耐热，你看火锅里煮了很久的红薯粉，就是不烂！油炸之后表面酥脆，内部软嫩。

实践任务点

给虾仁上浆，比较上浆和不上浆在烹调中的区别（见图10-1）。同时，探讨加入适量小苏打是否会改变虾仁的质感特点。

图10-1　清炒虾仁

196

项目二　挂糊原理及技术

一、挂糊的概念

挂糊是我国烹调中常用的一种技法，行业习惯称"着衣"，即在经过刀工处理的原料表面挂上一层衣一样的粉糊。由于原料在油炸时温度比较高，即粉糊受热后会立即凝成一层保护层，使原料不直接和高温的油接触。

糊和浆二者主要在于浓度的大和小之分，糊的浓度比浆的浓度大，主要用于炸、熘一类菜肴，浆的浓度稀一些呈流质，主要用炒、爆一类菜肴。此外，还有一种粘裹干粉的方法（有的叫扑粉），就是在加工成型的原料表层，均匀地扑上一层干细淀粉、面粉或面包粉等，它主要用于炸制等菜肴的半成品原料。

二、挂糊用料及其作用

（一）挂糊用料原理解析

挂糊用料是指用于挂糊的佐助原料及调料，主要有淀粉（干淀粉、湿淀粉）、面粉、鸡蛋、膨松剂、面包粉（芝麻、核桃粉、瓜子仁）、油脂等。不同的挂糊用料具有不同的作用，制成糊加热后的成菜效果有明显的不同。

1.淀粉、面粉、面包粉（渣）

以淀粉为主制成的糊易发生焦烟化，质感焦脆。淀粉与糊中的蛋白质等发生美拉德反应，自身发生焦糖化反应（这些反应都是在无水、高温下进行的），生成了各类低分子物质，使菜肴具有诱人的香气和色泽。以面粉为主制成的糊，由于面筋的作用，质感比较松软，面粉中的蛋白质则可与糊化的淀粉相结合，利用自身的弹性和韧性提高糊的强度。若将淀粉与面粉调和使用，可相互补充，产生新的质感。面包粉是面包干燥后搓成的碎渣，制作炸类菜肴时，主、配料挂上黏合剂再滚或撒上面包粉起到不黏结的作用。同时经挂裹面包粉（渣）的主、配料，在受热时易上色、增香，面包粉中的蛋白与糖类起羰氨反应，可使炸制品表面酥松、质感良好。

2. 鸡蛋

鸡蛋清受热后蛋白质凝固，能形成一层薄壳，阻止主、配料中的水分浸出，使其保持良好的嫩度；鸡蛋黄或全蛋液含脂肪多，油润阻水，可使菜肴成品的质感达到酥脆的效果。

3. 膨松剂

膨松剂可分为化学膨松剂和生物膨松剂两大类。糊浆所用的膨松剂均为化学膨松剂。现在普遍使用的膨松剂是小苏打，如苏打糊、苏打浆等。

小苏打即碳酸氢钠，它在受热后能释放出二氧化碳，可使肴品胚料在加热时体积膨大、糊层疏松。若将小苏打用于挂糊则可使制品表面面积增大，使炸制菜肴的成品产生酥脆、松软的质感。

4. 水

在不使用鸡蛋液的情况下，糊的浓度主要通过水来调剂。糊的稀稠对菜肴质量影响很大：糊过稠会导致糊的表面不均匀、不光滑；糊过稀又难于黏附在主、配料的表面，均达不到挂糊的目的。

5. 油脂

油脂可以使糊起酥。在调糊时，由于油脂的加入，可使蛋白质、淀粉等成分微粒被油网所包围，形成以油膜为分界面的蛋白质或淀粉的分散体系。由于油脂的疏水性，加热后由于上述体系的存在，使糊的组织结构极其松散。于是挂糊后的主、配料经高油温炸制，具有酥脆香的品质特点。

（二）挂糊的作用机制

挂糊后的主、配料多用于煎、炸等烹调方法，所挂的糊液对菜肴的色、香、味、形、质、养各方面都有很大影响，其作用主要有：

（1）可保持主、配料中的水分和鲜味，并使菜肴获得外焦酥、里鲜嫩的质感。主、配料挂糊后多采用高温干热处理，糊层大量脱水，不仅外部香脆，而且主、配料内部所含的水分及鲜味也得到了保持。

（2）可保持主、配料的形态完整，并使之表面光润、形态饱满（尤其是易碎原料）。

（3）可保持和增加菜肴的营养成分。挂糊后的主、配料不直接接触高温油脂，能防止或减少所含各种营养成分的流失。不仅如此，糊液本身就是由营养丰富的淀粉、蛋白质等组成的，因此也能够增加菜肴的营养价值。

（4）使菜肴呈现悦目的色泽。在高温油锅中，主、配料表面的糊液所含的糖类、蛋白质等可以发生羰氨反应和焦糖化作用，形成悦目的淡黄、金黄、褐红色等。

（5）使菜肴产生诱人的香气。主、配料挂糊后再烹制，不但能保持主、配料本身的热香气味不致逸散，而且糊液在高温下发生理化反应，可形成良好气味。

三、糊的种类及调制

（一）挂糊的种类

在烹调过程中，应当根据主、配料的质地，烹调方法及菜肴成品的要求，灵活而合理地进行糊液的调制。

1. 蛋清糊

用料构成：鸡蛋清、淀粉（或面粉）。

调制方法：打散的鸡蛋清加入干淀粉，搅拌均匀即可。

用料比例：鸡蛋清与淀粉（或面粉）的用量为 1 ：1。

适用范围：多用于软炸类菜肴，如"软炸里脊""软炸鱼条"等。

制品特点：质地松软，呈淡黄色。

2. 蛋黄糊

用料构成：淀粉（或面粉）、鸡蛋黄、冷水。

调制方法：用干淀粉（或面粉）、鸡蛋黄加适量冷水调制而成。

用料比例：鸡蛋黄与淀粉（或面粉）的用量为1∶1。

适用范围：多用于炸、熘类菜肴，如"糖醋鱼片"等。

制品特点：外层酥脆香、里软嫩。

3. 全蛋糊

用料构成：淀粉（或面粉）、全蛋液。

调制方法：打散全蛋液加入淀粉（或面粉），搅拌均匀即可，切忌搅拌上劲。

用料比例：全蛋液与淀粉（或面粉）的用量为1∶1。

适用范围：多用于炸、熘类菜肴，如"炸鸡条""糖醋鱼块"等。

制品特点：外酥脆、内松嫩、色泽金黄。

4. 蛋泡糊

用料构成：干淀粉、鸡蛋清。

调制方法：将鸡蛋清用打蛋器顺一个方向连续抽打成泡沫状，拌入干淀粉，轻搅至均匀即可。

用料比例：鸡蛋清与干淀粉的用量为2∶1。

适用范围：多用于松炸类菜肴，如"高丽鱼条""雪衣大虾"等。

制品特点：菜肴外形饱满、质地松软、色泽乳白。

5. 水粉糊（又称硬糊、淀粉糊）

用料构成：淀粉、冷水。

调制方法：先用适量的冷水将淀粉澥开，再加入适量的冷水调制成较为浓稠的糊状。

用料比例：淀粉与冷水的用量约为2∶1。

适用范围：适用于焦熘类菜肴，如"醋熘黄鱼""糖醋里脊""焦熘肉片"等。

制品特点：外焦脆、里软嫩、色泽金黄。

6. 干粉糊

用料构成：干淀粉。

调制方法：把用调味品腌渍过的主、配料粘裹滚上干淀粉即可。

适用范围：适用于剞成各种花纹的原料，适用于炸、熘类菜肴，如"松鼠鳜鱼""菊花青鱼""葡萄鱼"等。

制品特点：香脆松软、色泽金黄。

7.发粉糊

用料构成：面粉、冷水、发酵粉。

调制方法：面粉先加少许冷水搅匀，再加适量冷水继续将粉糊澥开，然后放入发酵粉拌匀静置20分钟即可。

用料比例：面粉350克、冷水450克、发酵粉15克。

适用范围：多用于炸类菜肴，如"拔丝苹果"。

制品特点：涨发饱满、松而带香、色泽淡黄。

8.脆皮糊

（1）使用老酵母制作脆皮糊的方法是：

用料构成：面粉、淀粉、老酵面、油脂、精盐、水、食用碱面等。

调制方法：老酵母加水澥开，放入面粉、淀粉和适量精盐搅拌均匀，静置3~4小时（视气候而定），使粉糊发酵，以粉糊中产生小气泡且带酸味为准。临用前20分钟放入碱面水加入油脂搅匀（根据气候掌握放入碱面水的时间和数量）。

用料比例：面粉380克、淀粉60克、老酵面70克、清水500克、食用碱面水10克、适量精盐、油脂100克。

适用范围：适用于脆炸类菜肴，如"脆皮鱼条"等。

制品特点：外松脆、内软嫩、色泽金黄。

（2）使用干酵母制作脆皮糊的方法是：

用料构成：面粉、干淀粉、干酵母、油脂等。

调制方法：干酵母用少许水稀释后，再加水、面粉、淀粉调成稀糊，静置25分钟左右进行发酵，待糊发起后加油脂调匀。

用料比例：面粉350克、淀粉150克、水500克、干酵母10克、油脂100克。

适用范围：适用于脆炸类菜肴，如"脆皮鲜奶""脆皮明虾"。

制品特点：外松脆、内软嫩、色泽金黄。

9.拍粉拖蛋（液）糊

用料构成：淀粉（或面粉）、全蛋液。

调制方法：在经调料腌渍后的主、配料表面，先拍一层干淀粉或面粉，然后再放入全蛋液中粘裹均匀即可。

用料比例：淀粉或面粉20克、全蛋液60克。

适用范围：多用于动、植物性烹饪原料，适用于炸、煎、贴类菜肴，如"锅贴鱼""生煎鳜鱼片"等。

制品特点：味鲜质嫩、色泽金黄。

10.拍粉拖蛋滚面包粉（渣）糊

用料构成：淀粉（或面粉）、全蛋液、面包粉（也可粘裹芝麻、桃仁、松仁等）。

调制方法：将烹饪原料先用调料腌渍后蘸上一层淀粉或面粉，再放入全蛋液中粘裹均匀捞出，最后蘸上一层面包粉即可。

用料比例：原料 200 克、全蛋液 100 克、淀粉或面粉 20 克、面包粉 100 克。

适用范围：多用于炸类菜肴，如"炸虾球""炸鱼排"等。

制品特点：松酥可口、色泽金黄。

（二）挂糊的操作要领

1.要灵活掌握各种糊的浓度

在制糊时，要根据烹饪原料的质地、烹调的要求及主、配料是否经过冷冻处理等因素决定糊的浓度。较嫩的主、配料所含水分较多、吸水力强，则糊的浓度以稀一些为宜。如果主、配料在挂糊后立即进行烹调，糊的浓度应稠一些，因为糊液过稀，主、配料不易吸收糊液中的水分，容易造成脱糊。如果主、配料挂糊后不立即烹调，糊的浓度应当稀一些，待用期间，主、配料吸去糊中一部分水分，蒸发掉一部分水分，浓度就恰到好处。冷冻的主、配料含水分较多，糊的浓度可稠一些。未经过冷冻的主、配料含水量少，糊的浓度可稀一些。

2.恰当掌握各种糊的调制方法

在制糊时，必须掌握先慢后快、先轻后重的原则。开始搅拌时，淀粉及调料还没有完全融合，水和淀粉（或面粉）尚未调和，浓度不够、黏性不足，所以应该搅拌得慢一些、轻一些。一方面防止糊液溢出容器，另一方面避免糊液中夹有粉粒。如果糊液中有小粉粒，主、配料过油时粉粒就爆裂脱落，造成脱糊现象。经过一段时间的搅拌后，糊液的浓度渐渐增大，黏性逐渐增强。搅拌时可适当增大搅拌力量和搅拌速度，使其越搅越浓、越搅越黏，使糊内各种用料融为一体，便于与主、配料相黏合。但切忌使糊上劲。

3.挂糊时要把主、配料全部包裹起来

主、配料在挂糊时，要用糊把主、配料的表面全部包裹起来，不能留有空白点。否则在烹调时，油就会从没有糊的地方浸入主、配料，使这一部分质地变老、形状萎缩、色泽焦黄，影响菜肴的质量。

4.根据主、配料的质地和菜肴的要求选用适当的糊液

要根据主、配料的质地、形态、烹调方法和菜肴要求恰当地选用糊液。有些主、配料含水量大，油脂成分多，就必须先拍粉后再拖蛋糊，这样烹调时就不易脱糊。对于讲究造型和刀工的菜肴，必须选用拍粉糊，否则，就会使造型和刀纹达不到工艺要求。此外还要根据菜肴的要求选用糊液：成品颜色为白色时，必须选用鸡蛋清作为糊液的辅助原料，如蛋泡糊等；需要外脆里嫩或成品颜色为金黄、棕红、浅黄时，可使用全蛋液、蛋黄液作为糊液的辅助原料，如全蛋糊、拖蛋糊、拍粉拖蛋滚面包粉糊等。

— 知识拓展 ——————————————

常见生粉的种类和不同作用介绍（二）

无论是烘焙、做菜，还是做凉粉、芋圆等小吃都离不开淀粉，各种淀粉到底有哪些区别呢？本次介绍4种常见淀粉，了解其特征及作用。

绿豆淀粉——最佳的勾芡淀粉，但很少使用，产量不多。它的特点是黏性足，吸水性小，色洁白而有光泽。

土豆淀粉——也叫马铃薯淀粉，是家庭用得最多质量最稳定的勾芡淀粉，台湾地区叫太白粉。特点是黏性足，质地细腻，色洁白，光泽优于绿豆淀粉，但吸水性差。一种良好的增稠剂，可以用来制作酱料，其透明度高，制作出来的酱料色泽通透非常好看。用土豆淀粉腌肉可以让肉制品的口感更好，更嫩。

木薯淀粉——也叫泰国生粉。台湾地区从东南亚进口渐渐增多，所以台湾人原来叫土豆淀粉为太白粉，现在也笼统称木薯淀粉为太白粉了。它本身没有味道，糊化后较透明，放凉后能持续保持柔软有嚼劲，不干硬，所以木薯淀粉适合做黏性较强、易熟、强调口感的食物，比如芋圆。

豌豆淀粉——属于比较好的淀粉，炸酥肉的时候用豌豆淀粉比较好，软硬适中，口感很脆，但也不像玉米淀粉那么脆硬。而且用豌豆淀粉做酥肉汤或烩菜，淀

粉表皮不易脱落。我们在小吃店里吃的凉粉、凉皮，多是用豌豆淀粉做的。

实践任务点

对照表10-1中上浆和挂糊的区别，进行实践练习两种操作，以更清晰了解其原理和技术，更好运用于烹调制作中。

表 10-1　上浆与挂糊区别比对

类型	施调方法	用料、浓度	油温、油量	成品质感
上浆	将主、配料与助料、调料等一起调制，使主、配料表面均匀裹上一层浆液，要求吃浆上劲	上浆一般用淀粉、鸡蛋液，浆液较稀	上浆后的主、配料一般采用滑油的方法，油温在五六成以下，油量较多	上浆多用于炒、熘等烹调方法，成菜质感多为软嫩
挂糊	而挂糊是先将所用的佐助原料、调料等调制成糊液，再裹于主、配料表面，糊液不能上劲	除使用淀粉外，还可使用面粉、面包粉等，糊液较浓	挂糊后的主、配料一般采用炸制的方法，油温在五成以上，油量比滑油时多	用于炸、熘、煎、贴等方法，成菜质感多为外焦里嫩、外酥脆里嫩等

项目三　勾芡原理及技术

一、勾芡的概念

"芡"是一种稠状液体，一般是用淀粉汁和各种调味兑成的。勾芡也称"着芡""拢芡""着腻"。在我国菜肴中，特别是用爆、炒、熘、烧、烩、扒等技法烹调的菜肴，大多要勾芡，无论是对菜肴质量所起的作用，还是从操作特点上，它都是菜肴制作过程中一道重要工序。菜肴在接近成熟时，将调好的汁芡浇淋或泼洒在菜肴中，能使菜肴具有色泽光洁润滑，滋味醇厚的特点。

二、勾芡用料及其作用

（一）勾芡的用料

勾芡用料是指用于勾芡的佐助原料，主要有淀粉和水。在温水中淀粉先膨胀，然后淀粉粒内部各层起初分离，接着破裂，出现胶黏现象；最后成为具有黏性的半透明凝胶或胶体溶液，这就是糊化。但由于淀粉的种类不同，其糊化的温度也不同，常用的有以下几种。

1. 绿豆淀粉

这是淀粉中质量最好的，它黏性足，颜色洁白，微带青绿色，有光泽。但吸水性较差，因此要掌握好用量，并需在使用前将其浸在水中泡透，还要经常换水，否则容易变质。用绿豆淀粉勾芡可使菜中的卤汁非常均匀，无沉淀物又不吃油。冷却后水不易从浓稠的卤汁中分离出来，效果极好。

2. 土豆淀粉

这是淀粉中质量较好的，其质量与绿豆淀粉差不多，并具有光泽鲜明、质地细腻的特点，放在手中搓揉会发出吱吱的响声。这种淀粉是我国北方菜肴烹调中较常用的淀粉。市场上出售的"风车牌"淀粉即由土豆粉制成。

3. 玉米淀粉

这种淀粉糊化后黏性足，吸水性比土豆淀粉强，有光泽。脱水后脆硬度强于其他淀粉。

4. 小麦淀粉

这种淀粉黏性和光泽均较差，使用时用量必须比土豆淀粉多一些，否则勾芡后易沉淀。

5. 蚕豆淀粉

黏性足，吸水性较差，色洁白、光亮、质地细腻。它是我国南方较为普遍使用的勾芡原料。

6.山芋淀粉

黏性差,吸水性较强,无光泽,色暗红带黑,质量最差。勾芡后易沉淀,使用时,量必须多一些。

此外荸荠淀粉、米粉、菱角粉等也可作为勾芡的原料,但使用极少。

(二)勾芡的作用

菜肴在烹制加热过程中,分解出的水分、营养成分和液体调味品一起形成滋味鲜美的汤汁,如经勾芡,这些汤汁就能依附在菜肴原料上,使原料和汤汁融合在一起,变成汤汁稠厚,汤菜融合的佳肴。起到保证脆嫩,融合汤、菜,突出主料,色艳光洁,保温性好等作用。不同的烹调方法,芡能发挥不同作用。总的来讲,可归纳为以下几个方面。

1.使汤菜融合,弥补短时间烹调不入味之不足

这是因为菜肴在烹调中,原料溢出内部的水分,为了调味又必须加入液体调味品和水,这两种水分在较短的烹调时间内,不可能全部被吸收或蒸发,尤其是爆、熘、炒等旺火菜更难做到。勾芡以后,由于淀粉的糊化黏性作用,把原料溢出的水分和加进的液体调味品变成卤汁,又稠又黏,稍加颠翻,就均匀裹在菜肴上,汤料混为一体,既达到汁少汁紧的要求,又解决了不入味的矛盾,两全其美。

2.保证脆嫩

这在熘菜中最为明显。大部分熘菜的最大特点就是外香脆、内软嫩,如糖醋鱼等。这类菜肴为了外香脆,都要经炸或煎处理,但在回锅调味时,调味汁渗透到原料的表面,使之发软,破坏了香脆的效果。对于这类菜肴,必须在调味汁中加入淀粉,先在锅内勾芡,使调味汁变浓变稠,成为卤汁,在较短的时间内,裹在原料上。由于淀粉糊化变黏的调味汁,尽管裹在原料上,却不易渗进原料(只沾在外面),这样,就保证了菜肴外香脆、内软嫩的风味特点。

3.调和汤、菜

这在烩、煮等菜肴中作用最为明显。这类菜的特点是汤水较多,特别是原料本身的鲜味和调料的滋味都要溶解在汤汁中,汤味特别鲜美。但缺点是汤、菜分家,不能融合在一起。勾芡以后,由于淀粉的糊化作用,增强汤汁的浓度,使汤、菜融合一起,不但增加菜肴的滋味,还产生了柔润滑嫩等特殊效果。所以在这一类菜肴

中，除部分菜外，都要适当勾芡，提高菜肴的风味特色。

4.突出主料

有些汤菜，汤水很大，主料往往沉在下面，上面是汤不见菜，特别是一些名菜，如烩乌鱼蛋等，若主料不浮在汤面，则影响了菜的风味质量。采用勾芡办法，适当提高汤的浓度，主料浮上，突出了主料的位置，而且汤汁也变为滑润可口。

5.增加色泽美观

由于淀粉受热变黏后，产生一种特有的透明光泽，能把菜肴的颜色和调味品的颜色更加鲜明地反映出来。因而勾过芡的菜肴比不勾芡的菜肴，色彩更鲜艳，光泽更明亮，显得洁爽美观，起到"锦上添花"的作用。

6.保温性好

这是由于芡汁裹住了菜肴的外表，减缓了菜肴内部热量的散发，能较长时间保持菜肴的热量，特别是对一些需要热吃的菜肴（冷了就不好吃），不但起到保温作用，实际上也起了保质的作用。

三、勾芡的分类及应用

勾芡时芡汁的浓淡多少，要按成菜要求而定，多放水淀粉则浓，少放水淀粉则清，北方菜中用芡有厚芡、薄芡之分，其厚芡又叫抱汁芡，即芡汁裹住原料，吃完菜后盘底无汁，颇类似于菜中码芡。根据不同的特点分类有所差异。

（一）按芡汁调制方法可分为兑汁芡和水粉芡

1.兑汁芡

兑汁芡是在烹调前用淀粉、鲜汤（或清水）及相关调料勾兑在一起的粉汁，待主、配料接近成熟时将其调匀倒入锅中。对汁芡使得烹制过程中的调味和勾芡可同时进行，常用于旺火速成的爆、炒、熘类菜肴的制作。它不仅满足了快速操作的要求，同时也可事先尝准滋味，便于把握菜肴味型。

2.水粉芡

水粉芡即用干淀粉和水调匀的淀粉汁。它与兑汁芡的区别就是不加任何调料，兑制比较简单。关键是要搅拌均匀，不能使粉汁带有小的颗粒和杂质。水粉芡多用于烧、扒、烩、焖等烹调方法。因为这些烹调方法加热时间较长，可在加热过程中逐一投入调料，并在主、配料接近成熟时，淋入水粉芡。

（二）按兑汁的色泽可分为红芡和白芡

红芡就是在芡汁中加一些有色的调料，如酱油、番茄酱等；白芡就是芡汁中不加入有色调料，而以精盐、味精等为主。

（三）按芡汁的浓度可分为厚芡和薄芡

1.厚芡

厚芡是芡汁中较稠的芡，就是经勾芡后，成品中的汤汁浓稠或汤汁较紧。按浓度的不同，又可分为利芡和熘芡两种。

（1）利芡又称油爆芡、抱芡、包芡，芡汁的数量最少，稠度最大，主要适用于油爆类菜肴，如"油爆双脆""宫保鸡丁"等。兑制比例：淀粉与水（或汤汁）为1∶5。成品芡汁黏稠，能够互相粘连，盛入盘中堆成形体而不滑散，食后盘内见油不见芡汁。

（2）熘芡浓度比包芡略稀，主要用于熘、烩类菜肴，如"糖醋鱼""焦熘肉片""烩乌鱼蛋"等。兑制比例：淀粉与水（或汤汁）为1∶7。用于熘菜，则成品盛入盘中有少量的卤汁滑入盘中；用于烩菜，则使汤菜融合、口味浓厚。

2.薄芡

薄芡是芡汁中较稀的一种，按其浓度不同又可分为玻璃芡和米汤芡两种。

（1）玻璃芡芡汁数量较多，浓度较稀薄，能够流动，适用于扒、烧、熘类菜肴，如"白扒鱼肚"等。兑制比例（质量）：淀粉与水（或汤汁）为1∶10。成品菜肴盛入盘中，要求一部分芡汁粘在菜肴上，一部分流到菜肴的边缘。

（2）米汤芡是芡汁中最稀的一种，浓度最低，似米汤的稀稠度，主要作用是使多汤的菜肴及汤水变得稍稠一些，以便突出主、配料，口味较浓厚，如"酸辣汤"等菜肴。兑制比例：淀粉与水（或汤汁）为1∶20。

四、勾芡的方法

勾芡的手法是勾芡技术的基本内容，勾芡质量如何，往往取决于手法的应用如何。手法错了，对菜肴质量影响是很大的。勾芡手法也是根据不同烹调技法而定，归纳起来，大体分为拌、浇、淋三种手法。

（一）翻拌法

1. 作用

使芡汁全部包裹在主、配料上。

2. 适用范围

适用于爆、炒、熘等烹调方法，多用于需旺火速成、要勾厚芡的菜肴。

3. 方法

在主、配料接近成熟时放入粉汁，然后连续翻勺或拌炒，使粉汁均匀地裹在菜肴上。将调料、汤汁、粉汁加热，至粉汁成熟变稠时，将已过油的主、配料投入再连续翻锅或拌炒，使芡汁均匀地裹在主、配料上。

先将调料、汤汁、粉汁兑成调味汁芡，待过油成熟的主、配料沥油回勺（锅）后，随即把调味汁泼入，立即翻拌，使粉汁成熟且均匀地裹在主、配料上。

（二）淋推法

1. 作用

使汤汁稠浓，促进汤菜融合。

2. 适用范围

多用于煮、烧、烩等烹调方法制作的菜肴。

3. 方法

在主、配料快接近成熟时，一手持炒勺缓缓晃动，一手持手勺将芡汁均匀淋入，边淋边晃，直至汤菜融合为止。常用于整个、整形或易碎的菜肴。

在主、配料快要成熟时，不晃动锅，而是一边淋入芡汁、一边用手勺轻轻推动，使汤菜融合。多用于数量多，主、配料不易破碎的菜肴。

（三）泼浇法

1. 作用

使菜肴汤汁稠浓，增加菜肴的口味和色泽。

2. 适用范围

多用于熘或扒等烹调方法制作的菜肴，那些体积大、不易在锅中颠翻、要求造型美观的菜肴较适用于这种方法。

3. 方法

将成熟的芡汁均匀地泼浇在主、配料上即可。

五、影响勾芡的因素及操作要领

（一）影响勾芡的因素

勾芡本质是淀粉的糊化，利用糊化淀粉的黏度和透明性来达到改善菜肴质量的目的。因此，影响糊化淀粉性质的种种因素必然会影响到勾芡操作。了解影响勾芡的因素有哪些，它们是如何影响的，对于掌握勾芡的要领是很有帮助的。影响勾芡的因素主要有以下几种。

1. 淀粉种类

不同品质的淀粉在糊化温度、膨润性及糊化后的黏度、透明性等方面均有一定的差异。成品淀粉一般按植物生长在地上或地下分为地上淀粉和地下淀粉。从糊化淀粉的黏度来看，一般地下淀粉（如马铃薯粉、甘薯粉、藕粉、荸荠粉等）比地上淀粉（如玉米淀粉、高粱淀粉等）高。持续加热时，地下淀粉糊化后的黏度下降的幅度比地上淀粉大。从糊化淀粉的透明性来看，地下淀粉比地上淀粉要高得多。透明性与糊化前淀粉粒的大小有关，粒子越小或含小粒越多的淀粉，其糊化后的透明性越好。因此，勾芡操作必须事先对淀粉的种类、性能做到心中有数，这样才能万无一失。

2. 加热时间

每一种淀粉都相应有一定的糊化温度。达到糊化温度以上，加热一定的时间淀粉才能完全糊化。一般加热温度越高，糊化速度越快。所以勾芡在菜肴汤汁沸腾后进行较好，这样能够在较短的时间内使淀粉完全糊化，完成勾芡操作。在糊化过程中，菜肴汤汁的黏度逐渐增大，完全糊化时最大。之后随着加热时间的延长，黏度会有所下降。不同品质的淀粉，下降的幅度有所不同。

3. 淀粉浓度

淀粉浓度是决定勾芡后菜肴芡汁稠稀的重要因素。浓度大，芡汁中淀粉分子之间的相互作用就强，芡汁黏度就较大。浓度小，芡汁黏度就小。实践中人们就是用改变淀粉浓度来调整芡汁稀稠的。包芡、玻璃芡、熘芡、米汤芡等的区别，也有淀粉浓度的作用。

淀粉浓度还是影响菜肴芡汁透明性的因素之一。对于同一种淀粉而言：浓度越大，透明性越差；浓度越小，透明性越好。

4. 有关调料

勾芡时往往淀粉与调料融合在一起，很多调料对芡汁的黏性有一定影响，如精盐、食糖、食醋、味精等。不同品质的淀粉受影响的情况有所不同。例如，精盐可使马铃薯淀粉糊的黏度减小，但使小麦淀粉糊的黏度增大；食糖可使这两种淀粉的糊化液黏度增大，但影响情况有一定区别，食糖超过5%，小麦淀粉糊黏度急增；食醋可使这两种淀粉的糊化液黏度减小，不过对马铃薯淀粉的影响更甚；味精可使马铃薯淀粉糊的黏度减小，但对小麦淀粉几乎没有影响。一般而言，随着调料用量的增大，影响的程度也随之加剧。因此在勾芡时应根据调料种类和用量来适当调整淀粉浓度，以满足一定菜肴的芡汁要求。

（二）勾芡的技术要领

无论使用何种手法，都要使芡汁成熟度适当。一般来说，芡汁在锅内时间不能太长，要较快地使之变黏出锅。如时间过长，有的发焦变味，特别是厚芡；有的汤汁过浓过稠，菜肴变煳等。所以在勾芡过程中，必须掌握好以下几个关键因素：

（1）调制搅拌要均匀，要使淀粉颗粒在水中充分溶解，不能夹有粉粒疙瘩，否则影响勾芡的效果。

（2）要根据不同的烹调技法，把握不同的勾芡时机。如爆、炒类技法要求口感脆嫩，清爽滑软，因此必须在菜肴接近成熟时勾芡，过早、过迟都容易发生问题。如菜肴半熟时勾芡，为了保证菜肴成熟，芡汁在锅内停留时间必然延长，这样容易引起芡汁焦煳现象；如菜肴过熟时勾芡，因芡汁要有个受热变黏过程，这样菜肴就易"过火"失去脆嫩风味；或为了保证菜肴脆嫩，缩短芡汁受热时间，芡汁就不黏不稠，这样也起不到勾芡的作用。而作为烧、烩、扒的技法，则要等菜肴完全成熟时勾芡。如果仍然照搬爆炒类技法的勾芡时机，那么结果将是芡虽熟而菜肴未熟，达不到这类菜肴所要求的软滑酥烂了。

（3）必须在汤汁恰当时勾芡。不同的勾芡，都要有不同汤汁与之适应，过多过少都会破坏勾芡的效果。例如，拌芡的菜要求没有汤汁或汤汁很少，淋芡时汤汁不能多。所以，汤汁过多影响勾芡效果时，作为补救，可用旺火收汁，或舀出一些；汤汁过少则要添加一些，务使与勾芡相适应。但添加汤汁时，要从锅边淋入，不能直接浇在菜肴上，否则会冲淡菜肴的色泽和口味，即造成色彩不匀、浓淡失调等问题。

（4）在口味确定后勾芡。由于勾芡的芡汁分为加调味品和不加调味品的两种，所以，加调味品的芡汁，一定要在对碗芡时调正口味；不加调味品的芡汁，必须把锅内菜肴定好口味；待口味确定后，再进行勾芡。如不事先调好口味勾芡，勾芡后再加调味品，则很难入味的，即芡粉变黏变稠阻挡了调味品融入卤汁内，使菜肴的口味无法再进行调整。

（5）勾芡时火力要足，汤汁沸滚。这是因为芡汁受热糊化时，将逐步阻碍热的传导（当然这也是芡汁保温好的原因）。如果汤汁未开或火力过小很容易使芡汁成熟不均匀。而芡汁不能完全成熟的最大弊病就是淀粉腻味突出，严重影响菜肴本身的美味。当然，即使在火力足，汤汁宽的情况下，也还要密切注意观察芡的成熟分布情况，以便分次下芡，以取得令人满意的效果。比如烧菜，就可以观察锅中哪处起泡，这说明那里缺芡，这样最终使芡均匀地粘裹住菜肴。

（6）勾芡时，要切忌菜肴底油重，如勾芡前发现底油过多，可用手勺撇去一些，直至适量，因为淀粉遇水加热糊化，底油过多，芡不可能粘裹上菜肴，失去勾芡意义。当然如果没有底油也不行，那芡汁成熟时将严重粘锅，以至焦煳，事与愿违。

知识拓展

关于自来芡的秘密

勾芡技术是厨师必备的基本功，而芡汁则是评判菜肴质量的基本依据之一，不同的菜式，芡汁大致分为粉质芡、兑汁芡和自来芡三种，它们的形成原理、操作特点等，既有关联，又有区别。本次拓展知识给大家介绍一下自来芡的秘密。

自来芡又称"自来芡烧"，它是指原料经过较长时间的焖烧后，自然收成黏稠似胶状的味汁，并紧紧包裹住原料，成菜不用勾芡而达到了勾芡的效果。一般说来，焖烧类菜肴成熟后，往往要用淀粉勾芡，使味汁稠浓，以增加其附着力，使菜肴色泽光亮。不过，勾过芡的菜肴也存在一些弊端，如口感粉腻，掩盖了菜肴的本味，冷后容易结团。而用自来芡则完全避免了这些不足，并且还更入味，尤其是菜肴冷却后色泽依然鲜亮诱人。比较著名和典型的菜肴有锅烧河鳗、红烧鲖鱼等。

形成自来芡需要具备这样三个条件。第一，食材本身富含脂肪；第二，调味品（主要是酱油、糖和水）必须要一次加准；第三，火候把控必须恰到好处。这三者相辅相成，又缺一不可，因为在实际的操作过程中，这三者会随时发生变化。

实践任务点

玻璃芡一般作为较为稀薄的一款芡汁，在制作白汁菜肴、滑炒菜肴时广泛使用，尝试选用不同的淀粉，以小组为单位实践玻璃芡的调制，并比较不同，填写表10-2。

原料：小麦淀粉、红薯粉、玉米粉等淀粉，水。

制作过程：

（1）把干淀粉用水加湿，做成水淀粉，备用。

（2）锅内的水开后，到水淀粉倒入锅，搅匀。

（3）如果汤的浓度不够，再加时，要等水再开后，酌情加入水淀粉。

表 10-2　不同淀粉制作玻璃芡的实践记录

淀粉种类	兑制比例（质量）	成品菜肴
小麦淀粉		成品菜肴盛入盘中，要求一部分芡汁粘在菜肴上，一部分流到菜肴的边缘
红薯粉		
玉米粉		

模块十一

冷菜烹调技艺

● 模块导读

　　冷菜又叫冷荤、冷拼，是仅次于热菜的一大菜类，冷菜的加工烹调以及拼摆装盘等方法形成冷菜独自的技法系统。之所以叫冷拼，是冷菜制好后，要经过冷却、装盘，如双拼、三拼、什锦拼盘、花式冷盘等。冷荤在饮食行业多用鸡、鸭、鱼、肉、虾以及内脏等荤料制作。冷菜烹调技法多样，习惯上它与热菜烹调技法并列为两大烹调技法。本模块将冷菜技术的原理及其烹调方法、摆盘技术等做介绍。

● 能力培养

1. 了解冷菜制作的原理，掌握冷菜制作的一般方法。
2. 熟悉冷菜拼装方法，掌握制作花色冷盘的基本技能。

● 知识拓展

1. 农家熬糖的技术。
2. 炒糖色的不同方法。
3. 常见的香料植物。

● 案例导入

张大千：建设中国冷菜之都的梦想

随着现代卤菜的崛起和保鲜技术的进步，冷菜成为各大宴席中的开头好戏，作为开宴菜，冷菜更是被认为是宴席中的"脸面"，可以调节开场氛围，让人对宴席后的热菜充满期待。中国烹饪协会冷菜委主席、常州大厨张大千决心在冷菜业干出一番事业，连续举办了十届中国冷菜美食节。

张大千开门见山地介绍了即将举办的中国冷菜美食节的规模。"冷菜不冷、爆热常州。"本次冷菜节预期将来 100 多个团队，来自北上广深等不少地区，带来 1000 道以上菜肴，很多厨师是前九届都会来，但是每一次不会重样，而且会出奇出彩，以创新冷艺赢得观众赞叹。

中国冷菜美食节取得如今的成功也非一朝一夕，而是悉心经营逐步发展的结果，从最开始的小范围厨艺切磋，再扩大到周边城市的共同参与，到如今发展成全国性的赛事。其中的艰辛只有张大千内心知道，为了邀请广大厨师参赛，一天数百个电话是常事。尽管经历了艰难的创业之路，但幸运的是张大千得到了冷艺界的认可，"我到全国各地都有厨师兄弟接洽合作，因为对我们举办的冷艺活动都非常认可，也成功地实现了将冷菜从红案、白案中解放"。通过这些年冷菜美食节的运营，扩大了冷菜的消费范围，提升了冷菜在餐饮美食中的地位，使得冷菜厨师在酒店中的地位和薪酬都大幅提高。

如今，张大千已经在全国发展了90多个冷菜俱乐部。未来随着常州中国冷菜美食节影响力的扩大，以张大千为代表的常州餐饮人有了更大的想法，那就是推动"中国冷菜之都"的建设。据观察，常州本身就是有名的旅游文化名城，市内建有多条美食街，积极发展既有传统特色又能融合的冷菜艺术，将是一个不错的选择。

（资料来源：https：//www.douban.com/note/616010329/）

● 案例分析

1. 冷菜在宴席中的主要地位和作用体现在什么方面？
2. 冷菜师傅张大千如何提升冷菜的作用价值？

项目一　冷菜的烹调技法

冷菜的制作，从色、香、味、形、质等诸多方面，较之热菜有所不同。冷菜的制作具有其独立的特点，与热菜的制作有明显的差异。只有熟悉并掌握冷菜制作的常用方法才能制作出符合冷菜工艺要求的菜品。

一、炝拌类

（一）拌

拌，是把生的原料或凉凉的熟原料，经切制成小型的丁、丝、条、片等形状后，加入各种调味品，然后调拌均匀的做法。拌制菜肴具有清、爽、鲜、脆的特点。拌制菜肴的方法很多，一般可分为生拌、熟拌、生熟混拌等。

1.生拌

生拌的主料多用蔬菜和生料经过洗净、消毒（有的用盐暴腌一下）、切制后，直接加调味品，调拌均匀。如拌西红柿、拌黄瓜、拌海蜇皮等。

2.熟拌

熟拌是原料经过水焯、煮烫成熟后凉凉，改刀后加入各种调味品，调拌均匀。如拌肚丝、拌三鲜、拌腰片等。

3.生熟混拌

生熟混拌是将生、熟原料分别切制成各种形状，然后按原料性质和色泽排放在盘中，食用时浇上调味品拌匀，如蒜泥白肉等。生料主要是指一些直接可以生食的原料，如黄瓜、香菜等。

4.勺拌

勺拌是生熟混拌的转变法，适于秋冬季凉拌菜。如将拌好的炒肉拉皮，放入加底油的炒勺里翻炒加米醋、酱油、辣椒油、芥末，出勺装盘。

5.温拌

温拌也属于生熟混拌的转变法。将炒肉拉皮的菜码摆好，放上肉丝，片好的粉皮切条后装漏勺用沸水烫热，倒入菜码盘上，加调料拌匀。

6.清拌

清拌是拌菜中的高档菜肴，主料质量要求严格，品种少。一般选用海参、鲜虾、熟鸡脯、兰片为主料。切丝或披刀片，焯制后装盘，加精盐、味精等调料，拌均匀码盘造型，称为清拌。

「全国旅游高等院校精品课程」系列教材·中式烹调技艺

（二）炝

炝的方法是先把原料切成丝、片、块、条等，用沸水稍烫一下，或用油稍滑一下，然后滤去水分或油分，加入以花椒油、辣椒油为主味的调味品，最后拌和。选料一般以动物性为主，并且是经过加工后的小型易熟入味的原料，植物性原料的使用相对较少。

1. 焯炝

焯炝是将主料用沸水汆一下，捞出后在冷水中投凉，再沥干加入调味品和淋上花椒油、蒜泥等。焯炝的菜品以脆性原料为主。如炝扁豆、炝虎尾等。

2. 滑炝

滑炝是原料必须经过上浆处理，放入油锅内滑熟滑透，取出控油，再用热水冲洗掉油分，加调料拌，如炝鸡片、炝腰花等。

3. 生炝

在我国有些地区，将鲜活的小型动物性原料，加入一定量的高度白酒杀菌，再辅以适当的调味料炝食，要求选用的食材必须鲜活及水质无污染。但在食品安全的角度上并不提倡，因白酒不能杀死食材体内的寄生虫。此方法略同于醉，如腐乳炝虾、炝毛蚶、醉虾、醉蟹等。

（三）炝、拌菜肴操作要点

1. 刀工要精细

凉拌菜在刀工处理上要整齐美观，如切条时长短大体要一致，切片时厚薄要均匀。此外，若在原料上剞出不同的花刀那就更好，如在糖醋小萝卜上剞出蓑衣花刀，这样既能入味，又能令人望而生津，以增进食欲。

2. 要注意调色，以料助香

凉拌菜要避免菜色单一，缺乏香气。例如，在黄瓜丝拌海蜇中，加点海米，使绿、黄、红三色相同，甚是好看；小葱拌豆腐一青二白，看上去清淡素雅，如再加入少许香油，便可达到色、香俱佳；拌白肉中加点蒜末既解腻又生香，使白肉肥而不腻味感鲜美。

模块十一 冷菜烹调技艺

219

3. 调味要合理

各种凉拌菜使用的调味和调出的口味要求各有特色。如糖拌西红柿口味甜酸，只宜用糖调和，而不易加盐；拌凉粉口味宜咸酸清凉，没有必要加糖和味精，只需加少许醋、盐。

4. 生拌冷菜必须十分注意卫生

因为蔬菜在生长过程中，常常沾有农药等物质。所以应冲洗干净，必要时要用开水和高锰酸钾水溶液冲洗。此外，还可以用醋、蒜等杀菌调料。

二、煮烧类

煮烧类冷菜的烹制方法类似于热菜的烧、焖、煮等方法，但在具体的制法、用料上又有其个性特点。常见的煮烧类方法有酱、卤、白煮、盐水煮、酥等。

（一）酱

酱是冷荤菜肴中使用最广泛的一种技法，通常以肉类（如猪、牛、羊、鸡、鸭等）作原料，它的制法是将原料先用盐或酱油腌制，放入用酱油、糖、绍酒、香料等调制的酱汤中，用旺火烧开撇去浮沫，再用小火煮熟，然后用微火熬浓汤汁黏附在成品的皮面上。

酱制法分普通酱和特殊酱两大类。

1. 普通酱

普通酱先配酱汁，酱汁的配料、香料各不相同，多为酱油、冰糖、料酒、香料等，将香料用纱布扎紧，放入水中煮1小时左右出香味，再将调料加入继续煮制，即为酱汤汁。

酱好的原料应浸在撇净浮油的酱汤中，保持新鲜，避免表面发硬和干缩变色。酱汤应妥善保存。时间越长香味越大，长期保存，反复使用的酱汤称为"老汤"，用老汤酱制原料比新调制的酱汤效果好。

2. 特殊酱

焖汁酱法。以普通的酱制法为基础，加红曲上色，用糖量增加，成品具有鲜艳的深樱桃红色，有光泽，口味咸中带甜。

蜜汁酱法。原料先加盐、料酒、酱油拌和腌制约 2 小时，然后油炸，再下锅加汤，老酱汁及少量盐煮 5 分钟，另备锅下少量汤加糖、五香粉、红曲、糖色，煮至成品可以用筷子扎通即成，出锅后舀少许酱汁浇在成品上。成品酱褐色，有光泽。酱汁浓稠，口味鲜美而甜中带咸。如烧制酱鸭、酱乳鸽等。

糖醋酱法。用清水、糖、醋熬成酱汁，原料经油炸后倒入酱汁锅中煮熟收汁即可。成品金黄红亮，具有香、鲜、脆、酸、甜等特色，口味深长。

（二）卤

卤是将经过加工整理或初步熟处理的原料放入调制好的卤汁中，用小火慢慢浸煮卤透，使卤汁滋味慢慢渗入原料里，卤制菜肴具有醇香酥烂的特点。按卤菜的成菜要求，通常卤的操作过程如下：调制卤汤→投放原料→旺火烧开改小火→成熟后捞出冷却。

1. 制作卤汁

制原卤的方法，一般选用较大的不锈钢桶为宜。制作配方南北各不相同，但在第一次制卤时，要用老母鸡、火腿、猪肘、汤骨等原料吊制高汤，再配以调味品和香料，香料要用洁白的纱布包裹扎紧下锅。先用旺火烧开，再用小火慢慢地熬制，行语称为"制汤"，到鸡酥肉烂、汤汁浓稠即为原卤，再将煮烂的鸡、肉、香料等捞出即可制作各种菜肴。

2. 配方用料

在卤汁中用的调味品各不相同，行业中习惯上将汤卤分为两类，即红卤和白卤（亦称清卤）。由于地域的差别，各地方调制卤汤时的用料不尽相同。

调制红卤的原料有：红酱油、红曲米、黄酒、葱、姜、冰糖、白糖、盐、味精、大茴香、小茴香、桂皮、草果、花椒、丁香、甘草、山奈、砂仁、豆蔻等。

调制白卤水常用的原料有：盐、味精、葱、姜、料酒、桂皮、大茴香、花椒等加汤熬成，俗称"盐卤水"。白卤的冷菜有卤水鹅翅、卤水豆腐等。

无论红卤还是白卤，尽管其调制时调味料的用量因地而异，但有一点是共同的，即在投入所需卤制品时，应先将卤汤熬制一定的时间，然后再下料。对于刚刚制好的卤汁，香气还比较淡，待卤的次数多了，卤汁香气变浓、卤汁越陈，香气越浓，鲜味就越大，即成老卤。另外有人爱在卤水中加入干辣椒，那样就变成辣卤了。

3. 老卤的保存

所谓老卤，就是经过长期使用而积存的汤卤。这种汤卤，由于加工过多种原料，并经过了很长时间的加热或摆放，所以其质量相当高。因原料在加工过程中呈鲜味物质及一些风味物质溶解于汤中且越聚越多而形成了复合美味。使用这种老卤制作原料，会使原料的营养和风味有所增加，因而对于老卤的保存也就具有了必要性。

（三）白煮

白煮与热菜中的煮基本相同，区别在冷菜的白煮大多是大件料，汤汁中不加咸味调料，取料而不用汤。原料冷却后经刀工处理装盘，另跟味碟上席。白煮菜的特点是白嫩鲜香，本味俱在，清淡爽口。

其制作要点是：白煮菜调味与烹制分开，故操作相对简单，容易掌握，但在煮的时候，仍须掌握火候，因为原料性质、形状各不相同，成菜要求也不同，所以要分别对待。比如，有些鲜嫩的原料应沸水下锅，水再沸时即离火焖制，将原料浸熟，而有的原料形体较大，烧煮时就该用小火长时间地焖煮。

上海冷菜中较为出名的白斩鸡就是白煮的典型做法，白煮体现的原料的原汁原味，在煮的时间上和烫皮上有严格的要求，不同大小的鸡煮的时间也不同。上海白切鸡还有一个关键点就是水锅的水与鸡的比例在 3：1 以上，出锅后要用冰水中浸泡，迅速冷却，使其表皮收缩，从而使鸡皮脆嫩，肉中汁水都锁在鸡肉里面，从而皮脆肉嫩。

（四）盐水煮

盐水煮分两种，一种是把腌渍过的整块原料放入水中加葱姜香料等煮制成熟。如盐水牛腱子、盐水鸭等。还有一种是将原料刀工成形后放入盐水中焯煮成熟一种烹制方法，如盐水虾、盐水花生等。盐水煮与白煮不同点时汤中加盐，盐与水的比例根据原料的性质而定，盐水煮的特点是成品鲜嫩、咸香清爽。

盐水煮的操作要点是根据原料形状的大小和质分别掌握火候和不同的出来方法。

（1）经过腌渍的原料，不需要再加入咸味调味品，只需放些葱姜、料酒和香料煮熟。

（2）对于腌制体大质老的原料，水焯后再煮制，一般可以冷水下锅先用大火烧沸，再用小火焖煮。

（3）对于一些形小质嫩或要保持鲜艳色泽的植物性原料，应沸水下锅。

（4）对于质嫩的原料盐不宜放得过早，最好是待原料成熟后再放，防止原料变老。

（五）酥

酥是以糖和醋作为主要调味料，用小火长时间加热的一种烹调方法其成品特点是菜肴骨质酥软，味鲜咸带酸微甜，略有汤汁。酥菜主要特点骨酥肉烂，醇香不腻，色泽枣红，风格别具。这也是热菜烹调法焖烧的变形，以酥鲫鱼和酥海带为代表。

酥的意义是指原料酥烂的程度，其中以原料的骨质酥软为标准。酥所适用的原料范围比较广，如肉、鱼及部分蔬菜都可以制成酥的菜肴。酥的操作要点：

（1）酥分硬酥和软酥两种，硬酥是将原料过油后再放入汁中酥制，如宁波烤菜、酥鲫鱼等，软酥的原料不过油，初步加工好直接制肴，如酥海带、酥排骨等。

（2）使原料能酥的调料是醋，所以掌握好醋的用量是做好菜的关键。

（3）要用小火长时间加热。另外在烹制时，为防止粘锅应在锅底垫上帘子或铺上葱、骨头之类的原料。

三、汽蒸类

汽蒸类即利用蒸汽来烹制冷菜。此类冷菜数量也较多，代表品种是广式的清蒸清远鸡、鳗香、西北凉皮、蛋糕、蛋卷以及某些酿制类冷菜。冷菜的汽蒸法也同热菜一样，一般使用热菜中清蒸法比较多些，还可以根据制作原料的不同分为足汽蒸和放汽蒸。

（一）足汽蒸

足汽蒸是将加工好的生料或经过前期热处理的半成品摆盛于盘中，加调味品入蒸锅或蒸箱中，蒸制到需要的成熟度，其间要盖严笼盖，不可漏气。足汽蒸通常选用新鲜的动植物原料，进行相应刀工处理，放饱和蒸汽中加热到成熟。足汽蒸的加热时间应根据原料的老嫩程度和成品的要求来控制，要求"嫩"，则时间应控制在8至15分钟；一些冷菜如蒸老腊肉、家乡咸肉等则要求"烂"，时间控制在1.5小时内。

（二）放汽蒸

放汽蒸通常是以极嫩的蓉泥、蛋类为原料，原料经加工成卷、蓉、泥等后放入笼中蒸制成熟，在此过程中不必盖严盖。此种成菜方法，根据原料的性质和菜品的不同要求，要在不同时段放气，通常有三种方法：开始放汽，中途放汽，即将成熟时放汽。蒸制时火一般不能太旺，以防蒸汽冲击原料表面，有时还可采取将原料放入密闭的容器中蒸制的办法来保持菜肴外形的完整。

（三）蒸制作要点

（1）原料的选择及加工：初加工时必须将原料清洗干净，蒸前一般要进行焯水处理。

（2）调味：蒸菜肴的味型以咸鲜味为主，常用的调味品有精盐、味精、胡椒粉、姜、葱等，调味以轻淡为佳。

（3）成菜特点：此类蒸法的菜具有呈原色、质地细嫩软熟的特点。

四、腌制类

腌制是一种在中国古代开始已经相当常见的食物烹调和保存方法，指利用糖、盐、醋或其他调味料来保存肉类或蔬菜等食物，以延长它们的保用期。这些食物在浸泡一段时间后，会有一种与原来食物不同的风味。由于食物腐坏主要由微生物引起，倘能把附在食物表面的微生物水分抽干，微生物就难以生存，食物也可以得以保存。

分其他腌制类冷菜制作法根据腌制的方式大致可分为盐腌、糖腌、酸腌、腌风、腌腊、腌拌、泡腌、浸泡等。其中，泡腌还有糟、醉、泡三种具体应用。

（一）盐腌

生料或熟料拌上、撒上盐，静置一段时间直接食用的方法叫盐腌。盐腌之后直接成菜，腌制的时间短则几小时，多则月余，这是腌制作为冷菜制法区别于某些烹调方法的初步加工的不同点。

（二）糖腌和酸腌

糖腌是以糖为主要调味进行腌制的一种方法，糖腌渍法是用高浓度的糖腌渍食品，常用于水果制成果脯保藏。原料是蔗糖，因它渗透压低，只有用高浓度才可抑制细菌生长，如浓度低于70%就不能抑制肉毒杆菌和酵母菌，果脯腌渍浓度蔗糖浓度是大于70%。

（三）腌风

腌风是原料以花椒盐擦抹后，置于阴凉通风处吹干水分，随后蒸或煮制成菜的方法。成菜质地硬香，有咬劲耐咀嚼。其特色的形成依赖于腌和风，而不是蒸和煮。腌风的原料几乎全是动物性的，常见的禽畜类和部分水产品。因为风制时间较久，故风制菜多在秋冬季节制作。

（四）腌腊

腌腊是动物性原料以花椒盐或亚硝酸盐腌制后，再进行烟熏，或是取用腌制后晾干，再进行腌制反复循环的方法。腌腊的原料主要是猪肉。腊与风干较相似，但腊的腌制方法与风干不同，腌制的时间更长些。

（五）腌拌

腌拌是原料先经盐腌制后，再调拌入其他调料一起腌制，也可以将盐与其他调料一起与原料拌和腌制。腌拌成品特点是爽脆入味。其他调料是指糖、醋、味精、辣椒酱（包括辣椒油、干辣椒等）、葱油、麻油等料，它对应的原料，也是脆嫩性的植物原料，如以萝卜丝为主的萝卜丝拌海蜇，以白菜为主的酸辣菜等。

（六）泡腌

原料浸泡于各种味觉的卤汁中腌制而成，使原料带有浓郁的卤汁味的方法叫泡腌。泡腌的原料有的先经盐腌，而一些质地脆嫩、调味易渗入的原料，一般可直接浸泡于卤汁中。泡腌的时间随原料质地及成菜的要求而定，泡腌菜非常入味，又能保持一定的时间。泡腌有三种方法，即糟、醉、泡。

（七）浸泡

浸泡的冷菜属于是属于蒸、煮、炸等类烹调方法后续的入味的一种手法。如先蒸后浸的冰糖南瓜、先炸后浸的话梅花生、先煮后浸的盐水毛豆等。浸泡类方法与上述有相似之处，但也略有不同。按浸泡前后次序可以分为：先浸后烹、先烹后浸、上桌前加料浸泡。

五、烧烤类

（一）烧烤

烧烤可能是人类最原始的烹调方式，是以燃料加热和干燥空气，并把食物放置于热干空气中一个比较接近热源的位置来加热食物。现代社会，由于有多种用火方式，烧烤方式也逐渐多样化，发展出各式烧烤炉、烧烤架等。

烧烤类冷菜的制作方法几乎与热菜的烹制方法一模一样，只是烤制后，要等冷却再切配装盘。烧烤类的冷菜制法分为明炉烤和暗炉烤两类，以后者为多。用于冷菜的烧烤在选料及调味上比热菜要求更高。比如，禽类或畜类不能选择过肥或过瘦的。

（二）烟熏

暗烤炉有一种颇具特色的应用——烟熏。烟熏是将已经烹调成熟或接近成熟的原料，通过烟气加热，使菜肴带有特殊的烟香味，或同时使原料成熟的方法。经过熏制的菜品，色泽艳丽，熏味干香，并可以延长保存时间，是常备的冷菜之一。熏过的食品，外部失去了部分水分，较干燥，特别是烟熏中的所含的酚、醋酸、甲醛等物质渗入食品内部，抑制了微生物的繁殖，因此，它还是一种储藏食品的方法。

六、油炸类

（一）炸氽

冷菜的炸氽类菜肴的制法与热菜完全不同，只是菜品远不及热菜那么多。热菜中许多炸氽菜也不适用于冷菜。

1.制作类型

冷菜的炸氽一般分为脆炸和油氽两种。脆炸所挂糊种一般分为发粉糊、全蛋糊、蛋清糊三种。发粉糊取形体膨大，成品质感松软；全蛋糊取其质地松香而略脆；蛋清糊一般到完全冷却之后仍有一定脆度，因为是冷菜，烹调时炸脆，到装盘时已无脆硬度可言。但其特有的油香及金黄的色泽，仍具特殊的风味。

油氽的菜一般是使原料脱水之后产生香脆质感，原料事先调味与否均可。氽炸类冷菜如面拖虾、油氽花生、油爆鳑鲏鱼等。

2.操作要点

（1）油与原料的比例应达到3：1，油少了温度很难控制。

（2）花生、腰果等坚果类原料要冷油下锅，应二三成油温中让其水分挥发成熟，最后四五成油温使其上色增香。

（3）油炸一些鱼类、肉类等原料应控制好火候，下锅时六七成油温使其起皮不易碎，之后再转小火保持在四五成油温，将其水分炸干，让其变香变脆。

（二）炸收

炸收又称油焖五香，即先炸后焖。炸收是指原料加工处理后，经油炸再加入五香料等及鲜汤调制卤汁烧焖，最后用旺火收汁成菜的一种烹调方法。

1.制作过程

炸收一半需要经过选料、刀工、腌味、炸制、收制、补味、保藏等步骤。适用于新鲜程度高，肉质紧实的家畜、家禽、鱼类、豆制品等原料。炸收的菜品具有色泽油亮、质地酥软、香味浓郁等特点。如制作熏鱼、五香豆腐干等。

2.制作要点

其一，刀工处理注意炸收的原料形状多用中块和厚片，刀工一般要切得适中，因原料块过大不易入味，原料块小易炸太干。

其二，调基本味，炸收的原料多要事先调味，调味料主要有盐、料酒、五香粉、味精等。

其三，油炸多用高油温，油温过低易浸油，粘连不上色。

其四，炸收的原料焖制时多用于中小火，待汤汁少时再用旺火收汁。

其五，焖制时汤汁或水应一次加足，中途不宜加减。

七、糖黏类

冷菜中的甜制品虽不多，但其全甜的口味迥然不同于其他任何菜。因此在宴席中有它们的一席之地。糖黏类着眼于成菜的口味是甜的，并不像前面六类分别是烹和调制的方法，所以归属于综合性的冷菜制作法。全甜菜的冷菜制法即糖黏制法，实际包括挂霜和琉璃（琥珀）两种。

（一）挂霜

挂霜是小型原料加热成熟后，粘上一层似粉似霜的白糖的一种制法。挂霜多取用果仁类、水果类及少量肉类原料。一般加工成片状、粒及小块状。加热的方式多为油氽或油炸，动物原料往往还挂糊。

1.制作方法

挂霜的制作过程大致在原料油炸成熟之后，另锅用糖及水熬煮，到糖全部熔化后倒入原料翻拌，冷却后原料表面即结糖霜。有的在冷却前再放在白糖中拌滚，使再粘上一层白糖。称作挂霜制法的还有一种简单的方法，即在成熟的原料表面撒上绵白糖。现在也有在糖中掺入可可粉、芝麻粉的，丰富了挂霜的口味。制法仍归属为挂霜。

2.制作要点

熬糖步骤，挂霜制作的最大难点是熬糖。熬糖一般多用糖水熬法，即锅内加水及糖，用小火熬，熬制糖全部溶于水，水泡由大变小且密，有一定黏稠度时，倒入原料翻拌。熬糖之前锅一定要洗干净，熬制过程中可用手勺对糖水加搅拌，防黏底、促熔化。熬制时加水量一般可略少于糖，待熬至水分挥发将尽时，糖温160℃，正是糖的熔点温度，也是下料时（这个比例只适用于原料在500克以内的糖、水用量）。糖水比例很关键。水多，原料挂不上糖浆；水少，糖熔化后不起"霜"。

（二）琉璃

原料挂上糖浆后使其冷却结成玻璃体，表面形成一层琉璃状的薄壳，透明而光亮，酥脆而香甜，这种方法叫琉璃。琉璃之名，就取之于成菜特色。还有一种叫作琥珀的方法，是在琉璃之后再经过五六成的油温炸脆的一种方法。油炸后更加光亮脆爽。

（1）制作方法。琉璃菜的原料多为水果、根茎类蔬菜、果仁及动物原料。这些原料大都加工成小块或球状，油氽或挂糊油炸之后包裹上溶化了糖浆，冷却成菜。熬制时加水量一般可略少于糖，待熬至水分挥发将尽时正是糖的熔点温度，糖的熔点是186℃~187℃。达到这个温度时，糖呈液体，冷却后会形成玻璃体。琉璃菜就是利用了糖的这一特性而制成的。

（2）制作要点。琉璃菜的操作难点是熬糖。琉璃是冷食的，故挂上糖浆后要摊散放于涂上油的盘子里，勿使其相互粘连。另外，琉璃一般都是大批制作零星使用的。保藏琉璃菜也应强调防潮，表面的玻璃体很容易吸水受潮而影响脆度，加上有黏性，使口感不适。琥珀核桃、琉璃肉都是琉璃的名菜。

八、冻制品

冻是成熟的原料加上明胶或琼胶汁液，待冷却结冻后成菜的一种制法。冻制方法较为特殊。它借用煮、蒸、氽、滑油、焖烧等热菜的烹调方法，而成品必须冷却后食用。所用明胶蛋白质主要取之于肉皮，琼胶则取之于石花菜或其琼脂。

（一）类型特点

菜肴冻结后形成特殊的味道、色泽、形态和质感。冻菜口感比较单纯，主要是咸鲜味和甜味，分加酱油和不加酱油两种。成品色泽晶莹透明，尤其是不加酱油的冻菜，透明度很高，也称水晶菜。以明胶结冻的菜，其冻有一定的硬度，弹性很好，咬感极佳；琼脂结冻，则很嫩，舌尖一抵即碎，在口中化为满口鲜汤。以明胶结冻多取焖、烧、煮，品种如冻羊糕等；以琼脂结冻多取氽、滑油、蒸法，品种有水晶虾仁冻、冻鸡等。

（二）制作要点

第一，要做纯净透明的冻菜，胶汁熬制是关键，一般琼脂较易掌握，把握汤水与琼脂的比例即行，一般琼脂与水之比为 1：100~1：70。熬制时要先将琼脂浸泡至软，然后与汤水一起用小火熬制琼脂熔化即可。一些经焖烧煮的冻菜，如色彩要求不高，也可将肉皮切碎与其他原料一起烧煮。

第二，做水晶菜一般胶汁浓度不宜太高，成品以能结冻、不塌为原则，胶汁用量越少越好，多则成品发硬，不能达到入口即化的感觉。

第三，正确选料。水晶冻菜的原料应选择鲜嫩、无骨、无血腥的原料，而且刀工处理得细小一些，一般以小片状为多。原料多经水煮，色泽白净，有些经上浆滑油的原料一定要尽可能多地除去油腻。配料应多从颜色搭配的角度考虑，选一些色彩鲜明、质地脆嫩的原料。

第四，水晶菜口味宜偏清淡，焖烧的品种也应用香料或其他调味料尽可能除去原料的异味。烹制完毕后可盛放在扁形盘子里，将原料均匀地分布在汤中，以便于冷却改刀后每片能均匀地带有卤冻和原料。

九、卷酿类

冷菜的卷酿类菜肴的制法与热菜的酿相仿，但在选料和口味上略有差异。所谓卷是以一种大薄片状的原料包入一种或几种其他原料，成品质感风味丰富，造型别致。卷制的冷菜是在一种原料的片状面上、中间涂上、夹进、塞入另一种或几种原料的制法。

（一）类型特点

卷酿菜肴除口味丰富外，更多的是着眼于它的色彩和造型。卷制类菜肴本身在卷包过程中就能捆扎成一定形状，为圆筒状、方形、六角形等，在色彩上，可以展现出不同原料的层次。最简单的做法如蛋皮包鸡泥，卷成筒状，当截切开时，就出现了黄和白两层颜色。包卷的原料可以多种多样，包卷方法也可以变化多端，故其色彩和形状就显得丰富多变，这为一些花色冷盘及一般冷盘的色彩和造型提供了菜品的原料。酿菜的可塑性更大，形态也更不受拘束。底坯可方可圆，可以仿造各种动植物形态，泥蓉状的酿料更可以根据要求变形。它的主要用途是作较高级冷盘的点缀或主料，能够美化整桌席面。

（二）制作要点

第一，原料之间要结合紧密。因为卷酿菜起码都由两种以上原料组成。有些泥蓉料较易摆弄，而有些带脆性的原料往往较难与底坯或包卷的片状料结合在一起。因此，在包卷或涂酿时应包得紧实，粘贴得牢固。

第二，泥蓉状的酿料应剁得细，调制时要搅上劲，这样成品表面光洁度高，口感也好。包卷类的原料色彩搭配要鲜艳和谐，一般选用色差大一些、对比强烈一些的颜色，以求美观。比较常用的卷酿菜如如意蛋卷、金银肝等。

十、脱水类

脱水类冷菜制品亦称之为松，是无骨、无皮、无筋的原料，采用炸、氽、烤、炒等方法脱水变脆或变得松软的制作方法。

松类菜肴的原料大致有两类：一类比较容易脱水，如切成细丝的植物原料、鸡蛋液等；另一类不易脱水，如肉类、鱼类。前者可直接加热脱水，后者往往需经焖煮或蒸制，随后才能去除大部分的水分。

脱水类冷菜质地疏松、酥脆或柔软，有些菜肴色彩悦目，又具可塑性，所以松类菜肴往往是被用来点缀装饰冷盘，或是以其独特的口感与其他冷菜相配合。松菜的代表菜品如肉松、鱼松、菜松、蛋松等。

—— 知识拓展 ————————————————————

炒糖色的方法

白糖在加热过程中，性状逐次发生变化，其中，最重要的三个变化分别是：挂霜、拔丝和糖色。

原理：挂霜利用的是白糖的重结晶原理，即白糖溶于水后，随着小火加热，水分不断蒸发，糖液饱和度渐渐升高，当浓度超过临界值时，白糖重新以结晶体的形式析出，覆盖在食材表面，食品化学中称这种现象为翻砂或返砂。白糖加热至突破熔点（即泛起白色大泡）之后，随着温度的降低可以出现胶状黏结，凭借外力可以抻出细丝，这就是所谓的"出丝"或"拔丝"。当熔化后的糖液温度进一步降低，就会变成浅棕色的透明玻璃体，这便是"琉璃"。

方法：炒糖共有两种方法，一是油炒，二是水炒，熬糖汁和制作挂霜，只能用水炒的方法，而拔丝、琉璃、嫩汁和糖色，则既可以用油炒，也可以用水炒，两者最大的区别是油炒时间短，比水炒糖色要快3~4分钟，但难度系数大，要求厨师经验丰富、动作麻利；水炒时间长，好处是不容易炒过，比较容易掌握。

需要注意的是，油炒糖时，只需要滑锅后残留的少许油就足够了，如果油量太多，封在糖液上，不仅妨碍厨师观察色泽、调整火候，增加熬糖色的难度，而且会导致成菜油腻（见图11-1）。

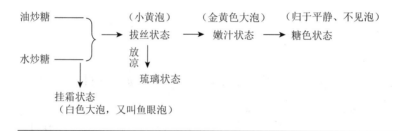

注：炒至嫩汁状态、糖色状态的糖液中加入开水熬匀即成嫩汁、糖色，可以用于烹调了。

图 11-1　炒糖各阶段示意

实践任务点

冷菜中的甜制品虽不多，但其全甜的口味迥然不同于其他任何菜。挂霜是小型原料经油炸成熟后，粘上一层似粉似霜的白糖，属糖黏类的一种烹调方法。挂霜多选用果仁类、水果类及少量肉类为原料。请按照以下的要求，制作挂霜腰果。

原料配比：

主料：腰果 1000 克。

调料：白砂糖 300 克。

工艺流程：

（1）将腰果一成油温下锅，油和腰果的比例应为3：1，小火慢炸6~7分钟，油温升至四成，能闻到腰果的香味，且腰果炸成金黄色即可捞出待用。

（2）将白砂糖放入锅中加小半勺水，烧开后小火将糖熬化，气泡由大变小且密。

（3）不停的搅拌融化的糖水，待温度熬到150℃~160℃时就是挂霜的最佳时机。将腰果倒入熬好的糖水中，迅速的翻锅，把糖水和腰果迅速翻匀。不要让腰果粘连。

（4）把腰果倒出在事先准备的不锈钢盘中，再用勺子把其推散，再不断地震动不锈钢盘让腰果不要粘连在一起。冷却后腰果变得雪白如霜，即可装盘。

菜肴特点：口感香脆、雪白如霜、益智补脑、口味绵甜。

—— 知识小贴士 ——

原料选择：如何挑选腰果：挑选外观呈完整月牙形，色泽白，饱满，气味香，油脂丰富，无蛀虫、斑点者为佳；而有粘手或受潮现象者，表示鲜度不够。应存放于密罐中，放入冰箱冷藏保存，或放在阴凉处、通风处、避免阳光直射。

图 11-2　挂霜腰果

拓展延伸：依照此烹调方法，变化主料，还可以烹制糖粘桃仁、糖粘花生、如使用挂糊糖粘的话可以制作糖粘排骨等（见图 11-2）。

项目二　冷菜拼装及技法

　　冷菜拼装，就是根据食用及美观要求把经过刀工处理的冷菜原料整齐地装入盘内。拼装的质量取决于刀工技术的好坏和拼摆技巧的熟练程度。冷菜拼装得好坏直接影响着整个酒席的质量。

一、冷菜装盘的原则和基本要求

（一）凉菜装盘的原则

1.坚持食用性和艺术性统一的原则

　　菜肴装盘造型是以食用为目的，以美化为手段，努力提高菜肴的色、香、味、型、质和器皿的配合，使其达到整体美和艺术美的高度，菜肴造型必须在食用性的基础上，再增加美感，达到形美、味美，使人观之心旷神怡，食之津津有味，精神物质双重享受。

2.遵循简易、美观、大方、因材制宜的原则

　　菜肴盘配造型必须强调简易、美化、大方、因材制宜的原则。一般在盘配中不宜进行精雕细刻，因时间过长，造型过繁，装饰过多的菜肴，一方面影响上菜速度，另一方面又不符合卫生要求（因时间长原料易变质）。造型精美绝伦的菜肴会使就餐者产生"欲食不忍"的心理，所以在凉菜盘配造型时，我们要充分利用原料自然形状，经刀工处理和装饰点缀，使菜肴形状达到完美的效果。

3.坚持突出精巧艺术的原则

　　突出精巧艺术，是由冷盘的空间性和时间性这一特点所决定的，一般人们的餐

宴时间为1~2小时，没有必要对其冷盘造型花长时间追求大规模，一般不宜过分精雕细刻和搞内容复杂的构图，更反对牵强附会。在创意过程中，要把握形似与神似，使餐者观赏其形，领略其神，富于意趣，在视觉和心灵上均感到愉悦。

4. 坚持将合食用、安全卫生的原则

食用为本，一是味要好，二是质要优。质优就是既好吃又卫生，不要为了造型装饰。反复摆弄，因时间过长，使原料变质变味。此外，不得加入非食用材料，如苏丹红、色素。拼制时，未经烹制不能食用的原料不要摆入，尽量减少原料与手直接接触，可用工具取拿。

5. 坚持用料合理、避免浪费的原则

用料合理是指冷菜盘配时要做到物尽其用。由于原料的性质和部位不同，有的可做刀面料，有的可做垫底料，要做到大料大用，小料小用，边角料要充分利用，做到物尽其用，尽量避免浪费。

（二）冷菜装盘的基本要求

1. 刀工要精细

凉菜在拼摆中，最重要的是有过硬的刀工技法，因为刀工是决定凉菜盘配造型是否美观的主要因素，娴熟的刀法是创造高质量冷盘造型的根本保证。盘配时要特别注重整齐美观，对刀工的要求特别高。

2. 色彩要协调美观

凉菜拼摆的配色应以原料的本色为主，进行合理搭配。以求得拼盘色调悦目、协调美观。盘配时一般采用对比强烈的色泽相配，避免使用同色和相近色相配，同时还需注意根据季节变化来配色，冬暖色、夏冷色、春秋花色。

3. 盘配造型要富于变化

一桌酒席一般都有几只冷盘，拼摆时不能千篇一律，必须运用多种刀法和手法，拼摆出多种图案，做到一菜一式，多彩多姿，引人喜爱。也可增加一些装饰、点缀和雕品美化冷盘，但应注意使用效果。

4. 装盘要合理

制作凉菜的目的是食用，拼摆装饰的目的是更好地食用，所以，不管拼盘盘配什么样的凉菜，装盘一定要合理，反对拼摆一些华而不实的冷盘。有些凉菜有调味汁，有的需要浇汁，在拼摆时要考虑到菜肴味汁之间的配合，做到用卤汁、不用卤汁的分开拼摆。

5. 盛器要协调

盛器的选择应与冷盘类型、款式，原料色泽、形状、数量，以及就餐者的习俗相协调、相适应，做到格调雅致、虚实有序。同时要注意：盛器的色彩要与菜肴的色泽相协调，盛器的形状要与菜肴的造型相配合，盛器的规格要与菜肴的数量相适应。

6. 注意营养，菜品要卫生

凉菜不仅要做到色香味形器皿美，同时还要注意各种原料之间营养成分的搭配和菜品的卫生。因凉菜装盘后就要上桌食用，没有再加热杀菌的过程，所以要特别注意卫生。要做到尽量不用手接触食品原料，不用未经过消毒的餐具，不用变质的食品，原料生熟分开。

二、冷菜拼装的形式

冷菜拼装的形式，按拼装技术要求，可分为一般冷拼、艺术冷拼。下面分别介绍。

（一）一般冷拼

凡是用冷菜原料，经过一定的加工，运用一定的形式装入盘内，称为一般冷拼。一般冷拼是冷菜拼装中最基本、最常见的拼盘。从内容到形式比较容易掌握。常见的有单拼、双拼、三拼、四拼、什锦拼等几种形式。

1. 单拼（也叫单盘、单碟）

就是每盘中只装一种冷菜，要求整齐美观，具体可分叠排单拼、排围单拼、叠围单拼、盘旋单拼、插围单拼等（见图 11-3）。

2. 双拼

就是把两种不同原料、不同色泽的冷菜装在一个盘内。双拼要注意色泽、口味、原料的合理搭配，讲究刀面的结合，总之要求美观、整齐、实用。具体可分对称式双拼、非对称式双拼、围式双拼等（见图 11-4）。

图 11-3　卤水牛肉单拼　　　　　　　　　图 11-4　荤素双拼

3. 三拼

把三种不同色泽、不同口味的冷菜装入一个盘内。这种拼法要求更高，色泽、口味、形态必须相互协调，达到美观、整齐。具体可分非对称式三拼、围式三拼等（见图 11-5）。

4. 四拼

四拼就是把四种不同色泽、不同口味、不同荤素的冷菜装入一个盘内。这种拼法要求高，讲究组合，刀工精细形式多样。具体可分非对称式四拼、对称式四拼、立体四拼等（见图 11-6）。

图 11-5　蔬菜三拼　　　　　　　　　图 11-6　卤肉平面四拼

5. 什锦拼

就是把 10 种及以上不同色泽、不同口味、不同荤素的冷菜原料，经过适当加工，整体地拼装在一只盘内的冷盘。这种冷盘拼装技术要求高，外形要整齐美观，特别讲究刀工和装盘技巧，并且色泽搭配要合理，口味多变且互不受影响（见图 11-7）。

（二）艺术冷拼

艺术冷拼是指用几种冷菜原料，经过精巧设计和加工，在盘中拼摆成各种花鸟鱼虫景物形图案的一类冷拼。艺术冷拼素来以它优美的造型而取悦于人，它不仅给人以色美形美的享受，而且味美可口，深受欢迎。主要特点是：艺术性强、难度大，特别是图案的设计和拼摆的技术要求高（见图 11-8）。

图 11-7 什锦简易拼

图 11-8 花鸟艺术拼

三、冷菜拼装的手法

冷菜的拼装是较复杂的，但各地所采用的手法却大致相同，归纳起来一般有堆、复、排、叠、摆、围六类。

（一）堆

堆就是把加工成型的原料堆放在盘内。此法多用于一般冷拼盘，也可以推出多种形态，如宝塔形、假山风景等（见图 11-9）。

（二）复

复就是将加工好的原料先摆在碗中再复扣入盘内或菜面上。原料装碗时应把整齐的好料摆在碗底，次料装在上面，这样扣入盘内后的冷菜，才能整齐美观，突出主料（见图 11-10）。

图 11-9　马兰头香干

图 11-10　桂花糖藕

（三）排

排就是将加工好的冷菜摆成形装入盘内。用于排的原料大多是较厚的方片，或腰圆形块。根据原料的色形、盛器的不同，又有多种不同的排法，有的适宜排成锯齿形，有的适宜排成腰圆形，有的适宜排成整齐的方形，还有的适宜排成其他花样。总之，以排成整齐美观的外形为宜（见图11-11）。

图 11-11　冰糖南瓜

（四）叠

叠就是把切好的原料一片片整齐地叠起来装入盘内。一般用于片形，是一种比较精细的操作手法，以叠阶梯形为多。叠时要与刀工密切结合，随切随叠，叠好后铲在刀面上，再盖在已经垫底围边的原料上；另外也有些韧性的原料切成薄片折叠成牡丹花、蝴蝶等，其效果也很好，这要根据需要灵活运用（见图11-12）。

图 11-12　腌萝卜

（五）摆

摆又称贴，就是运用精巧的刀法把多种不同色彩的原料加工成一定形状，在盘内按设计要求摆成各种图形或图案。这种手法难度较大，需要有熟练的技巧和一定的艺术素养，才能将图形或图案摆得生动形象（见图11-13）。

（六）围

围就是把切好的原料在盘中排列成环形。具体围法有围边和排围两种。所谓围边是指在中间原料的四周围上一圈一种或多种不同颜色的原料。所谓排围是将主料层层间隔排围成花朵形，在中间再点缀上一点原料。如将松花蛋切成橘子瓣形的块，既可围边拼摆装盘，又可用排围的方法拼摆装盘，这可根据菜肴的要求灵活运用（见图11-14）。

图 11-13　花型冷拼

图 11-14　剁椒松花蛋

──**知识拓展**────────────────────────

冷菜制作常见的香料植物

（1）八角，又名大茴香、木茴香、大料，属木本植物，味食香料。主要用于烧、卤、炖、煨等动物性原料。有时也用于素菜，如炖萝卜、卤豆干等。八角是五香粉中的主要调料，也是卤水中的最主要的香料。

（2）茴香（即茴香子），又名小茴香，草茴香。味食香料。味道甘、香，单用或与他药合用均可。茴香的嫩叶可做饺子馅，但很少用于调味。茴香子主要用于卤、煮的禽畜菜肴或豆类、花生、豆制品等。

（3）桂皮，又名肉桂，即桂树之皮。属香木类木本植物，味食香料。味道甘、香，一般都是与他药合用，很少单用。主要用于卤、烧、煮、煨的禽畜等菜肴。是卤水中的主要调料。

（4）砂姜，又名山柰、山辣。属香草类草本植物，本食香料。味道辛、香。生吃熟食均可。主要用烧、卤、煨、烤等动物性菜肴。常加工成粉末用之，在粤菜中使用较多。

（5）白芷，属香草类草本植物，味食香料。味道辛、香。一般都是与他药合用。主要用于卤、烧、煨的禽畜野味菜肴。

（6）白豆蔻，属香草类草本植物，味食香料。味道辛、香。与他药合用，常用于烧、卤、煨等禽畜菜肴。

（7）草果，属香草类草本植物，味食香料。味道辛、香。与他药合用，用于烧、卤、煮、煨等荤菜。

（8）姜黄，属香草类草本植物，味食香料。味道辛、香、苦。它是色味两用的香料，既是香料，又是天然色素。一般以调色为主，用于牛羊类菜肴。

（9）砂仁，属香草类草本植物，味食香料。味道辛、香。与他药合用，主要用于烧、卤、煨、煮等荤菜或豆制品。

（10）丁香，又名鸡舌香，属香木类木本植物，味食香料。味道辛、香、苦。单用或与他药合用均可。常用于扣蒸、烧、煨、煮、卤等菜肴。如丁香鸡、丁香牛肉、丁香豆腐皮等。因其味极其浓郁，故不可多用，不然，则适得其反。

（11）花椒，又叫川椒，味食香料，味道辛、麻、香。凡动物原料皆可用之。单用或与他药合用均宜，但多用于炸、煮、卤、烧、炒、烤、煎等菜肴。荤素皆宜，在川菜中，对花椒的使用，较广较多。

（12）孜然，味食香料，味辛、香。通常是单用，主要用于烤、煎、炸的羊肉、牛肉、鸡、鱼等菜肴。是西北地区常用而喜欢的一种香料。孜然的味道极其浓烈而且特殊。南方人较难接受此味，故在南方菜中极少有孜然的菜肴。

（13）胡椒，属藤本植物，味食香料。味道浓辛、香。一切动物原料皆可用之。汤、菜均宜。因其味道极其浓烈，故用量甚微。常研成粉用之。胡椒在粤菜中用得较广。

（14）甘草，又名甜草，属草本植物，味食香料，味甘。主要用于腌腊制品及卤菜。

（15）罗汉果，属藤本植物，味食香料。味道甘。主要用于卤菜。

（16）陈皮，即干橘子皮。属木本植物。味食香料。味道辛、苦、香。单用或与他药合用均宜。主要用于烧、卤、扣蒸、煨等荤菜。也用于调制复合酱料。

实践任务点

糟是将加热成熟的原料浸泡入以盐、糟卤等调制成的卤汁中的一种腌泡法。糟制菜强调特殊的糟香味，成品质地鲜嫩。糟制品在低于10℃的温度下食用口感最佳，所以夏天是糟菜热销旺季。上海最常见的有糟凤爪、糟毛豆、糟门腔等。一般素菜浸泡半小时以上，荤菜则需要浸泡两小时以上。这样的糟菜口味清淡且有一种酒香味，风味独特。请按照以下配方以及制作方法，制作菜肴糟三样。

原料配比：

主料：猪尾巴300克、基围虾200克、毛豆节200克。

辅料：小葱40克、老姜40克、香叶4片、八角2个。

调料：糟卤400克、白砂糖20克、盐5克、花雕酒200克、味精5克。

工艺流程：

（1）选用新鲜的猪尾巴去除猪毛和污垢，新鲜的基围虾剪去虾须，毛豆节减去头蒂。

（2）将猪尾巴焯水后洗净，锅中烧水，加葱姜、料酒、盐、味精大火烧开，转小火焖煮半小时，用过滤水冲凉洗净，再用熟菜砧板改刀成2厘米长的段备用。另外，分别将基围虾和毛豆节煮熟备用。

（3）锅内500克水加入香叶、八角、葱姜、盐、味精烧开，待冷却后倒入糟卤、花雕酒。再将不同的原料分别装到不同的盒子中用所调制的糟卤浸泡，以防串味。毛豆节浸泡大约1小时，虾和猪尾巴浸泡2小时以上。

（4）待所有原料浸泡入味后，分别将猪尾巴、基围虾、毛豆节堆放整齐，再加浇上一些糟卤即可。

知识小贴士

香糟卤的制作：香糟是用谷类发酵制成黄酒或米酒后所剩余下来的残渣（即酒

糟），干香糟不能直接作调味用。必须加工成香糟卤才能使用。

香糟卤的一般制法是：香糟500克、绍酒2000克、精盐25克、白糖125克、糖桂花50克、葱姜100克搅拌均匀。再用一个布袋，把糟汁倒进布袋里悬空吊起，下面用一容器盛装由布袋滤出的卤汁即成。制成的糟卤应灌入瓶里塞上瓶塞，放入10℃左右的冰箱里保存，以防受热变酸。

拓展延伸：

糟属于泡腌类的烹调方法，通过变化原料还可制作香糟门腔、香糟毛豆。也可以先炸后糟制作糟带鱼、糟鲳鱼等（见图11-15）。

图 11-15　糟三样

模块十二
热菜烹调技艺

模块导读

　　烹调方法是烹调技艺的核心内容，也是烹饪从业人员必须掌握的最为主要的技艺之一。本模块将对烹调方法的发展沿革、传热方式、烹调技术方法等逐一进行介绍，着重对各地通行的一些常用烹调方法，从概念、原理、种类、操作要领、成品特点等几个方面进行分类解析，以便对各种烹调方法的运用有一个初步了解和掌握。

● 能力培养

1. 了解热菜烹调技法的原理及其分类方法。

2. 掌握炒、爆、熘、煎、煸、烹、炸等各种烹调方法的操作。

● 知识拓展

1. 常用的热传递的方式。

2. 现代低温慢煮技术。

3. 烹饪中的嫩汁与糖色。

4. 无明火烹调法。

● 案例导入

这些中国美食，让美国总统都吃到停不下来

尼克松——赞赏竹荪鲜美可口

1972 年 2 月 21 日至 28 日尼克松访华，他是中华人民共和国成立以来首位访问中国的美国总统，此行打开了中美两国关系正常化的大门，是 20 世纪国际关系舞台上最重大的事件之一。对实现"中美破冰"之旅的尼克松总统的来访，周恩来格外重视，欢迎宴会的菜谱、菜单设计等事务都由他逐一安排核准并亲自圈定。

在欢迎尼克松的宴会上有一道"芙蓉竹荪汤"，其中用的原料竹荪产自四川长宁，竹荪的鲜美可口引得尼克松总统连声赞赏。

布什父子——烤鸭情结

美国华盛顿近郊的 7 号公路边上有一家普通的中国餐馆，红色招牌上写着四个金字"北京饭店"。这就是老布什曾光顾 50 多次、小布什也曾多次携亲友

在此聚餐的中餐馆。曾在中国做过外交官的老布什最喜欢五道菜，其中北京烤鸭每次都点，另外 4 道菜分别是椒盐大虾、北京风味羊排、干煸牛肉丝、干烧四季豆。由于老布什常点这 5 道菜，一些人干脆将这 5 道菜称为"布什菜单"。

据称，小布什访华期间很喜欢中国菜，他像父亲一样用小饼卷烤鸭和大葱，一口气吃五卷烤鸭。就在小布什宣誓就任美国总统前后，《纽约时报》和《华盛顿时报》不约而同地推出特刊，图文并茂地介绍了布什一家情系北京烤鸭的故事。

奥巴马——第一夫人米歇尔最爱川味火锅

美国第一夫人米歇尔随同奥巴马访华的时候，全家一起吃了正宗的川味火锅，11 道菜里包括香菜丸子、鹌鹑蛋、大白菜、土豆、大妙手撕干笋、菇类拼盘等，吃的时候米歇尔也完全不怕辣，连连称赞川味火锅美妙绝伦。

（资料来源：http://m.haiwainet.cn/middle/3541093/2017/1107/content_31171067_1.html）

● 案例分析

1. 中国热菜的什么特点获得了美国元首的青睐？

2. 中国菜肴烹调工艺多样性你能说出几种？

项目一　水传热烹调技法

水传热烹调方法是通过水将热能以对流方式传递给原料，使原料成熟的一类烹调方法，也是中国烹饪中最常用的一类方法。

水传热烹调方法根据用水量大小，分大水量烹调法，如煮、煨、炖、氽、涮，小水量烹调法，如烧、焖、烩、扒。

一、煮

煮是将原料放入水中，根据原料性质和成品要求的不同，运用一定的水温和一定的时间，将原料加工成熟的烹调方法。用煮法烹制的菜肴具有成菜汤宽，不勾芡，汤与菜风味交融的特点。根据用水的不同，一般可分为白煮和汤煮两种。

（一）白煮

白煮又称清煮，它是把原料直接放入清水中煮熟的一种方法。煮时一般不加调味料，个别加入料酒、姜、葱，以除去腥膻异味。食用时把主料捞出，经过刀工处理装盘后，或浇调味汁，或带味汁蘸食（见图12-1）。

[例1]白煮肉

原料：猪五花肉400克。

12-1　白煮肉

调料：酱油、蒜泥、腌韭菜花、酱豆腐汁、辣椒油各适量。

制作方法：将肉切成大块，刮洗干净，肉皮朝上放入锅内，倒入清水（以淹没肉并高出 10 厘米为度），盖上锅盖，用旺火烧开，改用小火保持微沸状态煮 1 小时左右，以筷子一戳即入为度。肉煮好后，撇净浮油，捞出凉凉，撕去肉皮，切成长片，整齐地码在盘内。将上述调料一起放入碗内调匀，随肉片同时上桌。

特点：肉片薄如纸，粉白相间，肥而不腻，瘦而不柴，蘸上特制调料，风味别致。

（二）汤煮

汤煮是以鸡汤、肉汤或清汤等煮制原料的一种方法。所煮菜肴汤宽汁浓，或汤汁清鲜，通常汤和菜肴一起食用（图 12-2）。

图 12-2　鸡汁煮干丝

［例 2］鸡汁煮干丝

原料：豆腐干 3 块、熟鸡肉 10 克、鲜虾仁 15 克、火腿丝 5 克。

调料：鸡汤 1000 克，虾子、盐各适量。

制作方法：豆腐干切成细丝，用沸水浸烫三遍后待用。虾仁上浆，鸡肉切丝待用。锅放火上，用油将虾子炸香，加入鸡汤、干丝及其他配料，大火烧开，加盖煮 4 分钟左右，开盖调味，出锅装碗，撒上火腿丝即可。

特点：色泽悦目，口味清鲜，质感绵软。

二、煨

煨是将原料加多量汤水后，用旺火烧沸，再用小火或微火长时间加热至酥烂的烹调方法。煨法是加热时间最长的烹调方法之一，适用于质地粗老的动物性原料。炊具一般使用砂锅、陶罐、坛子等，调味以盐为主，不勾芡。成菜特点：主料软糯酥烂，汤宽汁浓，鲜醇肥厚（见图 12-3）。

［例 3］瓦罐鸡汤

原料：老母鸡一只。

调料：盐、姜各适量。

制作方法：老母鸡去毛、内脏，锅烧热，投入油、姜片，煸炒出香。取一瓦罐，投入鸡块，置八成水满，盖上盖先用大火烧开，然后移至微火（最好是谷壳燃烧的灰烬）上，煨 7~8 小时，取出瓦罐，加入适量盐即可。

图 12-3　瓦罐鸡汤

特点：汤清而不淡，味浓而不腻，肉烂而不散，风味独特。

三、炖

炖是将原料加汤水及调味品，旺火烧沸后用中、小火长时间加热成菜的烹调方法。炖一般选用肌体组织较粗老、能耐长时间加热的动物性原料，原料先经初步熟处理，炊具宜用散热较慢的陶、瓷器。一般情况下，炖制器皿中水量一次加足，中途不宜添加汤水，也不能揭盖，以防香气散失。根据加热方式的不同，习惯上将炖分为隔水炖和不隔水炖两种。

（一）隔水炖

隔水炖是将原料洗净焯水后放入陶、瓷钵中，加清水及葱、姜、料酒，盖上盖并用湿桑皮纸封住缝隙，置于小锅内（锅内水量低于器皿，以防水沸时溢进器皿），盖严锅盖，用旺火烧 1~3 小时后再调味而成。也有的将放入原料和汤水的器皿置入蒸笼内，用旺火猛蒸而成，此法俗称蒸炖（图 12-4）。

［例 4］莲米炖甲鱼

原料：甲鱼 1 只（重约 800 克）、莲米 50 克（略泡）。

调料：姜、葱、料酒、盐各适量、猪油少许。

制作：甲鱼宰杀后，用沸水略烫，刮去黑皮，再稍煮两分钟左右，用冷水浸过，

图 12-4　莲米炖甲鱼

取下壳，去掉内脏。将净甲鱼置于瓷钵中，加入料酒、猪油、莲米、姜片、葱结、盐、水，盖上盖，放入笼屉内，用旺火蒸炖约 1 小时即成。

特点：形整而肉烂，汤清而味鲜，本味突出。

（二）不隔水炖

图 12-5　枸杞炖乳鸽

不隔水炖是将原料洗净后焯水，放入陶钵中，加水及葱、姜、料酒等调料，置旺火烧沸，撇去汤上浮沫，盖上盖，转用小火加热 1~3 小时，再经调味而成（图 12-5）。

［例 5］枸杞炖乳鸽

原料：乳鸽 3 只、枸杞 10 克。

调料：姜、葱、料酒、猪油、盐各适量。

制法：乳鸽去毛及内脏，枸杞用水泡发待用。锅烧热，用猪油加姜片、料酒，将乳鸽略炒，然后盛入砂锅中，加入葱结、盐、水、枸杞，用大火烧开，撇去血沫，改用小火，盖上盖，炖约 2 小时，调味上桌。

特点：汤清味鲜，肉质酥烂，营养滋补。

四、氽

氽是将小型原料入沸汤中加热，短时间内使原料成熟的汤菜烹调方法。氽法所用的汤多为成品汤，适用于形状较小，质地脆嫩的原料。氽制的原料一般不上浆，不挂糊。成菜特点是：清鲜柔脆，嫩爽适口（见图 12-6）。

图 12-6　氽圆汤

［例 6］氽圆汤

原料：肥瘦猪肉 300 克，鸡蛋 1 个。

调料：姜、葱、盐、高汤、白胡椒各少许。

制作：猪肉剁蓉，加盐、水、鸡蛋，

搅拌上劲。锅中烧汤，至汤沸时，将肉泥挤成小圆子下入汤中，稍煮调味，撒上胡椒和香葱起锅。

特点：圆子鲜嫩，汤醇香浓。

五、涮

涮是指将备好的原料夹入沸汤锅中，利用沸汤将原料来回晃动至断生，随即蘸上调味品佐食的一种特殊烹调方法。涮所用炊具以火锅为主。原料须先加工成净料，成形宜薄不宜厚。涮制调味料一般有芝麻酱、料酒、酱油、辣椒油、卤虾油、腌韭菜花、香菜末、葱花等，通常将各种调料分置在小碗中，由食者自行兑制成蘸料，边涮、边蘸、边食。也有的于汤中调味（见图12-7）。

图12-7 涮羊肉

［例7］涮羊肉

原料：羊肉片500克。

调料：清汤、蘸味调料各适量。

制法：将汤置于火锅内烧沸，用筷子夹着切好的羊肉片或用小烫勺盛着羊肉片在沸汤中来回涮动，至变色后捞出，蘸碗中涮汁吃。

特点：成熟快捷，肉薄质嫩，口味鲜美。

六、烧

烧是将经过初步熟处理的原料加适量汤水，先用旺火加热至汤沸，再改用中、小火加热入味，待汤汁浓稠时用旺火勾芡成菜的烹调方法。

烧的分类十分复杂，但凡烧菜都要经过煎、蒸、煸、煮、炸等预加热工序，因此烧又可分为煎烧、炸烧、煸烧、蒸烧等；根据烧菜成品色泽，又分红烧、黄烧、白烧；根据所用调味品的不同和成品风味特征，又分葱烧、酱烧、糟烧、腐汁烧、

252

『全国旅游高等院校精品课程』系列教材·中式烹调技艺

干烧等。现将行业常用的，具有一定地域和风味代表性的三种烧法红烧、白烧、干烧作一介绍。

（一）红烧

红烧是指将原料经过初步熟处理后，以汤和带色的调味品烧成酱红色或金黄色使成品汁浓料烂、味透肌里的烹调方法。红烧，因成菜色泽而命名。适用于色泽不太鲜艳的原料，一般不需要勾芡（见图12-8）。

图 12-8　红烧鲤鱼

［例8］红烧鲤鱼

原料：鲤鱼1条（重约700克）。

调料：酱油、料酒、盐、糖、味精、胡椒、姜、葱、蒜粒、醋、食用油、芡粉各适量。

制法：鲤鱼去鳞及内脏，打上花刀待用。锅烧热滑油，留底油，投入姜末，略煸，下鲤鱼煎至两面微黄。下料酒、盐、酱油（分两次下）、糖、蒜粒、醋、汤水，汤水的量以刚淹没鱼为度。用大火烧开，中、小火慢烧约15分钟，再用大火，加入味精、胡椒、勾芡淋油，撒上葱段起锅即成。

特点：色泽红亮，味咸鲜回甜，质地软嫩。

（二）白烧

白烧是将原料经初步熟处理后，加汤水及盐等无色调味品进行烧制的方法。成品汤汁多为乳白色，勾芡宜薄，使其清爽悦目，本色突出（见图12-9）。

［例9］白烧双冬

原料：水发冬菇250克，冬笋250克。

调料：清汤200克，盐、猪油各适量。

制法：冬菇去蒂，冬笋切成5厘米长

图 12-9　白烧双冬

的筷子条。将双冬放入开水中焯过，以除去涩味及其他异味。锅上火烧热，加少许油，放入双冬略炒，然后加入清汤及盐，大火烧沸转小火慢烧约10分钟，大火勾薄芡，淋油起锅，将冬菇堆放盘子中央，冬笋放射状摆放周围装盘。

特点：质感脆嫩，口味清鲜，配色合理，芡汁明亮。

（三）干烧

干烧是指将胶原蛋白质含量较丰富的原料，经过煎炸后烧制，使成品色泽酱红、味透肌里、汁少油多的烹调方法。干烧一般收自来芡，口味咸鲜微辣（见图12-10）。

［例10］干烧岩鲤

原料：岩鲤1条（重约700克），肥瘦猪肉50克。

调料：豆瓣、盐、白糖、姜、蒜、酱油、料酒、泡辣椒、味精、葱、醋等各适量。

制作：岩鲤洗净后在两边剞上十字花刀，用盐抹遍全身，腌渍入味。猪肥瘦肉切粒，豆瓣剁细。锅置火上，下油将鱼炸至皮稍现皱纹捞起，锅留底油，将肉粒炒至泛香盛盘。原锅加少许油，将豆瓣炒香炒出红油，加肉汤，烧沸去渣，放入岩鲤和肉粒，并加泡椒、姜、蒜、白糖、料酒、

图12-10 干烧岩鲤

酱油及盐，移至小火上烧至汁稠鱼熟入味，再加适量味精、葱段、醋，亮油起锅。

特点：色泽酱红，咸鲜微辣，汁浓软嫩。

七、焖

焖本应属于烧的一种，但由于行业厨师约定俗成，将焖单列为一种烹调方法，加之焖与烧也存在着一些细微的差别，所以这里将焖单独做一介绍。

焖是将经过初步熟处理的原料加入汤水及调味品后，盖上锅盖，用小火较长时间加热至入味成熟的烹调方法。焖法多选用一些鸡、鸭、牛、羊、猪等动物性原料，

以及质地较为紧密细腻的鱼类等。初步熟处理需根据原料质地选用焯水、煸炒、过油等法，然后进行焖制。焖时要加盖，并要严密，有的甚至要用纸将盖缝糊严，其目的有两个：第一，阻止汤汁走油以保味浓；第二，增加汤面压力，防止水分蒸发，保持锅内恒温，促使原料酥烂，故有"千滚不抵一焖"之说。焖菜时要经常晃动锅，以防原料粘底。焖菜分勾芡和不勾芡两种，视原料和成品要求而定。一般原料与汤之比为3：1。焖菜的特点是质地酥烂软滑，滋味醇厚香美，汤汁稠浓，形态完整。

焖的方法有多种，根据原料生熟不同，可分为生焖和熟焖；根据所用调味品的不同，有酱焖、酒焖、糟焖等；根据成菜色泽，分红焖、黄焖等。这里将最具代表性的酒焖和黄焖做一介绍。

（一）酒焖

酒具有渗透、增香、去腥的特点，焖制一些动物原料时，加入一定的酒（多为低酒精含量的葡萄酒、黄酒、啤酒等），盖严锅盖，使菜肴具有香气浓郁的特点（见图12-11）。

图12-11　酒焖鳗鱼

［例11］酒焖鳗鱼

原料：鳗鱼500克。

调料：黄酒300毫升、盐、姜、酱油、醋、味精各适量。

制作：鳗鱼去鳃和内脏，用开水略烫，刮去表皮，切成小段。锅内倒入1000克色拉油，烧至140℃左右时倒入鳗鱼过油，迅速捞起。锅留余油，姜末炝锅，倒入鳗鱼，给少量水，加黄酒、酱油，大火烧开，加盖小火焖约20分钟，加盐、醋、味精等，芡汁自动收干，亮油起锅。

特点：色泽红亮，味道鲜甜，质地软嫩，酒香浓郁。

（二）黄焖

黄焖的特点是色泽黄亮，味道咸鲜，多用动物性原料（见图12-12）。

［例12］黄焖肉

原料：五花肉500克。

模块十二

热菜烹调技艺

调料：五香料、清汤、盐、葱、姜、酱油、料酒等各适量。

制作：先将五花肉皮上的毛及脏物刮净，放入加有五香料（八角、桂皮、甘草、小茴香、丁香）的卤锅中卤至八成熟捞起，皮朝上置盘内凉凉，再切成2厘米见方的块。锅置火上，加少量植物油烧热，下入八角瓣炸出香味，加入清汤、葱段、姜、酱油、精盐，再放入肉块，转用文火焖制，待肉烂汁稠时，捞去葱、八角瓣等，调好味，勾芡淋明油即成。

图 12-12　黄焖肉

特点：皮色黄润，肉质软烂，鲜香浓郁。

八、烩

烩是将几种原料经过初步熟处理后混合在一起，加汤水用旺火或中火加热成熟的一种汤菜烹调方法。

烩是介于煮与烧之间的一种烹调方法，烩与煮的区别在于：烩的汤水比煮少，煮的时间比烩长，煮菜不芡，而烩菜大多要勾芡。烩与烧的区别在于：烩的汤汁宽

图 12-13　烩鸭四宝

而稀薄，烧的汤汁少而黏稠；烩多用熟料和半熟料，刀工成形多为小件料，如片、丝、丁、粒等，烧多用生料，刀工成形多为块状、整形料；烧法除个别色淡外，大多烧菜色较深，而烩菜一般色较清淡；烧法选料单一或主料突出，烩法选料多样，常常是无主辅料之分（见图12-13）。

［例13］烩鸭四宝

原料：熟鸭脯肉100克，熟鸭胰150克，熟鸭掌100克，熟鸭舌80克。

调料：鸡鸭汤1000克，酱油、盐、料酒、麻油、醋、胡椒、香菜末、葱末各适量。

制法：鸭脯肉切片，鸭胰切段，鸭掌去骨后，每个切3块。将以上物料与鸭舌

一起入开水锅汆一下，捞在炒锅里，加汤及盐、酱油、料酒烧开，撇去浮沫，加热5分钟左右，再放醋用水淀粉勾芡，淋上香油、撒上胡椒粉、香菜末和葱末即成。

特点：汤醇味厚，软嫩鲜香。

九、扒

扒是一种特殊的烧，它是将经过初步熟处理的原料整齐入锅，加汤水及调味品，小火烹制收汁，保持原形成菜装盘的烹调方法。扒菜用料大多为高档原料，主料必须先经过初步熟处理，烧制前原料要经过成形处理，使其保持整齐美观的形状。烹制时火不能大，以免形散或粘锅。烹制完

图12-14　红扒鱼翅

成后，一般将主料先出锅，然后再将锅中汤汁收浓后浇在原料上。扒菜的特点是：形状完整，汤汁浓醇，菜汁融合，丰满滑润（见图12-14）。

［例14］红扒鱼翅

原料：干鱼翅600克。

调料：高汤、葱、姜、料酒、酱油、糖、味精各适量。

制法：鱼翅用开水泡胀，刮净黑皮、沙粒，去翅骨，再用沸水汆洗4~5遍，放盘内，加猪肘、鸡翅等及各种调料上笼蒸约6小时，捞出鱼翅，用净水冲去腥味。锅上火，入底油、姜末炝锅，加入高汤及盐、白糖、酱油等调味品，下入鱼翅，大火烧开，小火微火烤后用水淀粉勾芡，大翻勺，淋明油起锅。

特点：色泽金黄，味道鲜厚，质地软滑。

──**知识拓展**────────────────────

低温慢煮技术

低温慢煮技术（Sous-vide）源自法语，英文叫"slow-cook"是"undervacuum""真空烹调法"的意思，它是以科学化研究，找出每种食材的蛋白细胞受热爆破温度范围，从而计算出爆破温度以内，用多长的时间把食物煮熟最好。在18世纪已经出

现，20世纪70年代在法国正式被运用在餐厅的菜品制作上，随着分子美食的兴起，低温慢煮在国际美食界又流行起来，是众多米其林大厨热爱的一种烹饪技术。

低温慢煮能最大限度地减少水分的流失。"用传统方法烹饪的食物会减少15%~20%的重量，其中大部分是食物中的水分，食物会变老；而经过试验表明，运用真空低温方法烹饪食物，水分流失仅在5%~8%，食物显得尤为鲜嫩。"

低温慢煮还可以最大限度保留食物的原味原色，减少食盐的使用或者可以完全不用，保留食物的营养成分，分离食物原汁和清水，比蒸、煮更能保留维生素成分，不需要油或者只需要极少的油，保证每次烹饪的结果都是一样的。

实践任务点

低温慢煮鸡蛋

鸡蛋在62℃的时候，蛋黄跟蛋白都在最佳状态，两者的软硬度一样，吃起来口感最好，不会一边软一边硬，而蛋白质的保存也最多，美味与营养兼得。有条件的可以使用低温慢煮设备进行尝试，温度控制在62℃1小时；也可以使用保温杯和温度计进行尝试，62~65℃时间约1小时。

项目二　油传热烹调技法

油传热烹调技法是通过油脂将热能以对流方式传递给原料，使原料成熟的一类烹调方法。油传热较快，它可使原料表面温度迅速达到100℃~150℃。根据不同的原料和不同的成品要求，采用油传热烹调方法时，要选用不同的油温和不同的油量，以达到预期效果。一般来讲，大油量，高油温加热的菜肴，具有外酥脆、内鲜嫩的特点，如炸等；中油量、中油温加热的菜肴，具有鲜嫩滑爽的特点，如炒、爆等；小油量、中低油温加热的菜肴，具有酥香和鲜嫩并存的特点，如煎等。

一、炸

炸是将原料投入多油量的油锅中，用旺火加热使原料成熟的烹调方法。炸制菜肴时，习惯要炸两次，俗称"重油"。这是因为要想使菜肴里外加热均匀或达到外酥里嫩的特点，必须先要用温油将原料炸至断生，再将原料捞起，待油温升高，再投入原料，使原料形成外酥脆的口感。炸法按初加工手法的不同，分挂糊炸和不挂糊炸两种。

（一）挂糊炸

挂糊炸是将加工好的原料表面挂上一层糊再炸的烹调方法。由于调制的糊不同，炸出的菜肴质感也各有特色。如用水粉糊炸出的菜质感多脆；用蛋清糊炸制的菜肴质感多软；用全蛋糊炸制的菜肴质感多酥；用蛋泡糊炸制的菜肴质感多泡。正因如此，民间也出现了许多以质感命名的炸法，如软炸、酥炸、脆炸等（见图12-15）。

图12-15　软炸鱼条

［例15］软炸鱼条

原料：净鳜鱼肉250克，鸡蛋清2只，淀粉50克。

调料：盐、姜、料酒、味精、椒盐各适量。

制法：鱼肉切成5厘米的筷子条，用盐、料酒、姜片、味精腌渍上味。鸡蛋清与淀粉加盐和水，调成蛋清糊待用。油烧至120℃时，将鱼条从蛋清糊中拖过，炸至鱼条断生后捞起，待油温升至140℃时，再将炸过的鱼条重油即可，鱼条随带椒盐蘸食。

特点：色泽微黄，口味咸鲜，质地外软内嫩。

模块十二

热菜烹调技艺

（二）不挂糊炸

不挂糊炸又叫清炸，是将经过精加工或熟处理的原料直接投入油锅炸制的烹调方法。一般不挂糊的菜肴要经过蒸、卤等熟处理，使原料断生或基本断生，并在炸前要码味或上色。不挂糊炸的菜肴具有质感酥脆，色泽红亮的特点（见图12-16）。

图12-16 香酥鸭

［例16］香酥鸭

原料：净鸭1只（重约750克）。

调料：陈年卤水、甜酱、荷叶夹。

制作：将鸭子入陈年卤水中卤制2小时左右，取出放凉，将卤水沥干。油烧至160℃左右，投入鸭子，经两次油炸，至皮酥色红捞起。改刀摆盘，带甜酱与荷叶夹一起上桌。

特点：色泽红亮，皮脆肉嫩，香鲜可口。

二、熘

熘是将烹制好的芡汁浇淋或裹在预熟的主料上，使菜肴具有焦、脆、滑、软等特色的烹调方法。熘菜要经过焯水、汽蒸、过油等初步熟处理，操作一般要分三个步骤，先使原料成熟，再制作熘汁，最后将两者混合在一起。熘法根据成品特点的不同，可分焦熘、滑熘、软熘。

（一）焦熘

焦熘是将主料码味后挂糊或拍粉，下油锅炸至外部焦酥，内部软嫩，然后把调制好的熘汁浇淋在主料上，或与主料一起翻拌均匀成菜的烹调方法。脆熘与焦熘基本相同，只是成菜质感有所区别（见图12-17）。

图12-17 焦熘鲤鱼

[例 17] 焦熘鲤鱼

原料：鲤鱼 1 条（重约 700 克）。

调料：白糖、醋、番茄酱、盐、料酒、姜、葱、淀粉各适量。

制作：鲤鱼洗净，打上牡丹花刀，用料酒、盐、姜、葱码味待用。油烧至 160℃左右时，将鲤鱼拍粉下入油锅炸好（炸两次定型定色定质）后装盘。另起锅调酸甜茄汁，浇淋在鱼身上即成。

特点：色泽红亮，外焦内嫩，口味酸甜。

（二）滑熘

滑熘是将主料上浆后以温油或沸水滑透，再与熘汁一起翻拌成菜的烹调方法。滑熘菜具有滑嫩鲜香的特点（见图 12-18）。

[例 18] 滑熘鸡片

原料：鸡脯肉 200 克、水发黑木耳 50 克。

图 12-18　滑熘鸡片

调料：盐、蛋清、淀粉、味精、蒜泥各适量。

制法：鸡脯肉切成小片，用盐、蛋清、淀粉、水上浆。将已上浆的鸡脯肉在温油中滑过，另起锅调好熘汁，将鸡片倒入，翻拌即成。

特点：质嫩色白，滑亮鲜香。

（三）软熘

软熘是将原料通过炸、蒸、煮、氽等至熟后，将熘汁与原料翻拌在一起，或将熘汁浇在原料上成菜的烹调方法。软熘菜看最突出的特点是软嫩（见图 12-19）。

[例 19] 西湖醋鱼

原料：草鱼 1 条（重约 750 克）。

调料：酱油、绍酒、姜末、白糖、醋、

图 12-19　西湖醋鱼

葱、湿淀粉、麻油等。

制作：将鱼头对剖（不切断），鱼身纵向批成两片。锅内放清水，用旺火烧沸，将鱼摊开，放入水锅中，用小火煮约5分钟，至鱼眼白珠突出，然后用漏勺将鱼捞起，鱼皮朝上平摊在盘中。另用净锅放入余鱼的原汤250克，加酱油、白糖、葱姜末烧开后，加醋勾芡，淋麻油浇在鱼身上即成。

特点：软嫩鲜香，甜酸适口。

三、爆

爆是将原料处理后，投入旺火热油锅中快速拉油并烹制成菜的烹调方法。根据所用调味料及风味的不同，爆又派生出了葱爆、芫爆、酱爆、糟爆、姜爆、盐爆等多种。爆具有五个显著的特点：第一，火力旺，油温高，出品快。第二，适用于质嫩无骨且极为新鲜的动物性原料，如肚尖、鸡鸭胗、鱿鱼、猪腰子、猪肝、虾仁等。

图 12-20　油爆双脆

第三，原料均须加工成较小的丁、片或花刀块。第四，多使用兑汁芡。第五，菜肴脆嫩爽口，卤汁紧包（见图12-20）。

［例20］油爆双脆

原料：猪肚尖200克，鸡胗200克。

调料：盐、清汤、料酒、醋、葱、姜、蒜各适量。

制作：肚尖治净，剞蓑衣花刀，加盐及湿淀粉上浆。鸡胗剞十字花刀用同样方法上浆。清汤、料酒、醋、精盐、湿淀粉兑成芡汁。油烧至160℃左右，将肚尖、鸡胗下油锅，迅速滑散，锅留底油，放入葱、姜、蒜末炸香，立即倒入兑汁芡，并随后将肚尖、鸡胗倒入颠翻，迅速出锅装盘。

特点：质地脆嫩，味道香鲜。

四、烹

烹是将原料经过油炸后，加入调味汁，利用高温使调味汁中的水分大部分快速汽化而收干汁水，原料快速入味成菜的烹调方法，如图 12-21 所示。烹是炸的一种延伸，故有"逢烹必炸"之说。原料经过油炸以后水分基本脱去，在这种情况下，将调好的味汁淋入，可以形成置换，使干香的菜肴原料有了软香的特色。烹菜一般盘中无汁，味道醇厚。一般按挂糊与否分挂糊（拍粉）烹和清烹。

（一）挂糊（拍粉）烹

通常称为炸烹，是将原料挂水粉糊或拍粉后入油锅炸好再烹汁成菜的烹调方法。

［例 21］锅包肉

原料：猪精肉 200 克。

调料：糖、醋、酱油、料酒、盐、葱、姜、蒜、香菜段、湿淀粉。

图 12-21　锅包肉

制法：猪肉切成 4 毫米厚、4 厘米大小的厚片，葱姜蒜切丝，湿淀粉加水调成水粉糊，酱油、料酒、糖、醋、盐兑成清红汁。锅中加入油 1000 克，七成热时将肉片挂上水粉糊逐一入油锅中反复炸至外脆里嫩倒出。葱姜蒜炝锅，倒入兑汁，当汁中糖熔化时下入香菜，淋入明油，倒入炸好的肉片，翻炒均匀即可。

特点：外脆里嫩，酸甜适口。

（二）清烹

清烹又称干烹，是将原料不挂糊也不拍粉，经过腌渍后直接入油锅炸好再烹汁成菜的烹调方法。清烹菜的质地外脆（酥）内嫩，口味多以咸鲜为主，略甜略酸（见图 12-22）。

图 12-22　干烹鱼块

[例22] 干烹鱼块

原料：净青鱼肉350克。

调料：干辣椒、花椒、姜、葱、蒜、醋、料酒、酱油、白糖等各适量。

制法：青鱼切成长条块，用料酒、盐、姜、葱腌渍入味。锅烧油，至180℃左右时，下鱼块炸，炸至肉酥捞起。锅留余油，姜末炝锅，下各种调料，给少许水，倒入炸好的鱼块，颠翻几次，待调味汁充分渗入鱼肉内即可。

特点：外酥内嫩，味透肌里，浓香四溢。

五、炒

炒是将小型原料用中量油或少量油旺火快速加热，翻拌均匀成菜的烹调方法。炒适宜于各种原料，因其成熟快，原料要求加工成片、丁、丝、条、末、花等形状，以利于均匀成熟与入味。炒制时油量要小，锅先烧热、滑锅，旺火热油投料。炒对于动物性原料，一般要上浆，成熟后要勾芡；对于植物性原料，一般不需上浆，成熟后也不勾芡。炒菜成品特点：芡汁少或包紧，菜品鲜嫩软脆、滑爽。

炒法种类很多，但我们常见的一些所谓炒法，实际上并不能算炒。如"爆炒"实为"爆"，"烹炒"实为"烹"。这里仅对有一定代表性的两种炒法——滑炒、煸炒做介绍。

（一）滑炒

滑炒是主料上浆后用120℃左右的温油或沸水滑散断生，再以少量油与配料（或无配料）、调味料炒制成菜的烹调方法。滑炒适用于鲜嫩的动物性原料，原料必须上浆（见图12-23）。

[例23] 滑炒鱼片

原料：净黑鱼肉200克，番茄1个，水发木耳少许。

图12-23　滑炒鱼片

调料：盐、味精、蛋清、淀粉、高汤、白醋、白糖各适量。

制法：鱼肉切成片，用盐、蛋清、淀粉上浆。锅烧油至120℃左右时，将鱼片在油中滑至断生起锅。锅留底油，下番茄片、木耳略炒，加汤水及盐、味精、白糖、白醋，勾芡后投入鱼片，颠翻淋油起锅。

特点：红、白、黑三色相间，质地滑嫩，味清淡鲜美。

（二）煸炒

煸炒是将原料处理后，投入少量的热油，加热翻炒成菜的烹调方法。煸炒多用于植物性原料，如炒菜苔、炒泥蒿等，既不上浆，也不勾芡，大火快速成菜。川菜中也有些动物性原料用来煸炒，俗称小炒，如鱼香肉丝、宫保鸡丁等。干煸是煸炒中的一种特例，有的又称干炒。干煸所需时间比普通煸炒要长，动植物原料均可用于

图 12-24　炒菜苔

干煸，原料要加工成小型料，以便于煸干水分，快速达到制品要求。干煸的菜肴具有干香滋润、酥软化渣或脆嫩爽口、亮油无汁、麻辣味厚的特点（见图12-24）。

［例24］炒菜苔

原料：菜苔500克。

调料：猪油、盐、味精各适量。

制作：菜苔去老根筋，折断成5厘米长的茎。锅烧热加底油（猪油），至冒油烟约210℃油温时倒入菜苔，迅速煸炒，七成熟时加盐及味精，再略煸炒起锅。

特点：油亮青翠，脆嫩爽口。

六、煎

煎是将原料平铺锅底，用少量油加热，使原料表面呈金黄色而成菜的烹调方法。煎法的菜肴适用于扁平状或加工成扁平状的原料，煎制时油以不淹没原料为准。根据不同菜肴的质量要求，可煎一面也可煎两面，煎的过程中采用晃锅或拨动的手法，使原料受热均匀，色泽一致。煎菜具有外酥脆里软嫩，干香无汤汁的特点

（见图 12-25）。

[例 25] 肉末煎鸡蛋

原料：鸡蛋 6 只，肉末 100 克。

调料：盐、淀粉、胡椒粉、葱各少许。

制法：鸡蛋打入碗中，加肉末及盐、水淀粉搅散。锅下油 80 克，烧热后倒入搅好的鸡蛋肉末，用中小火煎透，再大翻锅煎另一面，待两面煎黄，撒上胡椒粉及葱花，起锅装盘。

特点：色泽金黄，外酥内嫩，香气浓郁。

图 12-25　肉末煎鸡蛋

七、塌

塌是煎法的一种延伸，它是先煎后烹入汤汁，使之回软并将汤汁收尽的烹调方法。值得一提的是，煎、贴、塌是极易被人们混淆和不易分辨的三种方法。严格地讲，贴只能算是正式烹调前的一种加工手法，是将两种或两种以上原料粘贴在一起的一种工艺，它所采用的烹调方法仍然是煎，一些书上将贴列为一种烹调方

图 12-26　锅塌豆腐

法是错误的。而煎和塌的细微差别就在于煎不烹汁，而塌在煎后要烹入味汁。煎的特点是：外酥里嫩，具有干香。塌的特点是：外皮软里嫩爽，具有鲜香（见图 12-26）。

[例 26] 锅塌豆腐

原料：豆腐 750 克，鸡蛋 2 个，肉馅 100 克。

调料：盐、味精、面粉、淀粉、清汤、酱油、料酒等各适量。

制作：豆腐切成长方片，两片之间夹肉馅，然后一起放笼中蒸过。另用鸡蛋、淀粉、面粉、盐、水等调成全蛋糊。先将一平盘抹上糊，将豆腐平铺在上面，再在

豆腐上抹一层糊。炒锅放火上，加油烧至温热，将豆腐平推入锅内，两面加热至黄，倒入味汁，盖上锅盖继续加热，至汁收干时，翻扣在盘内即成。

特点：色呈深黄，软嫩鲜香。

八、拔丝

拔丝是将糖熬成能拉出丝的糖液，包裹于炸过的原料上的烹调方法。拔丝所用的原料一般为含糖量较丰富的蔬果原料，拔丝前原料要经过炸制，拔丝的关键是熬糖技术，熬糖时稍过火或稍欠火，都影响拔丝的效果。

图 12-27 拔丝苹果

拔丝熬糖有干熬、水熬、油熬、油水混合熬 4 种方法，但常用的还是油熬。拔丝菜具有色泽金黄、外脆里嫩，香甜可口，金丝缕缕的特点。

拔丝菜装盘时，盘底一般要抹油或撒糖，以免粘连。装盘后要立即食用，否则冷后拔不出丝来。寒冷季节盘下要托一盘热水保温，可延长拔丝时间。吃时带一碗清水上桌，供食者夹食物后蘸一下，以免烫口，也可使糖稀变脆不粘牙（见图 12-27）。

［例 27］拔丝苹果

原料：苹果 350 克。

调料：盐、淀粉、白糖各适量。

制作：苹果去皮及核，切成小块，撒少许盐。锅放油烧至 200℃ 左右时，将苹果拍上淀粉，下入油中炸至外表酥脆。另起锅，小火油熬白糖，至糖熬稀，出现"哗哗"的声音时，捞起苹果，倒入糖稀里，翻拌均匀，迅速起锅上桌。

特点：外金黄香脆，内甜脆可口，金丝缕缕，颇具情趣。

—知识拓展———

烹饪中的嫩汁与糖色

在餐饮回归口味本质的大趋势下，作为传统菜调色赋味重要手段的"炒糖色"，是否能够熟练掌握越来越成为检验一个厨师合格与否的标志之一。

1. 什么是炒糖色？

糖类在加热遇高温后，发生缩合形成焦糖色素并同时释放焦糖香气，随着加热时间的增长，色泽逐渐变成浅黄→金黄→枣红，最后会变成焦黑，这被称为美拉德反应。而中餐大厨则形象地称其为嫩汁和糖色。

利用美拉德反应制作糖色时，待半数左右的白糖转化为焦糖、释放出香气后加开水所得的糖液称为嫩糖色或嫩汁；而待白糖基本全数转化为焦糖，散发出浓郁的焦糖香气并呈现枣红色时，加开水熬成颜色更深的汁液，便称为糖色。

因为嫩汁中有半数左右未被转化的糖，所以仍保留较强的甜味，颜色也淡些，适合制作红亮而非酱色且带有甜口的菜品；而在糖色中，白糖转化殆尽，因此没有甜味，焦糖含量更高，所以颜色更深。

2. 什么菜需要炒糖色？

用糖色制出的菜品颜色更为厚重，散发出迷人的枣红色和焦糖香气。烧菜、扒菜等成菜色泽为红色或者酱红色的菜品，一般都需要炒糖色。如干烧鲳鱼、红烧蹄筋、南煎丸子、扒肘子、烧鸭子、红烧肉等，只是如今很多厨师简化了这个工序，改用酱油及其他成品调料代替。而除了菜品，调酱汤时也需要用到糖色。

实践任务点

炒糖色有油炒和水炒两种方法，请分别实践油炒糖色与水炒糖色。

项目三　汽热传递烹调技法

汽传热烹调方法是通过蒸汽或热空气传热使原料成熟的一类烹调方法。通过汽传热烹调原料，不会产生在水中加热时出现的溶解与扩散现象，调味料很难在烹调过程中进入原料内部，因此，大多要靠加热前或加热后调味。

汽传热烹调方法主要有蒸、烤、熏三种烹调方法。

一、蒸

蒸主要是利用水沸腾后形成的均匀温度场和较高的热量使原料成熟的烹调方法。蒸除了从加工手段上进行分类外，还可从其他角度进行分类，如根据蒸汽压力的大小分蒸发汽蒸、足汽蒸、高压汽蒸三种；根据蒸前调味及工艺特点，分干蒸、清蒸、粉蒸、荷叶包蒸、竹筒蒸等多种。但无论哪种蒸法，制品均具有鲜香烂嫩，形态完整，原汁原味等特点（见图 12-28）。

［例 28］清蒸武昌鱼

原料：武昌鱼 1 条（重约 600 克）。

调料：姜、葱、盐、醋、酱油、味精、猪油各适量。

制作：武昌鱼洗净，两面打上柳叶花刀，用姜片、葱段腌渍 15 分钟。将武昌鱼置盘中，鱼身上放少许猪油和整葱，上笼蒸约 8 分钟取出，除去整葱，将调好的调

图 12-28　清蒸武昌鱼

味汁（盐、酱油、醋、姜丝、味精等）浇在鱼身上，撒上葱花，淋上热油即可。

　　特点：色泽悦目，质感软嫩，口味鲜咸，是武昌鱼的传统蒸法。

二、烤

　　烤是利用柴草、木炭、煤、可燃性气体、太阳能或电为能源所产生的辐射热，使原料成熟的烹调方法。烤适用于动物性原料，如鸡、鸭、肉、鱼等，也有少数植物原料，如土豆、红薯等可用来烤。烤需根据原料性质、原料形态、成品风味要求来确定烤制时间和温度。原料在烤制前一般要码味，烤制过程中一般不调味（个别除外，如烤羊肉串），有的烤熟后要带辅助调味品上桌，如烤鸭带甜酱。烤制菜的特点是外酥脆，里鲜嫩，干香浓郁。烤根据所用炉具的不同，分明炉烤、暗炉烤两种。

（一）明炉烤

　　明炉烤是将原料放在敞开的炉子里烤制的一种方法。明炉烤根据烤制时的手法不同，又分叉烤、挂炉烤、炙子烤等。叉烤是用特制的烤叉叉住原料，然后置于明火上烤制的方法，如广东烤乳猪。挂炉烤是用特制的钩子将原料钩起来吊在敞开的炉内烤制的方法，适用于形体较大的原料，

图 12-29　烤羊肉串

如新疆烤全羊。炙子烤是将原料放在特制的铁炙子上烤，适于小型原料，有时是边烤边吃，如北京烤肉。此外，新疆烤羊肉串也是一种典型的明炉烤（见图 12-29）。

　　［例 29］烤羊肉串

　　原料：羊肉 400 克。

　　调料：洋葱末、孜然粉、盐、辣椒粉各适量。

　　制作：羊肉切成 0.5 厘米厚的片，加洋葱末、精盐腌渍半小时左右，再将肉片平穿于特制的铁钎上，穿成一串串待用。特制的烤炉（实为槽形）上烧好上木炭，将羊肉串架在烤槽上，两面撒上辣椒粉、精盐、孜然粉等调料，反复翻烤数次，边烤边刷油，肉熟即成。

特点：色泽酱红，质地酥烂，味香辣鲜美，具有浓郁的民族风味特征。

（二）暗炉烤

暗炉烤又称焖炉烤，是将原料挂在烤钩上，或放在烤盘里，置于封闭的烤炉里烤制的方法。此法温度稳定（若是电烤箱，温度可随时调控），原料受热均匀，烤制时间较短，如焖炉烤鸭、烤面包等（见图 12-30）。

[例 30] 烤鸭

原料：光鸭 1 只。

调料：饴糖、葱、姜各适量。

制法：将鸭子洗净，割断食管用气泵打气，使鸭皮鼓起。从腋下开刀取出内脏，将高粱秆撑在鸭腔内，用沸水将鸭内外烫透，涂上饴糖水，挂于通风处晾干，俗称晾皮。鸭子挂入烤炉前先在鸭腹腔内灌入八成满开水，目的是使鸭子内煮外烤熟得快，并补充鸭肉水分的过度消耗，使其外脆里嫩。将鸭挂入烤炉，掌握好烤制温度和时间，待鸭皮呈酱红色取出，片皮带大葱，甜酱上桌。

图 12-30　烤鸭

特点：色泽红润，皮脂酥脆，肉质鲜嫩，伴大葱、甜酱吃，辛、香、甜、脆。

三、熏

熏是将原料置于封闭的锅或炉中，利用植物原料的不完全燃烧所生成的烟气加热原料，使原料成熟的方法。熏法所用的熏料通常有茶叶、阔叶树的木屑、竹叶、柏枝等原料，有时也用锅巴、糖大米等原料来发烟。熏时原料置于熏架上，其下置火灰并撒上熏料，或锅中撒入熏料，上置熏架将锅置火上隔火引燃熏料，使其不完全燃烧而生烟，烘熏原料致熟。熏菜的最大特点是烟香与脂香交融，香气浓郁。熏根据原料生熟不同，又分生熏和熟熏两种。生熏是生原料直接熏制，熏后直接食用，有的熏后再经蒸、炸成菜。熟熏是先将原料初步熟处理后再熏制（见图 12-

31）。

[例 31] 生熏鲫鱼

原料：鲫鱼 2 条（重约 400 克）。

调料：盐、姜、香油、熏料各适量。

制法：将鲫鱼剖成两块，用盐、姜腌渍 1 小时。锅中放入熏料（茶叶、糖、米饭、花椒等），鱼放在熏架上，加热熏料使

图 12-31　生熏鲫鱼

其发烟并加温，熏至鱼色深黄，鱼肉成熟时，将鱼取出，刷上香油，装盘即成。

特点：外酥里嫩，香气浓郁。

知识拓展

烹调方法之油浸

油浸是将质地新鲜、细嫩的烹饪原料经加工整理入味，下入热油锅定型，转小火较低油温内浸至断生，浇淋调味料成菜的烹调方法。需要注意以下几点：

（1）油浸原料在热油中下锅，旋即离火，待油温降至 100℃左右，将原料捞出装盘，再另外调一咸鲜味的卤汁，浇淋原料之上，成菜鲜嫩柔软。

（2）油浸的原料主要是鱼类，热油下料，能使鱼皮一下收缩，除去部分血腥味，阻挡鱼体水分大量流失。

（3）原料下锅油温一般在七八成，即 200℃以上，待其缓慢降温到 100℃左右时，原料已熟。鱼肉中没有外来水分的渗入，只有黏附身上的少量油脂，所以本味很浓，又带有一定肥香味。

油浸的操作关键：①油浸鱼，一般事先不调味，以防咸味调料的渗透作用挤压出水分，使肉质发硬。②鱼体一般不能选择过大或过小，以 500~1000 克为宜。③油浸时油量宜大，一般油与原料之比在 4∶1 以上。④原料浸熟之后，应马上捞出，沥干油。随后浇上卤汁，放上葱、姜丝浇上沸油。

实践任务点

按照以下操作步骤，制作一款油浸笋壳鱼，要求肉厚而滑，味鲜而香（见图 12-32）。

原料选用：笋壳鱼1条，盐5克，味精2克，姜汁15克，豉油王50克，糖15克，胡椒粉1克，葱丝50克，植物油1000克。

制作方法：

（1）将鱼宰杀后用刀剖开鱼的背部，取出内脏，洗净，放入容器内，加盐（酱油）、姜汁酒、糖浸渍腌十多分钟。

（2）锅架火上，放入植物油，旺火烧至七成热左右，投入笋壳鱼，立即端锅离火进行浸炸，当油温逐渐下降后再端锅回到火上加热，待油温又升至六七成热时，再离火浸炸，如此反复进行多次，直到鱼肉嫩熟为止。

（3）将浸炸成熟的鱼捞出，控净油分，盛入盘中，在鱼的表面撒放葱丝及胡椒粉。

（4）另用一锅架在火上，放入少量植物油，烧至八成热，浇在鱼表面的葱丝上，炝出香味，最后淋入豉油王即成（也可用豉油王、味精和适量鲜汤加热成为味汁淋入鱼盘内）。

图 12-32 油浸笋壳鱼

注意事项：油温也不能过高，否则，容易出现鱼皮脱落，或外焦内生等现象；每次浸炸时间以五六分钟为宜。

项目四　矿物质传热烹调技法

矿物质传热烹调技法是通过盐、沙、泥、石、铁等物质将热能以传导的方式传递给食物原料，使原料成熟的一类烹调方法。因矿物质传热的主要方式是传导，传热速度较慢（铁除外），所以应用不是很广泛。这里仅介绍盐焗、泥烤、铁板烧、石烹等几种特殊的烹调方法。

一、盐焗

盐焗是将原料埋入盐中，用小火加热至原料成熟的方法。此法最早源于广东东江地区，当地客家民间有以盐腌熟鸡的习惯。海边盐民将鸡直接埋腌在粗盐堆里，经盐腌的鸡肉，具有盐香味，且随要随取，食用方便。后来经厨师改进，采用纱纸包裹埋入炽热的盐中焗（焖）成熟（见图 12-33）。

图 12-33　盐焗鸡

［例 32］盐焗鸡

原料：肥嫩母鸡 1 只。

调料：姜、葱、盐、味精、八角末、沙姜末、熟猪油、花生油、砂纸各适量。

制作：母鸡治净，用盐擦匀鸡腔内，加入姜、葱、八角末，先用一张未刷油的砂纸裹好，再包上已刷油的砂纸。

用旺火烧热炒锅，下粗盐炒至高温（盐略呈红色）时，取出四分之一放入砂锅内，把鸡放在盐上，然后把余下的盐盖在鸡身，加上盖，用小火焗约 20 分钟至熟。取出撕成块，加味汁拌匀，带沙姜油盐调料伴食。

特点：色呈姜黄，皮爽肉滑，骨香味浓。

二、泥烤

泥烤是将原料用泥包裹后，用中小火缓慢加热至原料成熟的烹调方法。因泥烤是以泥作为传热介质，所以加热前原料一定要用纸或其他增香原料（如荷叶）包裹起来，以防原料受污染。选择泥巴也有讲究，应选择黄黏泥，而不能选淤泥，因淤泥有异味，影响食物原料的本味。泥烤菜具有质地酥烂，香味浓郁的特点（见图 12-34）。

[例 33] 叫花鸡

原料：嫩母鸡 1 只（重约 1000 克），猪网油 1 件，荷叶 2 张。

调料：五香料、盐、酱油、糖、葱、姜、绍酒、花椒等各适量。

制作：母鸡从翅膀下开 6 厘米长的口子，取出内脏等治净，剁去鸡爪，用刀背将翅骨及腿骨敲断，在鸡腿肉厚处顺划一刀，用盐、酱油、花椒、绍酒等腌渍 1 小时取出。五香料研末，与姜丝、葱段等塞入鸡腔内，再用网油裹住鸡子，包上荷叶，然后包上一层防渗玻璃纸，外面再包一层荷叶，用细麻绳扎成长圆形状。取黄泥巴，加绍酒沉渣、粗盐及水捣烂成泥，平摊湿布上，紧裹捆好的鸡身四周，约厚 2.5 厘米，揭去湿布，包一层白纸，放烘箱中，先用 220℃ 高温烤 40 分钟，再用 160℃ 左右低温烘烤 3~4 小时，至酥烂成熟，吃时敲开泥皮，随带花椒盐蘸食。

图 12-34　叫花鸡

特点：此菜打开泥壳，满屋飘香，入口酥烂肥嫩。

三、铁焗

铁焗是以铁为传热介质，将经过初步熟处理的原料倒入已加热的铁制器皿中继续加热成熟的方法，又称铁板烧。铁焗菜具有三大特点：一是具有浓郁的香气。铁板菜烧热铁板后，要放上一些洋葱丝等香料蔬菜，倒进原料后盖上板盖，香气不散。二是保持菜肴温度。铁板经烧热作为餐具盛放菜肴，可大大延缓和保持菜肴的温度。三是渲染气氛。每当铁板菜上桌，"滋滋"作响，揭盖香气四溢，气氛热烈（见图 12-35）。

[例 34] 铁板腰花

原料：猪腰 500 克。

调料：葱头、淀粉、盐、蒜、姜、胡椒粉、味精、料酒各适量。

图 12-35　铁板腰花

制作：猪腰去腰臊，剞麦穗花刀，加盐、料酒、水淀粉上浆。葱头切丝。锅烧油，猪腰花迅速从温油中滑过。锅留底油，下姜末、蒜泥略爆，下葱头炒片刻，给少许汤水及味精，勾芡，倒入腰花翻炒，淋香油起锅。另将铁板烧至近红时，撒上一层葱头丝，倒入腰花，撒上胡椒粉，盖上铁板盖，迅速上桌。

特点：入口滚烫，香气浓郁，气氛热烈。

四、石烹

石烹是一种古老的烹调方法，如今用在酒店的烹调中，已有了很大的改进。现在的石烹是将烹制好的菜肴倒入加热的石头上，使菜肴进一步加热成熟的烹调方法。石烹菜实质上仍由其他烹调方法完成烹调的全过程，之所以称之为石烹法，是由于石头（一般选用鹅卵石）与菜一同上桌，烹法特殊，活跃了餐桌气氛，是一种标新

图 12-36　石烹牛肉

立异的烹饪工艺。一般来说，石烹菜主要有两类：一类是将炒、爆菜倒在加热的石头上，上桌后热气腾腾，并有继续加热的响声；另一类使用窝盘、汤盆或锅仔，先装入加热的石头，再将烩、汆、煮制的汤菜倒入，上桌后汤汁翻滚，好似生火加热。石烹菜的特点与铁板烧很近似（见图 12-36）。

［例 35］石烹牛肉

原料：牛里脊肉 300 克，胡萝卜、葱头各少许。

调料：盐、味精、淀粉、胡椒粉、嫩肉粉、葱、姜各适量。

制法：牛肉切片，加嫩肉粉、盐、淀粉上浆，采用爆的方法，制成"爆炒牛肉片"待用。取鹅卵石（土鸡蛋一样大小）15 个，洗干净用油加热，盛在窝盘中，倒入刚炒好的牛肉片即可。

特点：古朴典雅，风格别致，香热持久。

无明火烹调法

随着科学技术的飞速发展，人们厨房的电器种类不断增多，人们的生活开始进入无明火烹饪的时代。无明火烹调方法是指运用电磁场、电磁波等产生的热能，使食物原料受热成熟的方法。这些热能的产生，无明显的火焰，故称为无明火加热法，主要有微波加热法、电磁加热法和电能加热法三种。无明火烹饪的几个好处：无明火烹饪低碳、环保；无明火烹饪安全、健康；无明火烹饪整洁、舒适。

实践任务点

盐焗鹌鹑蛋是陕西一带的风味名吃。陕西当地人在岩窟中开凿出一个区域用来烧饭，而之后传入中原被许多人误以为是盐窟，并仿造岩窟的形状制作用盐搭建的焗窑，也就是传统盐焗鹌鹑蛋制作工艺，现为方便，有家庭简易制作方法。请结合实际，以下 2 种方法进行实践操作一款盐焗鹌鹑蛋（见图 12-37 和图 12-38）。

原料：鹌鹑蛋、盐、花椒和八角

方法一：铁锅放入花椒和八角炒香，加入粗盐炒。会听到噼噼啪啪的响声。这是粗盐的水分在蒸发。炒几分钟后，感觉盐干爽了，用手在上边感受到热气腾腾了，就把盐朝边上拨拨，把鹌鹑蛋放进去，然后用盐把鹌鹑蛋埋上，小火 10 分钟便可，如图 12-37 所示。

方法二：首先是将盐和鹌鹑蛋搭建成窟，随后将其置于火上，用小火烘烤直至盐窟完全成型，随后敲碎焗窑，取出鹌鹑蛋即可，如图 12-38 所示。

图 12-37　盐碗焗鹌鹑蛋

图 12-38　盐窑焗鹌鹑蛋

模块十三
菜肴盛装
技艺

● 模块导读

　　菜肴的装盘与美化艺术的特点是综合性和实用性。以菜肴装盘技术以及表现的形态而言，有的以自然原形取胜，有的以艺术造型夺人，而更多的是自然性与艺术性相结合，创造出和谐统一的崭新形象。造型与盛装技术展现实用性以及美感体验，对于烹调技艺是审美情趣的意蕴表达。本模块将对菜肴的造型以及盛装进行内涵解析，同时对美化技术进行介绍，以求突出烹调技艺赋予食物的一种特殊表现形式。

● 能力培养

1. 掌握菜肴造型和盛装的基本技术。
2. 认识围边和点缀在菜肴美化中的重要地位。

● 知识拓展

1. 中国古代盛菜器皿。
2. 菜品摆盘的点、线、面。

● 案例导入

现代手法演绎海派本帮菜，颜值菜品无敌惊艳

2019年豫园绿波廊装修后重新开业。《新闻晚报》记者带你走进老字号餐饮店的美食与艺术欣赏的星味融合。老字号走起国潮路线，"一点宴天下，一品绿波廊"，这是上海人对绿波廊的美誉盛赞。招牌象形菜、海派创新味、手工现做点心，传统名菜也做出了新花头，不仅颜值飙升，菜也同样做了升级（见图13-1）。

杨梅雪球虾梨果

"杨梅"红润鲜活，鹅黄色雪梨外皮上星星点点的纹理清晰可见，造型逼真程度给满分。"杨梅"的真身其实是一颗虾球，以特殊工艺制作出杨梅肉的小小颗粒感，工序十分复杂。夹一颗"杨梅"，咬开脆脆的外皮就能尝到饱满的虾蓉，鲜香浓郁，配合着酸甜的蘸酱，口感、滋味都很丰富。

江南三虾狮子头

江南三虾狮子头借鉴了江南三虾面的做法，先将肥肉、瘦肉按照比例调和，加入新鲜河虾子、虾黄和虾仁，裹上白菜直接上锅蒸制三小时，再浇上每天现熬的虾高汤才能上桌。轻轻划开碧绿的白菜叶，香气瞬间爆炸开来。入口能品

尝到浓郁的虾味，猪肉的丰润油脂随之迸发。造型和口感的全新演绎提升了整体美食体验。

梨膏露冰醉桃园鸡

梨膏露冰醉桃园鸡，外表看起来与传统醉鸡并无差别，但其实创意性地加入了老城隍庙梨膏露，口味层次完美升华。鸡皮如水晶冻般爽滑，鸡肉清爽鲜美，醇厚的酒香和梨膏露的清甜在口中交织，再结合干冰云雾的装盘，意境美妙。

果味象形松鼠鳜鱼

苏帮菜的代表作品松鼠鳜鱼，也做了创意改良，鳜鱼去骨去头，经过改刀，入油锅炸两次，让鱼肉表皮酥脆，再淋入番茄酱和新鲜果汁调制的秘制酱汁。鱼肉表皮红润油亮，外酥里嫩，果汁的加入带来更丰富的层次，甜度控制得刚刚好，再加上外形松鼠的造型，让人对松鼠鳜鱼这道菜有了全新的美感艺术体验。

图13-1　绿波廊造型菜肴

（资料来源：https://baijiahao.baidu.com/s?id=1648741724494180017&wfr=spider&for=pc）

1. 菜肴造型工艺借鉴了怎样的手法来展现艺术特征？

2. 盛装器皿的特点给你带来怎样的启示？

项目一　菜肴的造型工艺与装盘

一、菜肴的造型

菜肴的造型是刀工、火候和风味调配的综合体现，是评判菜肴质量的一项指标。可以表现出菜肴的原料美、技术美、形态美和意趣美。贯穿于原料的初加工、切配、半成品制作、烹调、拼摆转盘等全过程，决定菜肴造型的因素。

（一）热菜的造型工艺

1.热菜造型的要求

热菜的造型工艺，是烹饪中一门较复杂、较高深的学问，它不但要求制作者精通各种烹调方法，还要求具有较高的艺术造型能力和娴熟的雕刻技艺，掌握一定的烹调美术知识和文学知识。偏重或忽视任何一方面都会给菜的艺术设计带来困难。热菜艺术形体的制作往往要在原料加热烹制前先塑造好，这就要求设计者既要掌握艺术形体成熟后的形态变化，又要掌握艺术形体加热后的口味、质量和色泽的变化，而使造型与口味紧密结合，使造型服从于口味的需要。只有经过周密设计、严格下料、精心塑造、巧妙搭配、合理烹调，才能在艺术形式成熟后取得质、味、形俱佳的效果。

2.热菜造型的表现形式

（1）整体造型。这类菜肴的艺术形象是采用各种不同的精细原料，经过烹调后而合理地组成的，像广东的冬瓜盅、山东的天鹅孵蛋、四川的扇面豆腐、福建的葵花汤、湖北的峡口明珠汤等艺术菜，呈现的都是一个完美的艺术品，给食者以优美的艺术感染力。

（2）由若干个体形象组合而成的造型。这类菜的造型大多采用动物性原料的蓉泥制作，一般先将蓉泥按各种动物、植物的形象塑造好，采用蒸或炸的方法使其成熟。比如，上海的琵琶虾仁、山东的蝴蝶海参、北京的金鱼鸭掌、浙江的兰花春笋、湖北的荷花鸡蓉等艺术菜都要求小巧玲珑，大小一致，形态相仿。

（3）以局部塑形雕刻与原料拼摆组合造型。这类造型是在普通菜肴的基础上，按照寓意情节，添加一些较典型的艺术造型，从而使菜肴的艺术形象更为完整，突出菜肴的艺术感染力，如湖北的鸳鸯鲍鱼汤中的"鸳鸯"、江苏的蛋梅鸭子中的"蛋梅"，都作为菜肴的艺术附属品，较合理地体现了菜肴的寓意内容，起到了画龙点睛的作用。

（4）运用刀工技法造型。这种刀工技法主要指原料经剞制加热后会变化出许多漂亮的形状，如麦穗形、齿轮形、菊花形、兰花形、荔枝形、球形等。这些原料或单独成菜或拼放一盘，如爆炒墨鱼花、油爆双脆、菊花鱼见等。运用这种造型法将原料的本质美充分体现出来。

3.热菜的造型技法

（1）叠摞法

叠摞法即把加工好的片、条等普通形态的原料，按照不同的色泽、口味叠摞在一起。几种色彩相间、各种口味相配，比单纯的片要美观得多。例如，锅贴鱼，就是运用鱼片、火腿片、肥膘片以及菜片，按照造型的要求，整齐叠摞起来，烹调至成熟。

（2）拼摆法

拼摆法是把各种普通形态的原料，拼摆成花色的图案，使菜肴的形式新颖优美。葵花鸭片、兰花鸽蛋等都是采用这种方法。

（3）捆扎法

捆扎法即把切成条状或片状的原料，用黄花菜、海带条或干菜丝等，捆成一束一束的形态，类似柴把，是花色菜中一种别具风格的形态。如柴把鸭掌就是用出骨的熟鸭掌，加入火腿条、冬菇条、笋条等，外面用干菜丝拦腰捆扎，上屉蒸熟做成汤菜。

（4）卷裹法

卷裹法利用各种韧性的原料，批成大片，摊开摆好，再放入蓉、末、丝、条形的原料卷裹起来，成为圆筒形，两头可以做成各种美丽的形状成为独特的花色菜。如三丝鱼卷就是将鱼肉批成长方片，在鱼片上横放火腿丝、冬笋丝等，卷起鱼片粘合，烹调成熟。

（5）包入法

包入法即用原料皮、威化纸或无毒玻璃纸，把鸡、鱼、虾、肉等原料加工成为蓉泥，包起来即可，可以包成多种形态，如方形、圆形、条形、饺形以及各种花形。如蛋饺就是把鸡蛋打散调匀，舀上一些摊成小圆饼形，中间放入肉馅，油煎粘住，加热成熟。

（6）酿填法

酿填法是一种独特的造型手法，著名的冬瓜盅、八宝鸭以及酿柿子椒等都是运用这种手法。一般来说，把一种原料切开或把中间挖空，再填入蓉、泥、粒、末、等馅料，都属于这种手法。如冬瓜盅的酿法是选小冬瓜，从顶部切开，挖出瓜瓤及籽，填入馅料，盖好用牙签固定，瓜的表面刻上图案花纹，形成了一种花色菜。

（7）扣入法

扣入法是将原料按一定的次序排在碗内然后整齐地覆在盘内，使菜肴外形圆整。这种方法易于掌握，用途也较广，适用于蒸或熘的菜肴，如虎皮扣肉、扣三丝等。

（8）挤捏法

挤捏法是将加工成蓉泥状的复合原料或单一原料调味后，用左手大拇指与其余四指配合挤成丸状或其他花色形状的方法。这种方法在菜肴中用途极广，一般圆丸状的菜肴都必须经过这一工序，如三色鱼丸、橘瓣鱼圆等。

（9）粉糊法

粉糊法是运用烹调中挂糊的方法来体现菜肴的状态，粉糊法的关键是在制糊，蛋清糊、蛋泡糊、滚面包粉粒的糊等都给菜肴带来特有的外形，如高丽羊尾、百粒虾球等。

（10）穿入法

穿入法就是将整个或部分的出骨原料（如鸡、鸭、鸡鸭的翅膀或脚骨、猪排骨等）在出骨的空隙处，用适当的原料穿在里面，使其成各种美丽的形状，如火腿穿鸡翅、葱心排骨、银针穿凤衣等。

（11）雕削法

雕削主要是对瓜果及根茎类蔬菜进行雕刻，用作热菜盛器，如冬瓜、西瓜、南瓜表皮雕刻后做成的各类盅类。

（12）烹调成型法

经过加工整理后的菜肴原料，在烹调中加工烹制拼配成形，用以表达各种造型物体这种方法为烹调成型法。在花色菜艺术造型中，烹调成型法使用广泛，而且各地厨师使用此法都收到了良好的效果。

（13）装盘点缀法

有些热菜在烹制过程中并不能成为物体形象，但经过装盘点缀后，就能成为各种物体形象。装盘点缀法一般有两种：一是在菜肴加热前进行点缀。如一品豆腐，在盘中拼配成形后，用香菇、火腿原料在豆腐上点缀梅花形象再加热。二是菜肴装盘后进行点缀成型，如糖醋鲈鱼在装盘时将准备好的熟料龙门、浪花雕刻摆盘，就成了花色菜肴。

（14）器皿法

器皿法是选用各种异形盘子盛装菜肴，对菜肴加以衬托的手法。如用蟹形、鱼形、菜形、鸭形盘子装炒蟹粉、糟熘鱼片、鸡蓉花菜、炸熘鸭条等，一方面弥补了原料单调的形体，另一方面又指明了盘中是什么原料做成的菜肴。

（二）冷菜的造型技艺

冷菜的造型工艺与热菜造型有相同之处，也有不同之处。冷菜的特点是原料已经烹调完毕，色、香、味已基本定型，而且它的口味特点相对比较稳定。这就给造型提供了有利的条件，冷盘的形式——单盘、拼盘、花色拼盘本身都是一种造型。

冷菜拼装技法等在模块十一有专门介绍，可参阅。

二、造型工艺与器皿选择

器皿形状不仅限于单方面盛装和食用方面的需要，器皿的造型同时也是艺术品美的存在，它为美化菜点的色、形提供了良好的衬托条件与装饰条件。在造型工艺上借助器皿进行盛装也是一种常用的方法，器皿选择巧妙，对展示菜点的外形、内质结合的统一美等具有重要作用。

（一）菜点的体积应与器皿的面积比例恰当

器皿在盛装菜点时，器皿的围边上应留有恰当的空间余地，给人以舒畅和谐的视觉感受和卫生安全感。如菜点占满器皿的空间位置，就会令人感到臃肿胀目，器皿失去了框架作用。以敞口器皿为例，口面直径在25厘米以下的均应保持菜点与器皿边缘的留空间距约2厘米，30厘米口面应保留约3厘米边缘间距，40厘米口面应保留约5厘米边缘间距，45厘米口面应保留约7厘米边缘间距，50厘米口面应保留8厘米边缘间距，以此类推，器皿口面增大，边缘间距与菜点之间的留空距离也就相应扩大，比例恰当才能保持菜点与器皿之间相辅相成的关系，使双方达到和谐统一。

（二）菜点的形态对器皿形状的选配

菜点的形态，通常是模仿自然界中的形象和其他艺术造型中的形体，是包括民间艺术在内的综合造型。器皿的形状适应菜肴整体造型，当然还受到实用性的限制和生产工艺条件的约束。如平敞形式的器皿，都以盛装高出平面、疏松、少汤汁或无汤汁的菜点为主，因为汤汁容易流动而侵占过多的器皿面以致影响盘面效果。而围度较高的器皿，由于器皿有深度，汤汁可以流渗到菜点的下面，不影响菜点的色、形。

（三）器皿的形状应与菜点的形态配合

整只大块的自然形态的菜点，应选用形体相同或近似形状的器皿相配合。如金银蹄髈和火腿炖甲鱼等需要用瓷平锅、有大盖汤碗等面积较大、质地厚重的器皿相配合。如果差别较大，则容易破坏菜点的整体效果。

（四）特殊器皿的形状应与菜点的质料相配合

特殊器皿的配合要求，应根据菜点的不同制作程度和自身的质料来分别对待。如华丽精致的器皿，应同选料较高档，加工精细的纯色原料相配合，给人艺术美的升华。器皿的形状应和菜点的质料相近似，如海螺形、虾形、贝类形状的器皿，应和水产类菜品相配合，能在外观上点题。在鳖、龟形状器皿中盛放甲鱼、龟类菜制品，不加以说明即能给人一种同样的外在形象联系。在瓜果形状器皿中盛放甜菜点，能给人以园林瓜果、田园风味的情趣。

（五）菜点的形式与器皿的花纹相配合

不同的器皿花纹，可以对菜点直接或间接地产生不同的装盘效果。因为器皿的花纹是由各种不同颜色的花纹组成。全面花纹器皿都是由单色和复色的点、线、块、面组合而成。单色花纹适合与大块、整只的花色菜相配合，才能以平面单色花纹衬托立体的多色菜点。而复色的花纹适合与色彩纯度较高的菜点相配合，才能以菜点的纯色块、面立于多色花纹的器皿上，给人视觉上达到统一稳重的装饰效果。局部花纹则以器皿整体色为基调，在器皿表面的局部，相应地组成小面积的图案花纹。局部花纹最适合于细小形的菜点盛装，以局部小面积花纹来反衬精细的菜点，更能突出菜点的色、形。

（六）器皿色与菜点的明暗程度对比

器皿色与菜点色相结合的配合，使双方共处于一个统一体中，它的色相是固有色与环境色的综合呈现。器皿和菜点的配合，在色调上无论是冷暖、强弱、深浅，还是在色彩的黑白关系上，均属明暗程度上的不同区别，二者要在色彩上有恰当、明显的对比效果，才能突出菜点主体，给人们留下美好的直观印象。器皿的颜色清晰、简洁，菜点的色新质鲜，能给人以可靠的、卫生的、安全的感觉。反之，就会产生菜点色界与器皿色界之间模糊不清，菜点就会给人以不卫生的感觉，同时也无明显的对比效果，无法将菜点的主色调突出出来。

三、装盘的基本要求与原则

菜肴制成后，都要用盘、碗盛装才能上席食用。值得注意的是不同的盛具对菜肴有着不同的作用和影响。一个菜如果用合适的盛具装盛，可以把菜肴衬托得更加美观，给人以赏心悦目的感觉。所以应当重视菜肴与盛具的配合。

（一）装盘的基本要求

菜肴因烹调而杀菌消毒。如果在装盘过程中，不重视清洁和卫生，让尘埃与微生物附着，则会失去烹调的意义。为了菜肴的清洁和卫生，要注意以下几点。

1.盛器必须清洁，讲究饮食卫生

盛器在装盘前必须经过消毒；冷菜装盘时，必须使用工具夹（勺、筷），不能用手抓；为防止锅底上的煤灰落入盘内，锅与盘应保持一定距离，锅底不能靠近盘边，装盘时不可用炒勺敲锅；菜肴应装入盘的正中，尽量不要把汤汁溅在盘的边缘。

2.形态丰满，主料突出菜肴

装盘后整体要形态丰满、主料突出，一般像馒头形、椭圆形或平面形，不可四面散开，或这边高那边低。同时应注意留出盘边，不能将盘边盖住。如果菜肴既有主料又有配料，主料应装在显著的位置，醒目突出，千万不能让辅料将主料掩盖住。如家常菜蒜薹肉丝，装盘后应使食者看到盘中有很多肉丝，假如蒜薹掩盖了肉丝，就无法突出主料；又如只有主料的清炒虾仁，装盘时应把个大的虾仁装在上面，个小的虾仁埋在下面，看起来丰满美观，可以增加食客食欲。

3.注意菜肴色和形的美观

色、香、味、形是菜肴的四大基本特征，其中香和味由烹饪技术决定，而色和形则受装盘技术的影响。灵活运用装盘技术，可以使原料的布局和主、辅料的配合

288

288

得当，达到菜肴色彩鲜艳、形态优美的目的。如芙蓉鱼片，雪白的鱼片搭配红色火腿菱角片、棕黑色的香菇菱角片和绿色菜心，这样使主、辅料在形态上和谐，色调上更协调。

（二）装盘的基本原则

俗话说："美食不如美器。"盛器与菜肴的配菜肴做成后装盛在盘、碟、碗中上桌。不同的盘、碟、碗，对菜肴有着不同的影响。一道菜肴装在适当的盛器中，可增加菜肴的美感与协调，使人望而垂涎，因此菜肴装盘时，盛器的考虑是必要的，要注意以下几点。

1. 盛器的大小与菜肴的分量相适应

量多的菜肴应用较大的盛具，量少的菜肴应用较小的盛具。如果把量少的菜肴装在大盘大碗内，就显得分量单薄；把量多的菜肴装在小盘小碗内，菜肴在盛器中堆得很满，甚至汤汁溢出，不但令人有臃肿不堪之感，而且影响清洁卫生。所以盛具大小应与菜肴分量相适应。一般情况是，装盘时菜肴不能装到盘边，应装在盘的中心圈内；装碗时菜肴应占碗容积的80%~90%，汤汁不要浸到碗沿。

2. 盛器的形状与菜肴的形态相适应

盛具的形状很多，各有各的用途，必须用得恰当。如果随便乱用，不仅有损美观，还会使食用不便。如一般炒菜、冷菜都宜用腰盘、圆盘；整条的鱼宜用腰盘；烩菜及一些带汤汁的菜肴如煮干丝、炒鳝糊等宜用汤盘，汤菜宜用汤碗；砂锅菜宜将原砂锅上席；全鸡、全鸭宜用瓷品锅等。

3. 盛器的色彩与菜肴的色彩相协调

盛具的色彩如果与菜肴的色彩配合得宜，就能把菜肴的色彩衬托得更加鲜明美观。当然，洁白的盛具，对大多数菜肴是适用的。但是，有些菜肴如用带有彩色图案的盛具来盛装，就更能衬托菜肴的特色。如糟熘鱼片、芙蓉鸡片、炒虾仁等装在白色的盘中，色彩就显得单调；假如装在带有淡绿色或浅红色花边的盘中，就鲜明悦目了。

知识拓展

古人用过哪些盛菜器皿保温

现代的电饭锅都有保温功能，其原理就是不断加热、保温，以保证食物不冷。这种食物保温原理早在新石器时代已开始使用，商周时期已相当成熟——考古出土的"温鼎"，就是一种保温锅，只不过不是使用电能，而是通过柴、木炭等燃料来实现，可视为一种原始"电饭锅"。青铜器时代，"温鼎"做得已相当精致和讲究。鼎的下层可放置燃料，给食物加热、保温。敞露结构的温鼎又称"盘鼎"，顾名思义，鼎下有供放置燃料的托盘。战国时期，盘鼎有了新的叫法："温炉"。后期，工艺技术不断改良，与时俱进地发展，陕西出土的烹炉，又称染杯。北宋温碗又称暖碗（双层碗）。

另外，今天街头包子铺蒸包子、给包子保温所用蒸笼其原理很早就已经被古人利用了，青铜时代流行的鬲就是将食物放在碗碟之类的器皿内，再置于有热水的鬲中，如果水温降低了，还可以直接加热。在鬲的基础上，古人又发明了一种设有烧煮、保温两层结构的鼎锅——甗，下面放热水，上面放需要保温的食物，上下两部分可分可合。这种甗多是铜制的，东汉以后，由甗改进、简化而来的蒸笼、蒸锅取代了甗。

实践任务点

制作一款创新造型菜肴，要求盛器和菜品呈现和谐（见表13-1）。

表13-1 创新造型菜肴制作实践记录

菜品名称	主料原料	制作工艺	盛装特点	照片记录
松鼠鳜鱼	鳜鱼	剞花刀——松鼠花刀	红白色彩搭配	略

项目二　菜肴的盛装技术方法

菜肴盛装是将食材烹调加工后，通过一定方法盛入器皿中，是烹调后期重要的步骤。现代烹饪将食用性和欣赏性相结合，讲究美化，通过对食物盛装形态的设计、盛装点位的设计、盛装创意设计等技术方法运用，展现美化菜肴的艺术特征。

一、菜肴出锅装盆的方法

用于热菜的装盘方法有很多，具体采用哪一种装盘方法，应根据菜肴的质地、特点来作选择。

（一）盛入法

通常，盛入法适用于单一的或是多种不易碎的块形原料烹调出的菜肴。具体操作是：盛入单一主料的菜肴时要选小块形的盛装，再选大的块形，这样可以带给人以整齐美观的感觉。比如"红烧肉"，这道菜就可采用这种方法进行盛装。

若是多种原料组成的菜肴，要把质差形小的盛于下层，把质好、形大的盛于表层，能使各种主料、辅料呈现在人的眼前。比如，"家常豆腐""烩三鲜"这两道菜肴采用的都是这种装盘方法。

（二）拨入法

拨入法装盘菜肴，要把块块分开，并且是无汤汁的油炸菜肴。具体操作是：把炸熟的菜肴用漏勺从锅中捞出，沥油，再用筷子拨入盛器中，并进行适当的调整以便菜肴装得整齐划一。比如，"干炸肉丸""椒盐排骨"这两道菜肴使用的就是这种装盘法。

（三）倒入法

倒入法适用于单一料或是主料、辅料没有明显区别的菜肴。此种盛装法适于质嫩易碎的勾芡菜肴。具体操作是：装盘前要均匀地翻一下锅，以芡汁包裹在原料的外表，再一次性把菜肴倒入盘中。往盘中倒入菜肴时，速度要快，要与锅保持一定的倾斜度，一边快速地倒入，一边把锅向左移动。

（四）拖入法

拖入法适于烧、焖烹调法，能使整个原料的菜肴保持完美的形态。具体操作是：把炒锅略微垫高一点，炒勺应快速插入原料的下面，把炒锅移至盛器旁，使炒锅倾斜，用炒勺连拖带拽地把菜肴拖入盛器中。比如，"干烧鳜鱼""红烧鲤鱼"这两道菜，采用的就是这种装盘法。

（五）覆盖法

覆盖法适于主料、辅料相差较大的菜肴。具体操作是：把锅中的菜肴好好翻几下，以便菜肴聚集在一起，再把含有主料较多的一部分菜肴用炒勺拨在一边，把锅中余下的含辅料较多的菜肴盛入盘中，再把主料多的菜肴盛在上面，这样就能使主料突出。比如，"三鲜海参"这道菜肴就采用了这种盛装法。

（六）扣入法

扣入法适于菜肴的表面整齐或是把原料整齐排列在碗中的图案的菜品。具体操作是：把原料按设计好的形态排列在盛器中，形态完整光滑的原料朝着碗底，先排列大的，再排列小的，不可排得太多也不能太少，排平盛器口为最佳。加热后，把盘子紧盖于盛器上，再迅速地把盘子、盛器一起翻过来，拿掉盛器上的盘子即成。

扣入法要求动作迅速，否则，会使卤汁流出来，从而影响菜肴的色与形。比如，"扣蹄髈"这道菜采用的就是扣入法。

（七）摆入法

摆入法适于整鸡、整鸭、整鱼等整只菜品。具体操作是：若是整鸡、整鸭等，要把整鸡、整鸭的背部朝上，头部弯于其身旁摆放在盘中，这样可以带给人饱满的感觉。若是一条整鱼，应摆放在盘子中央，把腹部带有刀口的一侧向下；若是两条鱼组合成一盘，就该两条鱼朝着同一个方向摆放，腹部在盘中紧挨着，背部的朝向应朝盘外。

（八）溜入法

溜入法适于薄芡多汁的羹汤。溜入法的具体操作是：菜肴成熟后，锅边要紧靠盛器，缓慢地把羹汤一点一点地溜入碗中，不可超过盛器容积的90%。碗中的汤羹装得太满，就会溢出来。此外，上桌时手指也会接触到汤汁，给人很不卫生的感觉。但是，也不能装得过少，过少带给人一种不足的感觉。

二、菜肴形式美的法则

"美"概括了人们对某一事物产生愉悦或表示欣赏之后的感受。从美的现象构成角度来说，美包括形式美和本质美。形式美是审美对象的性质和特征的直观、生动的呈现，直接刺激审美主体的感官，激起主体的想象，唤起主体的美感，使主体在对对象外观形式的感受、体验和玩味中领悟对象内在的本质之美。它是生活或自然界中各种形式因素的有规律的组合。形式美的法则即形式美的组合规律，它主要有以下几点。

（一）均齐与渐次

均齐是指外表的一致性，是同一形状的一致重复。所谓一致，是指一个整体采用一种色彩或线条加以组合，同一性状的屡次重复则是稍带活跃因素的一致，它可以使人感到整齐的美。瓷边的花纹、烹饪中原料切成大小一致的片或同一品种的面点一致摆放等都出了均齐美。

渐次是均齐的变形，是一种形式逐渐变化的均齐。如由大而渐小，由深而渐浅，由强而渐弱，由薄而渐浓等。与均齐相比，渐次克服了均齐显得单调乏味的弱点，具有变化的整齐美。冷菜常常切成由大到小的逐次变化形态，小的花雕以及菜肴围边的西红柿、黄瓜切成小片均匀摆放则出现逐渐变小的形态，这些都是渐次法则的具体应用。

（二）对称与平衡

对称是指两个或两个以上相同或相似的事物的对偶性排列。在形式上有左右对称、上下对称、放射对称等。对称给人以稳重感。食品雕刻、热菜造型常常采用对称形式。

对称是由对称发展而来的，是对称的一种变形。虽然数量上并不相同，但依然能保持平衡。均衡比对称更灵活，更富于变化，使人感到静中有动，统一而不单调。

（三）对比与调和

对比是两类截然不同的东西并列在一起，相互映衬，突出主题。在形态上，直与曲、方与圆、大与小、宽与窄、高与低、粗与细等。在色彩上，对比给人以鲜明、醒目、跳跃、变化的心理感受。烹饪过程中，常常将不同颜色和形态的两种原料并列在一起，形成强烈的对比。

调和是将两个相接近的事物组合在一起，二者既有差异，又趋向一体。调和给人一种协调、和谐、安定、自然的意境。

（四）比例与节奏

比例是指事物的整体和局部、局部和局部之间的关系。这种关系在现实生活中比较常见。美的比例，即黄金分割（1∶1.618）是古希腊的毕达哥拉斯学派发现的。但这不是美的唯一比例，具体情况灵活掌握。恰当的比例给人稳定、舒适、自然的心理感受。

节奏是比例在音乐上的表现。节奏是指有规律、有次序的连续变化和运动。形状的有规律的重复和有次序的排列，线条、形体之间有条理的颜色的交替等都可以产生节奏感。

（五）多样统一

多样统一又称和谐，它是形式美的最高要求。多样是指一个整体的各部分在形式上的差异性，包含了渐次、对比、节奏等因素；统一是指各部分在形式上的共同性，包含了均齐、调和、均衡、对称等因素。它不仅感觉丰富生动，而且有次序、统一。它要求在"统一"的法则下，做到"变化中见统一""异中见同""多中见一"。

用美学理论来分析、研究并指导烹饪艺术，必将促使烹饪艺术飞速发展。作为一名厨师，了解和掌握一些烹饪美学知识对提高自己的审美能力和烹饪水平是十分有益的。

三、菜肴的美化方法

菜肴的美化可根据刀工处理、烹调技术、盛装技术等方面进行综合实施。在菜肴制作完成后，根据菜肴的实际需要进行点缀、围边，是对菜肴美化的基本常用方法。如果菜肴在装盘后已经有比较完美的整体效果，就不应再过多地装饰，否则，会有画蛇添足之感。如菜肴在装盘后的色、形尚有不足，则需用围边和点缀来进行装饰。美化的方法主要从实用美化和欣赏美化两个视角进行考虑。

（一）实用性美化

实用性美化是以能食用的小件熟料、菜肴、点心、水果作为装饰物美化菜肴的方法。一菜围菜、一点围菜、一果围菜，所使用的原料都是可以食用的。如使用原材料香菇、西蓝花、玉米笋、鹌鹑蛋、火腿、生鲜的香菜、黄瓜、西红柿、水果等。适用菜肴如菊花鱼、兰花鱼翅、松鼠鱼、北京烤鸭等。

（二）欣赏性美化

欣赏性美化是采用雕刻制品、琼脂、生鲜蔬菜、面塑作为装饰物美化菜肴的方法。这些装饰物以美化欣赏为主，能食用（或者说符合卫生条件），但都不食用。主要方法有：雕刻制品美化，采用雕刻作品进行菜肴美化，如各种动植物等；蔬菜花卉美化，利用蔬菜加工成不同的形态，如用片串花、卷花等；蔬菜点缀美化,利用蔬菜自然的形状及模具加工成各种形态;拼摆造型美化,几何形、象形造型。

─知识拓展─

菜品摆盘的点、线、面

中餐则是注重传统习惯与色香味全面结合,随着中西交流,中餐的摆盘也逐渐多样化。如今,中餐厅的传统菜品也越来越重视摆盘效果,菜品摆盘的点、线、面尤为受到中餐菜肴的关注。

点:点的连续会产生线的感觉,点的集合会产生面的感觉,点的大小不同也会产生深度与层次感,几个点会有虚面的效果(见图 13-2)。

线:线的粗细可产生远近关系。另外,垂直线有庄重、上升之感;水平线有静止、安宁之感;斜线有运动、速度之感。线在造型中的地位十分重要,因为面的形是由线来界定的,也就是形的轮廓线(见图 13-3)。

面:面是体的表面,它受线的界定,具有一定的形状。面有几何形、有机形、偶然形等,主要分两大类,一是实面,一是虚面。实面是指有明确形状的能实在看到的;虚面是指不真实存在但能被我们感觉到的(见图 13-4)。

图 13-2 虾仔酱芥末糯米团

图 13-3 冷菜三小碟

图 13-4 龙舟虾卷

─实践任务点─

利用菜肴形式美的法则,进行传统菜肴的创新制作及装盘,拍摄创意菜肴图像。

模块十四

菜肴盘饰
技艺

● **模块导读**

　　盘饰艺术最远可以追溯到陶器时代。陶器的花纹、颜色就是为了衬托食物，体现一种档次，甚至可以反映饮食者的身份和地位。盘饰艺术真正成熟，甚至成为一种流行，那还只是最近十几年的事。这既是中国烹饪发展到今天，抵达全新高度的一个佐证，也是人民生活水平日益提高的具体表现。本模块将对盘饰的概念规则进行概述，同时对表现的形式和类型技艺进行解析，以求增强中式烹调技艺在现代饮食中的意境表达。

● 能力培养

1. 熟悉盘饰的概念、种类和要求。
2. 掌握盘饰制作的基本方法。

● 知识拓展

1. 花草摆盘技巧。
2. 盘饰造型和器皿选择之间的关系。

● 案例导入

盘饰书法研创人　中国烹饪大师王国民

王国民，国家高级烹饪技师，盘饰书法研创人，中国烹饪文化传承大师，现任北京全聚德烤鸭店（和平门店）冷荤厨师长。

他从小受父亲（著名书法家、资深餐饮专家王文桥先生）书法艺术熏陶，临写柳公权楷书字帖等。百年老店全聚德在传承和创新的同时，面对着如何更好地提高菜品的文化附加值这个问题。思索能否将自己的业余爱好书法与专业工作结合起来？设想将中国书画的传统艺术引入到冷荤盘饰中来，开始推出"盘饰书法"——将甜面酱等原料放在"挤壶"中，在盘子上边挤边写书法。

他又琢磨针对不同客人，创作不同盘饰，呈现中国诗书画印等艺术元素与梅兰竹菊、吉祥图案等典型素材。如他通过借鉴中国画留白处理方法，凸显菜品"心物一元"的意境之美。随后，他创作出一系列盘饰——如福在眼前、迎春接福、美味飘香等，延伸和升华了菜品的内涵，受到顾客的好评。

渐渐地，每遇到重点宴会，都要特意安排他书写"盘饰书法"。我国著名京剧大师梅葆玖先生曾来他店用餐，王国民为梅先生书写了"梅花香自苦寒来"，由餐厅服务员呈现到梅先生面前。梅先生非常高兴，餐后，还欣然与王国民合影留念。

经过两年多的不断努力，他的盘饰书法也日臻完善。他很骄傲能够发挥所长，将中国传统书法艺术与经典菜品有机结合，创造中国饮食文化的意境之美，提高中式正餐的文化附加值。

（资料来源：http：//www.cmccx.cn/a/chuyirensheng/mingchugushi/20140722/2167.html）

● 案例分析

1. 王国民的盘饰艺术体现了中国传统文化的哪些方面的融合？

2. 盘饰作为美化装盘，你觉得还可以在哪些方面进行创新？

项目一　盘饰的价值和运用规则

一、盘饰概念

盘饰也就是菜肴点缀与围边，就是利用菜主料以外的原料，通过一定的加工附着于菜肴旁，对菜肴进行美化装饰的一种技法。通常将装饰料围在主菜四周的这种形式称围边；而一些边花、角花及有些居中、有些偏于一边的局部装饰一般称为点缀。因离不开盘子（器皿），所以统称为盘饰。充分利用各种手段对菜肴进行装饰以提升菜肴的审美价值。

二、盘饰的意义

在菜肴制作过程中，盘饰中点缀、围边所占的比例不大，但作用却不小。即使是家常菜肴，只要点围得当，就能使菜肴产生外观的整体美，提高菜肴的视觉效果，起到锦上添花的作用。如"虎皮扣肉"，装盘时在盘边配上碧绿的油菜心，组成兰花图案，整个菜肴的色彩，造型就会显得清新悦目，使人垂涎欲滴；一般"清炒虾仁"放在白色的没有装饰的盘中，就会显得单调，如果用黄瓜、胡萝卜切成片整齐地排围在虾仁四周，整个菜肴会变得鲜艳、活泼、诱人。由此，盘饰对菜肴恰到好处的装点，具有菜靓、诱人食欲、提升菜肴的档次的重要价值，能让菜肴上一个台阶。此外，从经营角度来说，如何提升菜肴的附加值才是最重要的，而盘饰恰好事关附加值的各种表现。

三、盘饰运用的规则

菜肴的盘饰，在实际运用中应不断创新，但是万变不离其宗，在实际运用中要遵循具体的运用规则。

（一）规则一：冷热菜的盘饰应以菜肴的特色为依据来进行

具体表现为：一是菜肴的色泽，一般采用反衬法，若菜色为暖色，则点缀物为冷色，目的是突出菜肴本色；二是菜肴成菜的形态，如碎形原料、条、块、片等，可以采用全围点缀，而整形原料鸡、鱼、鸭或咸鸡腿、大虾等则可以采用中心点缀或对称、半围式点缀法；三是菜肴的品种，如汤菜可以用能浮于水面上的点缀物，而蒸菜、炒菜则可以因菜而异，如加丝点缀；四是菜肴味道，甜菜可以用甜味点缀物，麻辣味菜可以用味淡的点缀物，总之，要以不影响菜肴的原有风味为宜。

`全国旅游高等院校精品课程`系列教材·中式烹调技艺

（二）规则二：宴会菜肴的盘饰要依据宴席的档次、接待的对象、具体菜品等进行安排

一是一般的家宴，多为家常菜肴要用普通的原料进行盘饰，档次不要过高，否则，有主次不分之感；中档宴会的菜肴比较讲究，要用特殊原料进行点缀，以免破坏整体气氛。二是考虑接待对象的要求与爱好，如是外来客人，应考虑用本地的特色原料做盘饰物，体现菜肴的地方风味，同时还应注意一些不受喜欢或忌讳的花卉不可以用来点缀围边菜肴，以免适得其反。三是考虑接待对象的自身因素，包括年龄、性格、爱好等，年龄大的可以采用寓意长寿、祝福的盘饰物，年龄小的则可以采用色彩热烈、明快的盘饰物。

四、盘饰运用的要求

根据菜肴的实际需要进行盘饰（点缀、围边），是对菜肴装饰的基本方法，如果菜肴在装盘后，在色形上已经有比较完美的整体效果，就不应再用过多的装饰，否则，会有画蛇添足之感，失去原有的美观。如菜肴在装盘后的色、形尚有不足，需用盘饰物进行围边和点缀，进行装饰，就应考虑选用何种色、形的原料，如何进行装饰，应从以下几方面综合考虑。

（一）根据菜肴成品的色泽盘饰

盘饰料色的选择应以菜肴的色彩为依据，盘饰物的颜色要与菜肴相协调，即色彩的搭配和互补。如菜肴色泽为冷色，就用少量暖色原料装饰，如菜肴的主色调是暖色，就用冷色原料装饰。以菜肴的色调为主，适当点缀和围边，使菜肴的色彩突出。

（二）根据菜肴的形态确定盘饰

盘饰物表现形式要与菜肴的造型相协调，以更完美地突出菜肴的形。因为用料、刀工、烹调方法的不同，菜肴的成品具有末、丝、丁、片、块、整形等不同的形状，如果是末、丝、蓉等料形烹制的菜肴，可用围边进行装饰。这样可使杂乱菜肴变得整齐；如果是造型的菜肴，则可以盘子中心适当点缀装饰；如果是整形烹制

的菜肴，就宜用局部点缀装饰的方法进行盘饰。

（三）根据菜肴的口味确定盘饰

以食用为主的装饰物，一定要考虑其口味与菜肴之间的关系，为了避免串味，一般甜的菜肴宜选用水果相对衬垫；煎炸菜应配爽口原料；咸鲜味的菜肴就应选用咸鲜味的装饰物较好。如在白斩鸡上点缀红樱桃，就显得不协调了。

（四）根据实用性可食用确定盘饰

所谓菜肴盘饰的实用性，就是制作出来的装饰作品要以菜品为服务对象，实用性强的菜肴盘饰应该是以造型特点美观抽象，色彩简洁明快，制作方便、快捷为主。菜点的装饰在以实用为原则的基础上，还要讲求装饰品的可食性，即用来制作菜肴盘饰的原料要求有一定的食用价值。尤其是用生料盘饰，更要注意卫生，否则菜肴易受污染。除此，盘饰还应考虑疏密恰当，以及与餐具的色彩的协调。总之，在用盘饰物美化菜肴时，要以映衬菜肴的色形味，力求和谐自然，美观得体。

——知识拓展——

花草摆盘技巧

摆盘的花草，有四五十种，有跳舞兰、三色堇、绣球花、白菜苗、百里香、蓝莓、荷花、金莲花等。颜色、性质、形状等均有差异，食用花草装点菜肴，运用于盘饰。

根据颜色选择适合的花草，有紫色的蓝莓，红色的荷花，黄色的跳舞兰，绿色的麦苗等。在决定用花草摆盘前应注意以下几点：

第一步：用什么样的颜色最适合整体，一个盘子中最好运用两种中性颜色和两到三种的亮性颜色，这样颜色的搭配会让食物更加饱满更吸引人的眼球。

第二步：就是花草和食物的对应，食物如果比较软就适合用硬一点的花草搭配，食物比较硬就适合软一点的花草，如果食物比较干燥，花草就比较软，适合用一些黏糯的。

第三步：就是花草的摆放位置，如果是碳水化合物的主食（米饭、意面、面包等），花草就适合朝向11点方向；如果食物是蔬菜，花草就朝向2点钟方向；如果食物是淀粉和蛋白质类，花草就朝向 6 点钟方向。并且可以用聚焦的方法来让摆盘更好看，我们可以将面积大的食物放在碟子的后面，以达到很好的摆盘效果。这些都是一些花草摆放的小技巧。

实践任务点

按照以上学习内容，进行班级盘饰大赛，具体细则要求如下。

1. 时间：1 小时。

2. 比赛内容

（1）盘饰，种类包括圆盘 3 个，方盘 3 个，长盘 3 个，分餐 3 个，双拼 3 个。

（2）以大宴会、钟鼎楼区域日常使用盘饰为主，主要考核实用性及效率。

3. 相关要求

（1）参赛选手提前 10 分钟抽取比赛号码，统一组织进入比赛场地，在比赛前对所用物品进行准备，准备完毕后向评委汇报"××号选手准备完毕"。在评委发出"开始"口令后，选手开始操作，操作完毕后，选手要举手示意，并报告"××号操作完毕"，以便于评委计时。

（2）参赛选手自行准备盘饰所使用的各种原材料、工具及用具；餐具、菜墩、料盒及用具（秒表）由比赛场地所在实体统一准备。

（3）需要刀工处理的原料必须现场加工（含雕刻）。

4. 成绩计算

盘饰成绩＝成品平均成绩 ×50%＋现场成绩 ×10%＋效率成绩 ×40%（用时最少的选手得分 100 分，其他人员成绩根据完成时间依次递减 2 分）。

项目二　盘饰的形式和方法类型

菜肴的盘饰与几何图案装饰在艺术效果上有许多共同之处，不同的是盘饰是在菜肴的周围装饰点缀各式各样的图形。常见的多为摆上色鲜形美的雕花和多种瓜果、绿叶等原料，用以美化菜肴，调剂口味。

一、盘饰的形式

随着现代烹饪技术运用，中西餐文化技艺的交流，多样的盘饰种类也层出不穷，单究其盘饰形式主要还是辅助菜肴美化实用为主，主要分为平面装饰、立雕装饰和围边装饰。

（一）平面围边盘饰

以常见的新鲜水果、蔬菜作原料，利用原料固有的色泽形状，采用切拼、搭配、雕戳、排列等技法，组合成各种平面纹样，围饰于菜肴周围，或点缀于盘面一角，或用双味菜肴的间隔点缀等，构成高低错落有致、色彩和谐的整体，从而起到烘托菜肴特色、丰富席面、渲染气氛的作用。平面围边装饰形式一般有以下几种：

（1）全围式花边：沿盘子的周围拼摆花边。这类花边在热菜造型中最常用，它以圆形为主，也可以根据盛器的外形围成椭圆形、四边形等（见图 14-1）。

（2）半围式花边：沿盘子的半边拼摆

图 14-1　全围式花边

花边。它的特点是统一而富有变化，不求对称，但求协调。这类花边主要根据菜决定装盘形式和所占盘中位置，但要掌握好盛装菜肴的位置、形态比例和色彩的和谐（见图 14-2）。

（3）对称式花边：在盘中相应对称的花边形式。这种花边多用于腰盘，它的特点是对称、和谐、丰富多彩。一般对称花边形式有上下对称、左右对称、多边对称等形式（见图 14-3）。

图 14-2　半围式花边

图 14-3　对称式花边

（4）象形式花边：根据菜肴烹调方法和选用的盛器款式，把花边围成具体的图形，如扇面形、花卉形、叶片形、花窗格形、灯笼形、花篮形、鱼形、鸟形等（见图 14-4）。

（5）点缀式花边：所谓点缀式花边，就是将水果、蔬菜以食雕形式点缀在盘子某一边，以渲染气氛、烘托菜肴。它的特点是简洁、明快、易做，没有固定的格式。一般是根据菜肴装盘后的具体情况，选定点缀的形式、色彩以及位置。这类花边多用于自然形热菜造型，如整鸡、整鸭、清蒸全鱼等（见图 14-5）。

图 14-4　象形式花边

图 14-5　点缀式花边

"全国旅游高等院校精品课程"系列教材·中式烹调技艺

（二）立雕围边装饰

图 14-6　立雕围边装饰

立雕围边装饰是一种结合食雕的围边形式。一般配置在宴会席的主桌上和显示身份的主菜上。常选用水分含量高、质地脆嫩、个体较大、外形符合构思要求、具有一定色感的果蔬进行雕刻。立雕工艺有简有繁，体积有大有小，一般都是根据命题选料造型，配置在与宴会、宴席主题相吻合的席面上，从而起到加强主题、增添气氛和食趣、提高宴会规格的作用（见图 14-6）。

（三）菜品形态成型装饰

形态成型装饰也称菜肴自我围边装饰。它是一种利用菜肴主、辅原料，将其制成一定的形象进行烹制成型的装饰方法。菜肴原料可先制成金鱼形、琵琶形、花卉形等。在成形的单个原料经烹制后按形式美法则拼于盘中，从而使用与审美融为一体。这类围边形式在热菜造型中的运用最为普遍，可使菜肴形象更加鲜明、突出、生动，给人一种新颖、雅致的美感（见图 14-7）。

图 14-7　形态成型装饰

二、盘饰的种类

传统的盘饰也就是围边一般都采用果蔬作为原料，随着改革开放西餐引进我国，西餐的盘饰与中餐的围边的结合，衍生出了新的盘饰类型与做法。分子料理、果酱、糖艺、果蔬、巧克力等都相继融入盘饰中，如今盘饰大体可分为以下八种。

（一）调料果酱盘饰

主要采用各种果酱，利用裱花袋在盘子上面甩画出具有一定造型的抽象线条。果酱类原料：巧克力酱、各种颜色的果酱、黑醋汁、盐、彩色糖果等（见图14-8）。

价值评析：(1)果酱的作用是颜色鲜明，甩出的线条流畅美观；(2)成品有各式果酱的芳香，甩出的线条光亮透明又抽象而有韵律。

图 14-8　调料果酱盘饰装饰

（二）水果盘饰

主要是利用各种可食用水果进行简单的切配和雕刻，摆出不同造型的一种方式。水果类原料：石榴、苹果、橘子、杧果等（见图14-9）。

价值评析：(1)水果的作用是切配简单，能促进食欲，又能食用。(2)利用瓜果的皮进行切、划、折、卷，使其造型变得更加有抽象感，达到艺术效果。(3)成品有水果的芳香，色泽鲜艳，使盘饰更加有艺术感。

图 14-9　水果盘饰品围边装饰

（三）蔬菜香料类盘饰

主要利用一些可食用的蔬菜如瓜类、蔬菜类、根茎类、叶类等来造型。瓜类原料：冬瓜、南瓜等。蔬菜类原料：黄瓜、番茄、青红椒、蒜薹、西蓝花、毛豆和一些微型蔬菜等。根茎类原料：地瓜、藕、芋头等。叶类原料：香芹等。香料原料：八角、桂皮、迷迭香等（见图14-10）。

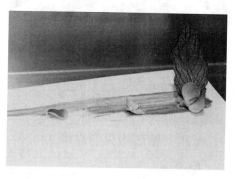

图 14-10　蔬菜香料类盘饰品围边装饰

价值评析：（1）蔬菜多为绿色，新鲜而有生机。（2）可根据原料不同形状及其特点采用切、扣、雕等手法，在结合果酱或花草等装饰手段进行合理的造型与颜色搭配，达到所需要的效果。（3）利用可食性的多种原料作为盘饰的插件制作。

（四）器皿盘饰

图 14-11　器皿盘饰装饰

主要是利用形态各异、造型别致的小器皿，如弯曲的小调羹，高脚杯、玻璃管等，再与其他方法相结合的一种造型方式。器皿类原料：小调羹、高脚杯、玻璃管、白酒杯、玻璃碗、竹网、竹篓等（见图14-11）。

价值评析：（1）器皿的作用是操作简单，效果明显，实用性强，清洗消毒后可以重复使用。（2）与其他方法结合，菜肴作品既美观大方，体现了菜肴与器皿的结合，又给人以美的享受。

（五）鲜花盘饰

图 14-12　鲜花盘饰装饰

主要是利用各种小型的鲜花和叶茎以插花和摆放的一种造型方式。花卉类原料：玫瑰花、菊花、百合。叶茎类原料：天门冬、蓬莱松、富贵竹等（见图14-12）。

价值评析：（1）鲜花主要的作用是操作方便，与果蔬结合更加有艺术浪漫之感，从而给人们喜悦、温馨的感觉。（2）成品随时用、随时摆，可以省略切配等程序。

（六）糖艺巧克力盘饰

主要是将糖艺和巧克力做成不同造型的小花草、小动物，或利用拉丝枪、冰块

『全国旅游高等院校精品课程』系列教材·中式烹调技艺

等不同的手段制成形状各异的作品的一种造型方式。糖
艺类原料：食用色素、法国拉丝糖、艾素糖、黑巧克
力、白巧克力等（见图14-13）。

价值评析：（1）糖艺巧克力在盘饰应用上起到颜色的
点缀，给人以简练、高雅之感，又能进行花草或卡通造
型的表现。（2）成品高雅、干净、亮丽，提高人的食欲。

（七）分子盘饰

主要是以分子料理为基础，做一些胶囊类、泡沫
类、果泥类、鱼子类、低温类等可食用性材料在与器皿
或其他盘饰所结合的一种造型方式，如图14-14所示。
分子料理的原料及设备：烟熏枪、低温烘干机、搅拌
器、开蛋器、橙汁、海藻胶、卵磷脂、电
子秤、鱼子生成器等。

价值评析：（1）分子料理在盘饰应用上
给人以视觉的冲击，让人耳目一新，与其
他方法结合使成品高雅、亮丽。（2）分子
料理是当今最流行的烹饪方法，利用现代
化的仪器和设备改变食物的物理化学性状，
外形神奇、效果独特。

（八）烘焙面艺盘饰

主要是将烘焙的西点和面点类做成不同
造型的小点心、盛器造型，结合花草等盘饰
方便的一种造型方式，如图14-15所示。烘
焙面艺原料模具：春卷皮、意大利面、龙须
面、面粉、锥形磨具、圆形磨具等。

价值评析：（1）烘焙面艺在盘饰应用
上起到衬托作用，各式的小点心既可观赏，

图14-13　糖艺巧克力盘饰品
围边装饰

图14-14　分子盘饰装饰

图14-15　烘焙面艺盘饰围边装饰

又可以供人食用，增加顾客的食欲感。（2）烘焙以手指小饼干、塑型小点心以其小巧的形态、可人的颜色来装饰盘面，给人以简练、高雅之感。

—— **知识拓展** ————————————————————————————

盘饰造型和器皿选择之间的关系

如果说一道菜的灵魂是菜品，那么好看的盘饰绝对是点睛之笔和加分项，菜品的造型除了借助食材和鲜花外，还有其他的办法吗？有经验的大厨会告诉你，酱汁和调料都是你最好的"作画"工具。下面就介绍几种在不同形状盘子上用酱汁装饰的图解，供参考借鉴学习。

（1）圆形盘子的酱汁装饰：圆形盘子是餐厅中最常见的一种盘子了，各种酱汁的摆盘装饰技法也最多（见图 14-16）。

（2）方形盘子的酱汁装饰：四方形的盘子一般多用于高档宴会的场合，掌握了方形盘子的摆盘装饰技巧，就相当于半只脚踏进了高档餐厅的大门（见图 14-17）。

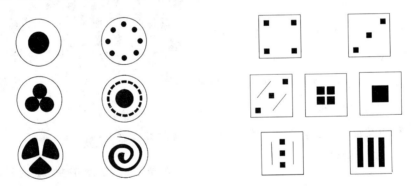

图 14-16　圆形盘子装饰品围边装饰　　　　图 14-17　方形盘子装饰围边装饰

（3）三角形盘子的酱汁摆盘：三角形盘子和梨形盘一样，都是比较少见的盘子，多用于水果拼盘和特色甜点（见图 14-18）。

（4）梨形盘的酱汁摆盘：梨形盘一般比较少见，多用于创新菜肴的制作（见图 14-19）。

「全国旅游高等院校精品课程」系列教材·中式烹调技艺

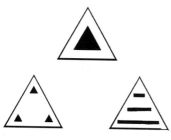
图 14-18　三角形盘子装饰

图 14-19　梨形盘装饰

实践任务点

根据本章盘饰的种类，结合盘饰技术的方法和特色技术，请按照以下制作要求进行盘饰花篮、盘饰乘风破浪两款实践制作。

1. 盘饰花篮（见图 14-20）

原料：红椒、蕨叶、勿忘我、野菊、蔷薇、橙片、苦叶生菜、蓬莱松、蒜薹。

工具：雕刻刀。

制作步骤：

在红椒表面用雕刻刀雕出锯齿形的切口，然后将红椒沿锯齿分开，选用带把的

图 14-20　盘饰花篮围边装饰

前端，再用雕刻刀把锯齿皮肉一分为二，用冷水浸泡半小时，使表皮向外翻转，果肉向内翻转。

将蒜薹用雕刻刀斜片出花纹，也用水浸泡，然后用其做成花篮的篮提。

用橙片作为花篮的背景，蕨叶及其他小花作为装饰即可。

2. 盘饰——乘风破浪（见图 14-21）

原料：龙须面、海苔、樱桃番茄、蕨叶、青豆、野菊、野玫瑰。

工具：油锅、电磁炉、雕刻刀。

制作步骤：

（1）用海苔将一小股面条两头绑好，

图 14-21　盘饰——乘风破浪

再将油温烧至150℃，用筷子夹住两头，炸至金黄色备用。

（2）樱桃番茄切成两瓣打底，放在面船旁边，用蕨叶斜着插在小番茄上。

（3）分别将玫瑰花瓣和青豆放到面船上，再将野菊插到小番茄上即可。

参考文献

［1］李刚，邹伟.中式烹调技艺［M］.3版.北京：高等教育出版社，2020.

［2］钱立春.中式烹调工艺［M］.北京：中国劳动社会保障出版社，2020.

［3］罗家斌.中式烹饪［M］.北京：北京师范大学出版社，2020.

［4］童光森，彭涛.烹饪工艺学［M］.北京：中国轻工业出版社，2020.

［5］吴永杰，邵志明.烹饪工艺学［M］.上海：上海交通大学出版社，2018.

［6］朱水根.餐饮原料采购与管理［M］.2版.上海：上海交通大学出版社，2018.

［7］冯玉珠.烹调工艺实训教程［M］.2版.北京：中国轻工业出版社，2014.

［8］陈金标.烹饪原料［M］.2版.北京：中国轻工业出版社，2015.

［9］史万震.烹饪工艺学［M］.上海：复旦大学出版社，2015.

［10］刘雪峰，夏琳，滕家华.烹饪工艺美术［M］.2版.北京：中国轻工业出版社，2020.

［11］谭小敏.中式烹饪工艺实训［M］.北京：中国劳动社会保障出版社，2020.

［12］陈钢文.客家风味菜烹饪工艺［M］.广东：广东科技出版社，2019.

［13］毛羽扬.烹饪调味学［M］.北京：中国纺织出版社，2018.

［14］周忠.中式烹调中菜品的色彩和造型艺术的要点分析［J］.食品安全导刊，2020（30）：27.

［15］刘之林.中式烹调的营养化与科学化研究［J］.食品安全导刊，2020（24）：20-21.

［16］李绪彬．中式烹调的营养学合理性分析［J］．食品界，2020（8）：94，96．

［17］谢文芳．烹饪技术中刀工技能训练研究［J］．现代食品，2020（14）：33-35．

［18］谭博，侯青毅．中式烹调专业职业培训的菜品设计［J］．知识窗（教师版），2020（2）：37．

［19］杨进京．中式烹调工艺的改革创新［J］．食品安全导刊，2019（24）：68，70．

［20］徐嘉．中式烹饪油炒火候原理初探［D］．贵阳：贵州大学，2019．

［21］余冰妍．油传热烹饪过程的数值模拟及实验研究［D］．贵阳：贵州大学，2019．

［22］胡建清．中式烹饪中色香味的重要性［J］．食品界，2019（4）：54-55．

［23］陈庚生．试论中式烹调技艺课程的创新教学模式［J］．饮食科学，2019（2）：93．

［24］郑昕．《中式烹调基本功训练》一体化学材开发初探［J］．教育现代化，2018，5（23）：339-340．

［25］李贵兰．中式烹调专业教学评价存在的问题及解决办法［J］．现代食品，2018（5）：10-11．

［26］戴波．中式烹调工艺的改革与创新研究［J］．食品界，2017（12）：143．

［27］苟中禄．关于中式烹调中常用勾芡的技术探讨［J］．饮食科学，2017（22）：117．

慕课资源